해양오염방제조치론

Measures Guide for Responding to Marine Pollution

손영태

지식인

Profile

손영태

국립경상대학교 해양과학대학 기관공학과 졸업(공학사)
서울디지털대학교 경찰학과(법학 복수전공) 졸업(경찰(법)학사)
목포해양대학교 일반대학원 해양경찰법학과(법학석사)
동국대학교 일반대학원 법학과(법학박사)
해양수산부(군산지방해양수산청) 해사안전감독관
한국해양교통학회 해양경찰법제연구위원장
한국해양경찰학회 상임이사

해양오염방제조치론

2023년 5월 5일 초판 인쇄
2023년 5월 10일 초판 발행

지은이 | 손영태
펴낸이 | 김종욱 · 명사동
펴낸곳 | 지식인
등 록 | 제301-2013-134호
주 소 | 서울시 도봉구 도봉로 180길 20 투웨니퍼스트 102동 602호
전 화 | 02)2266-8606(대)
팩 스 | 02)2266-8607
E-mail | jisikin2013@naver.com
홈페이지 | www.jisikinbook.co.kr

ISBN 979-11-92570-10-5 (93530)

값 25,000원

해양오염방제조치론

머리말

우리나라에서 해양오염 감시 및 방제와 관련한 업무 수행은 1978년 8월 당시 내무부 치안본부 소속의 해상보안과에서 해상공해 업무를 시작으로 처음 시작되었다. 이에 더해 해양에 배출된 기름 등 폐기물에 대한 효율적인 방제를 위하여 유조선 및 기름 저장시설의 소유자로 구성된 해양오염방제조합을 1997년 4월 설립하여 운영하였으며, 이후 해양에 유입되는 각종 오염물질을 체계적으로 수거 · 처리하고 기름유출 등 각종 해양오염사고에 대비한 방제기술의 개발 등 해양환경의 보전 · 관리에 필요한 사업을 효과적으로 수행할 수 있도록 종전의 한국해양오염방제조합을 2007년 1월 해양환경관리공단(현행, 해양환경공단)으로 확대 · 개편하여 지금까지 운영 중에 있다.

이와 같이, 약 50여 년 동안 지속되어온 우리나라의 해양오염방제 정책은 1995년 7월 전남 연천군에서 발생한 씨프린스호 기름유출사고와 2007년 12월 충남 태안반도에서 발생한 허베이 스피리트호 원유유출사고를 계기로 많은 변화를 가져오게 되었다.

특히, 1977년 12월 제정된 「해양오염방지법」은 환경친화적 해양자원의 지속가능한 이용 · 개발을 도모하고 해양환경의 효과적인 보전 · 관리를 위하여 국가 차원의 해양환경종합계획을 수립 · 시행하고, 해양에 유입되거나 해양에서 발생되는 각종 오염원을 통합관리하게 하는 등 해양 분야에서의 환경정책을 종합적 · 체계적으로 추진할 수 있는 법적 근거를 마련하기 위한 조치로 2007년 1월 「해양환경관리법」으로 전면 개편되었다.

이와 동시에 「해양환경관리법」에서는 국가방제 체제 · 조직, 관계기관의 임무와 역할, 국제협력 등 해양오염사고 대비 · 대응에 관한 기본 틀을 규정한 법정계획으로 이 법 제61조에 따른 '국가긴급방제계획'을 수립 · 시행하고 있다.

한편, 국가긴급방제계획에서는 이에 포함되어야 하는 주요내용으로 해양오염 대비 · 대응을 위한 교육과 훈련, 오염물질의 방제 · 방지에 사용되는 자재 및 약제에 관한 사항 그리고 방제 조치와 관련한 필요 사항 등을 포함하고 있다.

이에 따라, 본 저서는 해양오염방제 분야를 처음 접하는 경우 보다 체계적이고 명확한 이해를 돕기 위한 목적으로 집필되었다. 이를 위해 우선 우리나라 관련 법제 중 해양오염방제를 위한 조치 사항을 규정하고 있는 내용을 중심으로, 현장에서 기름 및 화학물질의 유출로 인해 발생하는 해양오염에 대응하기 위한 조치 및 절차 등과 관련한 전문기술 자료[국제유조선선주오염연맹(International Tanker Owners Pollution Federation Ltd, ITOPF)에서 발간한 『방제기술정보문서』]를 재구성(내용의 이해를 돕기 위한 용어정의 등)하여 기술하였다. 이는 또한 해양오염방제 작업 중 요구되어지는 주요 여러 사안들에 대한 기본 체계를 정립하는데 있어서의 가이드 역할을 하기 위함이다.

2023년 5월

저자 손영태

차 례

표차례

그림차례

제1장

Measures Guide for Responding to Marine Pollution

해양오염방제의 일반이론

제1절 해양오염방제의 개관

I. 해양오염의 개념 및 특성

1. 해양오염의 정의 및 오염원

해양오염은 「해양환경관리법」 제2조제2호 및 「해양환경 보전 및 활용에 관한 법률」 제2조제3호에 따라 해양에 유입되거나 해양에서 발생되는 물질 또는 에너지로 인하여 해양환경(해양에 서식하는 생물체와 이를 둘러싸고 있는 해양수(海洋水), 해양지(海洋地), 해양대기(海洋大氣) 등 비생물적 환경 및 해양에서의 인간의 행동양식을 포함하는 것으로서 해양의 자연 및 생활 상태)에 해로운 결과를 미치거나 미칠 우려가 있는 상태를 말한다.

해양오염을 발생 시키는 오염원과 관련해서는 「해양환경관리법」 제2조제11호에 따른 "오염물질"과 이 법 제2조제13호에서 규정하고 있는 "대기오염물질"이 이에 해당한다.

먼저, 오염물질은 해양에 유입 또는 해양으로 배출되어 해양환경에 해로운 결과를 미치거나 미칠 우려가 있는 폐기물 · 기름 · 유해 액체물질 및 포장유해물질을 말하며, 다음으로 대기오염물질은 오존층파괴물질, 휘발성 유기화합물과 「대기환경보전법」 제2조제1호[1]의 대기물질 및 같은 조 제3호[2]의 온실가스

중 이산화탄소를 말하는 것으로 규정하고 있다.

이와 관련해서 본 저서에서는 해양오염 발생에 대한 방제조치와 관련한 내용을 다루고자 하므로 「해양환경관리법」에서 규정하고 있는 오염물질에 해당하는 폐기물 · 기름 · 유해 액체물질 및 포장유해물질에 대해 살펴보면 다음과 같다.

i) 폐기물 : 해양에 배출되는 경우 그 상태를 쓸 수 없게 되는 물질로서 해양환경에 해로운 결과를 미치거나 미칠 우려가 있는 물질(기름, 기름 · 유해 액체물질 및 포장유해물질은 제외)(법 제2조제4호)

ii) 기름 : 「석유 및 석유대체연료 사업법」[3]에 따른 원유 및 석유제품(석유가스를 제외한다)과 이들을 함유하고 있는 액체상태의 유성혼합물(이하 "액상유성혼합물"이라 한다) 및 폐유(법 제2조제5호)

iii) 유해 액체물질 : 해양환경에 해로운 결과를 미치거나 미칠 우려가 있는 액체물질(기름을 제외한다)과 그 물질이 함유된 혼합 액체물질로서 해양수산부령이 정하는 것(법 제2조제7호)[4]

---

1) 「대기환경보전법」 제2조(정의) 1. "대기오염물질"이란 대기 중에 존재하는 물질 중 제7조에 따른 심사 · 평가 결과 대기오염의 원인으로 인정된 가스 · 입자상물질로서 환경부령으로 정하는 것을 말한다.

2) 「대기환경보전법」 제2조(정의) 3. "온실가스"란 적외선 복사열을 흡수하거나 다시 방출하여 온실효과를 유발하는 대기 중의 가스상태 물질로서 이산화탄소, 메탄, 아산화질소, 수소불화탄소, 과불화탄소, 육불화황을 말한다.

3) 「석유 및 석유대체연료 사업법」 제2조(정의) 이 법에서 사용하는 용어의 뜻은 다음과 같다.
1. "석유"란 원유, 천연가스[액화(液化)한 것을 포함한다. 이하 같다] 및 석유제품을 말한다.
2. "석유제품"이란 휘발유, 등유, 경유, 중유, 윤활유와 이에 준하는 탄화수소유 및 석유가스(액화한 것을 포함한다. 이하 같다)로서 다음 각 목의 것을 말한다.
가. 탄화수소유 : 항공유, 용제(溶劑), 아스팔트, 나프타, 윤활기유, 석유중간제품[석유제품 생산공정에 원료용으로 투입되는 잔사유(殘渣油) 및 유분(溜分)을 말한다] 및 부생연료유(副生燃料油 : 등유나 중유를 대체하여 연료유로 사용되는 부산물인 석유제품을 말한다)
나. 석유가스 : 프로판 · 부탄 및 이를 혼합한 연료용 가스

4) 「선박에서의 오염방지에 관한 규칙」 제3조(유해 액체물질의 분류) ① 「해양환경관리법」 제2조 제7호에서 "해양수산부령이 정하는 것"이란 다음 각 호의 물질을 말한다.

iv) 포장유해물질 : 포장된 형태로 선박에 의하여 운송되는 유해물질 중 해양에 배출되는 경우 해양환경에 해로운 결과를 미치거나 미칠 우려가 있는 물질로서 해양수산부령이 정하는 것(법 제2조제8호)

위의 iv)에서 "해양수산부령이 정하는 것"이란 「선박에서의 오염방지에 관한 규칙」(이하 "선박오염방지규칙"이라 한다) 제4조 및 「위험물 선박운송 저장규칙」 제2조제1호에 따른 위험물을 말한다.[5)]

---

1. X류 물질 : 해양에 배출되는 경우 해양자원 또는 인간의 건강에 심각한 위해를 끼치는 것으로서 해양배출을 금지하는 유해 액체물질
2. Y류 물질 : 해양에 배출되는 경우 해양자원 또는 인간의 건강에 위해를 끼치거나 해양의 쾌적성 또는 해양의 적합한 이용에 위해를 끼치는 것으로서 해양배출을 제한하여야 하는 유해 액체물질
3. Z류 물질 : 해양에 배출되는 경우 해양자원 또는 인간의 건강에 경미한 위해를 끼치는 것으로서 해양배출을 일부 제한하여야 하는 유해 액체물질
4. 기타 물질 : 「위험화학품 산적운송선박의 구조 및 설비를 위한 국제코드」 제18장의 오염분류에서 기타 물질로 표시된 물질로서 탱크세정수 배출 작업으로 해양에 배출할 경우 현재는 해양자원, 인간의 건강, 해양의 쾌적성 그 밖에 적법한 이용에 위해가 없다고 간주되어 제1호부터 제3호까지의 규정에 따른 범주에 해당되지 아니하는 것으로 알려진 물질
5. 잠정평가물질 : 제1호부터 제4호까지의 규정에 따라 분류되어 있지 아니한 액체물질로서 산적(散積)운송하기 위한 신청이 있는 경우 해양수산부장관이 「산적된 유해 액체물질에 의한 오염규제를 위한 규칙」 부록 1에 정하여진 유해 액체물질의 분류를 위한 지침에 따라 잠정적으로 제1호부터 제4호까지의 어느 하나에 해당하는 것으로 평가한 물질

② 제1항 각 호에 따른 유해 액체물질의 세부 분류기준 및 분류된 유해 액체물질의 목록은 별표 1과 같다.

5) 「위험물 선박운송 저장규칙」 제2조(정의) 이 규칙에서 사용하는 용어의 뜻은 다음과 같다.
1. "위험물"이란 다음 각 목에서 정하는 것을 말한다.
가. 화약류 : 다음에 정하는 폭발성 물질(화학반응으로 주위환경에 손상을 줄 수 있는 온도·압력 및 속도를 가진 가스를 발생시키는 고체 물질, 액체 물질 또는 그 혼합물을 말한다. 이하 같다) 및 폭발성 제품(한 종류이상의 폭발성 물질을 포함한 제품을 말한다. 이하 같다)으로서 해양수산부장관이 고시하는 것
1) 대폭발(발화 시 해당 폭발성 물질 또는 폭발성 제품의 대부분이 동시에 폭발하는 것을 말한다. 이하 같다) 위험성이 있는 폭발성 물질 및 폭발성 제품
2) 대폭발 위험성은 없으나 분사(발화 시 해당 폭발성 물질 또는 폭발성 제품이 연소되면서 빠른 속도로 가스를 내뿜는 것을 말한다. 이하 같다) 위험성이 있는 폭발성 물질 및 폭발성 제품

3) 대폭발 위험성은 없으나 화재 위험성 · 폭발 위험성 또는 분사 위험성이 있는 폭발성 물질 및 폭발성 제품 : 화재 시 상당한 복사열을 발산하거나 약한 폭발 또는 분사를 하면서 연소되는 폭발성 물질 및 폭발성 제품

4) 대폭발 위험성 · 분사 위험성 또는 화재 위험성은 적으나 민감한 폭발성 물질 및 폭발성 제품 : 운송 중 발화하는 경우 위험성이 적은 폭발성 물질 및 폭발성 제품

5) 대폭발 위험성이 있는 매우 둔감한 폭발성 물질 : 대폭발 위험성은 있으나 매우 둔감하여 통상적인 운송조건에서는 발화하기 어렵고 화재가 나도 폭발하기 어려운 폭발성 물질

6) 대폭발 위험성이 없는 극히 둔감한 폭발성 제품 : 극히 둔감한 폭발성 물질을 주성분으로 하여 만들어진 것으로서 우발적으로 발화하기 어려운 폭발성 제품

나. 고압가스 : 섭씨 50도에서 0.30메가파스칼을 초과하는 증기압을 가진 물질 또는 섭씨 20도 및 압력 0.1013메가파스칼에서 완전히 기체인 물질 중 다음에 정하는 물질로서 해양수산부장관이 고시하는 것

1) 인화성 가스 : 섭씨 20도와 압력 0.1013메가파스칼에서 해당 가스가 공기 중에 용적비로 13퍼센트 이하 혼합된 경우에도 발화되는 가스와 공기 중에서 인화될 수 있는 가스 농도의 최대값과 최소값의 차이가 12퍼센트 이상인 가스

2) 비(非) 인화성 · 비 독성 가스 : 인화성 가스 또는 독성 가스가 아닌 가스

3) 독성 가스 : 해당 가스를 흰쥐의 입을 통하여 투여한 경우 또는 피부에 24시간 동안 계속하여 접촉시키거나 1시간 동안 계속하여 흡입시킨 경우 그 흰쥐의 2분의 1 이상이 14일 이내에 죽게 되는 독량이 1세제곱미터 당 5리터 이하인 가스

다. 인화성 액체류 : 다음에 정하는 인화성 액체로서 해양수산부장관이 고시하는 것

1) 저인화점 인화성 액체 : 인화점(밀폐용기 시험에 의한 인화점을 말한다. 이하 같다)이 섭씨 영하 18도 미만인 액체

2) 중인화점 인화성 액체 : 인화점이 섭씨 영하 18도 이상 섭씨 23도 미만인 액체

3) 고인화점 인화성 액체 : 인화점이 섭씨 23도 이상 섭씨 60도 이하인 액체(인화점이 섭씨 35도를 초과하는 액체로서 연소지속성이 없는 경우는 제외한다) 또는 인화점이 섭씨 60도를 초과하는 액체로서 인화점 이상의 온도로 운송되는 액체

라. 가연성 물질류 : 다음의 물질로서 해양수산부장관이 고시하는 것

1) 가연성 물질 : 화기 등으로 쉽게 점화되거나 연소하기 쉬운 물질, 자체반응 물질과 중합성(重合性) 물질 및 둔감화 된 화약류

2) 자연발화성 물질 : 자연발열이나 자연발화하기 쉬운 물질

3) 물 반응성 물질 : 물과 반응하여 인화성 가스를 발생하는 물질

마. 산화성 물질류 : 다음의 물질로서 해양수산부장관이 고시하는 것과 제200조 각 호에서 정하는 것

1) 산화성 물질 : 다른 물질을 산화시키는 성질을 가진 물질(유기과산화물은 제외한다)

2) 유기과산화물 : 쉽게 활성산소를 방출하여 다른 물질을 산화시키는 성질을 가진 유기물질

2. 해양오염사고의 특성 및 발생사례

선박 또는 해양시설로부터 오염물질이 배출되는 사고는 바람, 파도 등의 자연현상 등 해상의 움직임에 따라 짧은 시간에 광범위한 영역으로 확산이 된다. 또한 이러한 오염사고는 원래대로 원상회복되기까지 수많은 시간이 소요되므로 해안가 근처에서 생계를 유지하고 있는 사람들의 생활 터전을 위협을 초래할 가능성이 매우 높다.[6]

한편, 해상에서 발생되고 있는 오염사고의 대부분은 선박의 충돌로 인한 연료유 탱크파손, 야간 연료유 공·수급 중 밸브 조작 등의 부주의로 인한 기름 넘침, 1인 연료유 이송작업 중 호스 연결부 파손, 기관구역 선저폐수를 고의로 배출(펌프 이용)하는 경우 등으로 인해 발생한다.

다음에서는 해양오염이 발생하게 되는 주요원인에 대해 사례별로 살펴보면 다음과 같다.[7]

i) 선박 연료유 급유작업

가. 급유량 계측 실수 또는 연료탱크 기름 수위 표시장치 고장으로 수급탱크 용량을 초과하여 에어벤트로 넘침(Over Flow)

나. 수급 완료 후 탱크밸브를 잠그지 않거나 열려있어야 할 탱크밸브를

바. 독물류 : 다음에서 정하는 것

1) 독물 : 인체에 독작용을 미치는 물질로서 해양수산부장관이 고시하는 것

2) 병독(病毒)을 옮기기 쉬운 물질 : 살아있는 병원체, 살아있는 병원체를 함유하고 있는 물질이나 살아있는 병원체가 붙어있다고 인정되는 것

사. 방사성 물질 : 「원자력안전법」 제2조제5호에 따른 방사성 물질(방사성 물질에 오염된 것을 포함한다)

아. 부식성(腐蝕性) 물질 : 부식성을 가진 물질로서 해양수산부장관이 고시하는 것

자. 유해성 물질 : 가목부터 아목까지의 물질 외에 사람에게 해를 끼치거나 다른 물건을 손상시킬 우려가 있는 물질로서 해양수산부장관이 고시하는 것

6) 정재헌, "해양경찰청 해양오염방제인력의 영향요인에 관한 연구" 한국해양대학교 대학원 박사학위논문, 2018, 60~68면.

7) 해양경찰청, 『해양오염 예방 GUIDE』, 2013, 20~44면.

개방하지 않아 탱크용량을 초과 급유하여 맨홀 넘침

다. 급유라인 호스 · 커플링 손상 · 연결 불량 · 탈락으로 기름유출

라. 급유 종료 후 에어플러싱(Air Flushing : 배관을 공기로 불어 씻어 내는 작업) 중 공기압 영향으로 에어벤트 넘침

ii) 선박 내 연료유 이송작업

가. 이송파이프 · 호스 연결부(커플링) 손상, 연결(조임)불량 · 탈락으로 유출(밸브조작 실수 포함)

나. 선체 기울기 조정을 위해 좌현탱크에서 우현으로 연료 이송 시 측심 부주의로 허용량을 초과 이송하여 에어벤트 넘침

다. 연료 저장탱크에서 서비스탱크로 이송 시 측심표시장치 또는 계측 부주의로 허용량 초과 이송, 에어벤트 넘침

iii) 기관구역 선저폐수 작업

가. 잡용수 펌프(G/S Pump)를 이용하여 기관구역 선저폐수 고의 배출

* 잡용수 펌프는 기관실 침수 등 비상사고 발생 시에는 사용 가능

나. 고장난 유수분리기로 기준치(15ppm[8]) 초과 선자폐수 배출

iv) 부두 · 잔교 계류 적 · 양하 작업 중 오염사고

가. 적재작업 중 탱크용량 초과로 갑판상 해치커버 또는 에어벤트 넘침

나. 작업 중 파이프라인, 화물 호스 파공 또는 파열로 인한 오염사고

다. 선적 작업 중 선박 내 밸러스트 배출 중 오염사고(탱크내부 균열)

라. 탱크 과압으로 인하여 급작스럽게 밸브가 열릴 경우

마. 갑판, 펌프룸, 기관실 밸브 잠금 등 중요사항 미확인(드레인콕 및 빌

---

8) ppm이란 Parts Per Million의 약자로, 기체, 액체 및 고체 중에 함유되어 있는 어떤 물질의 비율을 나타내는 단위이며, 전체량의 100만분의 1(10^{-6})을 1ppm이라고 한다. ppm은 100만분의 1을 나타내는 단위이며, 무게 또는 부피에 대해 사용한다. 다시 말해서 일정한 부피의 물이나 유체의 무게가 1일 경우 이 속에 100만분의 1 무게만큼의 오염물질이 포함된 것을 말한다. 무게는 수질오염에서 주로 사용하며, 대기오염도를 나타내는 ppm은 부피의 비이다(네이버검색사이트, https://www.naver.com).

지 선외변, Sea Chest 분리, 탱크 크리닝 선외변 미확인)

v) 적 · 양하 작업 중 화재 및 폭발로 인한 오염사고

가. 밀폐공간에서 용접작업 시 기름 헝겊 등 가연성 물질에 의한 폭발

나. 펌프룸 바닥 누유 가스에 공구 낙하, 펌프룸 팬, 전등 켤 때 폭발

다. 불법 전열기구, 전열기, 전기장판 과열 및 과부하로 화재 · 폭발

라. 탱크세정작업 중 가스프리, 스팀 주입 시 폭발사고(전기팬, 공구 낙하, 정전기 발생, 연돌 불꽃 등으로 인한 화재 · 폭발 위험)

마. 밀폐구역 출입시 석유가스, 페인트 · 신나통에서 가스가 샐 때 전등을 켜면서 발생하는 스파크, 공구 마찰에 의한 마찰열과 반응한 폭발

바. 무풍상태에서 고휘발성유 선적 시 유증기가 갑판 위에 쌓여 화재 · 폭발

vi) 선박 대 선박(Ship to Ship) 이송작업 오염사고

가. 선박 간 매니폴드에 연결하는 호스불량으로 오염사고 발생

나. 선박 간 이송작업 종료 시, 호스분리 때 현장 작업자 부주의로 누설

다. 선박 간 이송작업 시 해치커버 또는 에어벤트를 통한 넘침

라. 기상불량 시 계류삭 파손으로 연결된 호스가 터지는 경우 발생

마. 화물호스 내 정전기 발생으로 유증기와 반응, 화재폭발사고 발생

vii) 소형선박(어선 · 예인선) 오염사고

가. 잠수펌프 스위치 오작동 및 자동 배출모드 설정으로 선저폐수 무단 배출

나. 선박수리 과정에서 그라인딩 분진 및 용접 잔류물 등 폐기물 해상 탈락

다. 선내 보관중인 폐유 통을 옮기던 중 넘어져 해상 유출

라. 급유량 계측 잘못으로 용량을 초과 급유하여 에어벤트로 넘쳐 유출

viii) 해양시설(기름 · HNS[9]) 오염사고

가. 유류 저장탱크 청소 후 드레인 밸브를 열어 놓고 유류 적재 중 유출

9) HNS : 위험 · 유해물질(Hazardous and Noxious Substances)

(방호벽 개폐 밸브가 있으나 우수 배출을 위해 밸브를 열어 둠)

나. 시설 내 폐유통, 기름걸레 등에 묻어있던 폐유가 빗물에 씻겨 유출

다. 이송파이프 · 호스 연결부(커플링) 손상 또는 연결(조임)불량, 탈락 유출(사업장 폐기물(분진, 페인트가루, 플라스틱 등) 사업장 내 무단방치

Ⅱ. 해양오염방제 관련 의무조치사항

1. 오염물질이 배출되는 경우의 신고

「해양환경관리법」 제63조제1항에서는 배출기준을 초과하는 오염물질이 해양에 배출되거나 배출될 우려가 있다고 예상되는 경우, 다음의 어느 하나에 해당하는 자에게 지체 없이 해양경찰청장 또는 해양경찰서장에게 이를 신고하도록 규정하고 있다.

i) 배출되거나 배출될 우려가 있는 오염물질이 적재된 선박의 선장 또는 해양시설의 관리자. 이 경우 해당선박 또는 해양시설에서 오염물질의 배출원인이 되는 행위를 한 자가 신고하는 경우에는 그러하지 아니하다(제1호).

ii) 오염물질의 배출 원인이 되는 행위를 한 자(제2호)

iii) 배출된 오염물질을 발견한 자(제3호)

그 밖에 「해양환경관리법 시행규칙」 제29조제1항 및 「선박오염방지규칙」 제51조제1항에 따른 신고사항을 해양경찰청장 또는 해양경찰서장 외의 자가 신고를 받은 경우에는 각각 지체 없이 제29조제2항 및 제51조제2항에 따라 그 내용을(해당 해역을 관할하는) 해양경찰청장 또는 해양경찰서장에게 알려야 한다.

한편, 위에서 언급하고 있는 바와 같이 「해양환경관리법」 제63조제1항에 따라 오염물질이 기준을 초과하여 해양에 배출되거나 배출될 우려가 있다고 예

상되는 경우 신고하도록 하고 있는 세부기준은 같은 법 시행령 제47조(별표 6)에서 다음과 같이 정하고 있다(〈표 1-1〉).

〈표 1-1〉 오염물질 배출 시 신고기준

■ 해양환경관리법 시행령 [별표 6] 오염물질 배출 시 신고기준(제47조 관련)			
종류		양농도	확산범위
폐기물	수은 및 그 화합물, 폴리염화비페닐, 카드뮴 및 그 화합물, 6가크롬화합물, 유기할로겐화합물	10kg 이상	
	시안화합물, 유기인화합물, 납 및 그 화합물, 비소 및 그 화합물, 구리 및 그 화합물, 크롬 및 그 화합물, 아연 및 그 화합물, 불화물, 페놀류, 트리클로로에틸렌, 테트라클로로에틸렌	100kg 이상	
	유기실리콘 화합물, 폐합성수지, 폐합성고분자 화합물, 폐산, 폐알칼리	200kg 이상	
	동·식물성 고형물, 분뇨, 오니류	200kg 이상	
	그 밖의 폐기물	1,000kg 이상	
기름		배출된 기름 중 유분이 100만분의 1,000 이상이고 유분총량이 100L 이상	배출된 기름이 1만㎡ 이상으로 확산되어 있거나 확산될 우려가 있는 경우
유해 액체물질	알라클로르, 알칸, 그 밖에 해양수산부령으로 정하는 X류 물질	10L 이상	
	아세톤 시아노히드린, 아크릴산, 그 밖에 해양수산부령으로 정하는 Y류 물질	100L 이상	
	아세트산, 아세트산 무수물, 그 밖에 해양수산부령으로 정하는 Z류 물질	200L 이상	
	평가는 되었으나 유해 액체물질목록에 등록되지 아니한 잠정평가물질	10L 이상	

관련해서, 「해양환경관리법」 제63조에 따라 선박 · 해양시설로부터의 오염물질 배출을 신고하려는 자는 같은 법 시행규칙 제29조제1항 및 「선박오염방지규칙」 제51조제1항에서 규정하고 있는 방법(서면 · 구술 · 전화 또는 무선통신 등)으로 신속하게 하도록 하고 있으며, 그 신고사항은 다음과 같다.

i) 해양시설로부터의 오염물질 배출신고 사항(「해양환경관리법 시행규칙」 제29조제1항)
  가. 해양오염사고의 발생 일시 · 장소 및 원인(제1호)
  나. 배출된 오염물질의 종류, 추정량 및 확산 상황과 응급조치 상황(제2호)
  다. 사고선박 또는 시설의 명칭, 종류 및 규모(제3호)
  라. 해면상태 및 기상상태(제4호)

ii) 선박으로부터의 오염물질 배출신고 사항(「선박오염방지규칙」 제51조제1항)
  가. 해양오염사고의 발생일시 · 장소 및 원인(제1호)
  나. 배출된 오염물질의 추정량 및 확산상황과 응급조치상황(제2호)
  다. 사고선박 또는 시설의 명칭, 종류 및 규모(제3호)
  라. 해면상태 및 기상상태(제4호)

2. 오염물질이 배출되는 경우의 방제조치

「해양환경관리법」 제64조제1항에서는 이 법 제63조제1항제1호 · 제2호에 해당하는 자(i) 배출되거나 배출될 우려가 있는 오염물질이 적재된 선박의 선장 또는 해양시설의 관리자, ii) 오염물질의 배출원인이 되는 행위를 한 자)(이하 "방제의무자"라 한다)는 배출된 오염물질에 대하여 같은 법 시행령 제48조제1항에서 정하는 바에 따라, i) 오염물질의 배출방지(법 제64조제1항제1호), ii) 배출된 오염물질의 확산방지 및 제거(법 제64조제1항제2호), iii) 배출된 오염물질의 수거 및 처리(법 제64조제1항제3호)를 하도록 규정하고 있다.

이 경우 해양경찰청장은 방제의무자가 자발적으로 방제조치를 행하지 아니하는 때에는 이 법 제64조제3항에 따라 그 자에게 시한을 정하여 방제조치를 하도록 명령할 수 있다.

이때, 여기에서의 같은 법 시행령 제48조제1항에 따른 방제조치는 다음과 같은 조치로서 오염물질의 배출방지와 배출된 오염물질의 확산방지 및 제거를 위한 응급조치를 한 후 현장에서 할 수 있는 최대한의 유효적절한 조치를 하여야 한다.

i) 오염물질의 확산방지울타리의 설치 및 그 밖에 확산방지를 위하여 필요한 조치(제1호)

ii) 선박 또는 시설의 손상부위의 긴급수리, 선체의 예인 · 인양조치 등 오염물질의 배출 방지조치(제2호)

iii) 해당 선박 또는 시설에 적재된 오염물질을 다른 선박 · 시설 또는 화물창으로 옮겨 싣는 조치(제3호)

iv) 배출된 오염물질의 회수조치(제4호)

v) 해양오염방제를 위한 자재 및 약제의 사용에 따른 오염물질의 제거조치(제5호)

vi) 수거된 오염물질로 인한 2차오염 방지조치(제6호)

vii) 수거된 오염물질과 방제를 위하여 사용된 자재 및 약제 중 재사용이 불가능한 물질의 안전처리 조치(제7호)

그 밖에 해양경찰청장은 같은 법 시행령 제48조제2항에 따른 방제조치를 위하여 필요한 경우 다음의 조치를 직접 하거나 관계기관에 지원을 요청할 수 있다.

i) 오염해역을 통행하는 선박의 통제(제1호)
ii) 오염해역의 선박안전에 관한 조치(제2호)
iii) 인력 및 장비·시설 등의 지원 등(제3호)

그리고 오염물질이 항만의 안 또는 항만의 부근 해역에 있는 선박으로부터 배출되는 경우, 다음의 어느 하나에 해당하는 자는 이 법 제64조제2항에 따라 방제의무자가 방제조치를 취하는데 적극 협조하여야 한다.

i) 해당 항만이 배출된 오염물질을 싣는 항만인 경우에는 해당 오염물질을 보내는 자(제1호)
ii) 해당 항만이 배출된 오염물질을 내리는 항만인 경우에는 해당 오염물질을 받는 자(제2호)
iii) 오염물질의 배출이 선박의 계류 중에 발생한 경우에는 해당 계류시설의 관리자(제3호)
iv) 그 밖에 오염물질의 배출원인과 관련되는 행위를 한 자(제4호)

참고로, 오염물질의 방제조치에 사용되는 자재 및 약제는 「해양환경관리법」 제64조제6항에서 정하고 있는 바와 같이 이 법 제110조제4항·제6항 및 제7항에 따라 형식승인·검정 및 인정을 받거나 제110조의2제3항에 따른 검정을 받은 것이어야 한다. 다만, 오염물질의 방제조치에 사용되는 자재로서 긴급방제조치에 필요하고 해양환경에 영향을 미치지 아니한다고 해양경찰청장이 인정하는 경우에는 그러하지 아니하도록 하고 있다.

3. 오염물질이 배출될 우려가 있는 경우의 조치

「해양환경관리법」 제65조제1항에서는 선박의 소유자 또는 선장, 해양시설의 소유자는 선박 또는 해양시설의 좌초 · 충돌 · 침몰 · 화재 등의 사고로 인하여 선박 또는 해양시설로부터 오염물질이 배출될 우려가 있는 경우에는 같은 법 시행규칙 제31조 및 「선박오염방지규칙」 제52조에서 정하는 바에 따라 각각 오염물질의 배출방지를 위한 조치를 하여야 한다.

i) 해양시설의 소유자는 오염물질의 배출방지를 위한 다음의 조치를 취하도록 하고 있다(「해양환경관리법 시행규칙」 제31조).

가. 파손 · 화재 등의 사고인 경우에는 오염물질을 다른 선박이나 해양시설로 옮겨 싣는 조치 또는 손상부위의 긴급수리, 침수 또는 배출방지를 위하여 필요한 조치(제1호)

나. 침몰이 예상되는 경우에는 오염물질의 배출 우려가 있는 모든 부위를 막는 조치(제2호)

다. 불을 끄는 중에 생긴 오염물질의 경우에는 다른 선박이나 해양시설로 옮겨 싣는 조치 또는 배출방지를 위하여 필요한 조치(제3호)

라. '가'부터 '다'까지의 규정에 따른 조치에도 불구하고 오염물질이 배출될 우려가 있는 경우 배출 또는 확산방지를 위하여 필요한 조치(제4호)

ii) 선박의 소유자 또는 선장은 오염물질의 배출방지를 위하여 다음 각 호의 조치를 취하여야 한다(「선박오염방지규칙」 제52조).

가. 좌초, 충돌, 파손, 침몰, 화재 등의 사고로 오염물질을 다른 선박이나 해양시설로 옮겨 싣는 조치가 필요하다고 인정되는 경우에 옮겨 싣는 조치(제1호)

나. i)의 사고에 따른 선체 손상부위의 긴급수리, 선체의 예인 · 인양조치, 침수 또는 배출방지를 위하여 필요한 조치(제2호)

다. 침몰이 예상되는 경우에는 침몰된 후에 오염물질의 배출 우려가 있는 모든 부위를 막는 조치(제3호)

라. 화재의 경우에는 진화작업으로 기관실 또는 화물창 등에 고인 폐수 등의 오염물질을 다른 선박이나 해양시설로 옮겨 싣는 조치 또는 배출방지를 위하여 필요한 조치(제4호)

마. '가'부터 '라'까지의 규정에 따른 조치에도 불구하고 오염물질이 배출될 우려가 있는 경우 배출감소 또는 확산방지를 위하여 필요한 조치(제5호)

바. 그 밖에 오염물질의 배출방지를 위하여 필요한 조치(제6호)

4. 해양시설의 자재 및 약제 비치기준 등

「해양환경관리법」 제66조제1항 · 제3항 및 같은 법 시행규칙 제32조제1항에서는 오염물질의 방제 · 방지를 위한 자재 및 약제를 갖추어두어야 하는 해양시설을 다음과 같이 정하고 있다.

i) 오염물질을 300킬로리터 이상 저장할 수 있는 시설(시행규칙 제32조제1항제1호)

ii) 총톤수 100톤 이상의 유조선을 계류하기 위한 계류시설(시행규칙 제32조제1항제2호)

그리고 이 법 제66조제3항[10]에 따라 해양시설 안에 갖추어두어야 하는 자재 · 약제의 비치기준은 같은 법 시행규칙 제32조제2항(별표 11)과 관련한 것으로 다음과 같다(〈표 1-2〉).

10) 「해양환경관리법」 제66조(자재 및 약제의 비치 등) ③ 제1항에 따라 비치 · 보관하여야 하는 자재 및 약제의 종류 · 수량 · 비치방법과 보관시설의 기준 등에 필요한 사항은 해양수산부령으로 정한다.

〈표 1-2〉 해양시설의 자재·약제 비치기준

■ 해양환경관리법 시행규칙 [별표 11]
해양시설의 자재 · 약제 비치기준(제32조제2항 관련)

비치대상	구분	종류	비치량
1. 제32조제1항제1호의 저장시설	가. 5만kl 이상의 기름을 저장할 수 있는 시설	해양유류오염확산차단장치 B형 또는 C형	기름의 양이 5만kl 이상 10만kl 미만인 경우에는 660m, 10만kl 이상 20만kl 미만인 경우에는 840m, 20만kl 이상인 경우에는 1,000m
		유처리제 · 유흡착재 또는 유겔화제	다음의 산식에 의한 양 20X+50Y+15Z=U
	나. 5만kl 미만 300kl 이상의 기름을 저장할 수 있는 시설	해양유류오염확산차단장치 A형 또는 B형	기름의 양이 300kl 이상 1천kl 미만인 경우에는 200m, 1천kl 이상 1만kl 미만인 경우에는 320m, 1만kl 이상 5만kl 미만인 경우에는 460m
		유처리제 · 유흡착재 또는 유겔화제	다음의 산식에 의한 양 20X+50Y+15Z=U
2. 제32조제1항제2호의 계류시설	가. 총톤수 10만톤 이상의 유조선을 계류하는 시설	해양유류오염확산차단장치 B형 또는 C형	계류할 수 있는 최대 선박 길이의 1.5배의 길이
		유처리제 · 유흡착재 또는 유겔화제	다음의 산식에 의한 양 20X+50Y+15Z=U
	나. 총톤수 10만톤 미만 100톤 이상 유조선을 계류하는 시설	해양유류오염확산차단장치 A형 또는 B형	계류할 수 있는 최대 선박길이의 1.5배의 길이
		유처리제 · 유흡착재 또는 유겔화제	다음의 산식에 의한 양 20X+50Y+15Z=U

비고
1. 해양유류오염확산차단장치의 종류는 다음과 같다.

유형	수면 위(㎝)	수면 아래(㎝)
A형 B형 C형	20 이상 30 미만 30 이상 60 미만 60 이상	30 이상 40 미만 40 이상 90 미만 90 이상

2. X, Y, Z, U 및 W는 각각 다음과 같다.
   X : 유처리제의 양(kl)
   Y : 유흡착재의 양(t)
   Z : 유겔화제의 양[액상(kl), 분말(t)]
   U:
   가. 제1호의 경우에는 해당 시설에 갖추어 둘 수 있는 기름의 양에 따라 다음 표에서 정하는 값

총톤수	300 이상 1천 미만	1천 이상 5천 미만	5천 이상 1만 미만	1만 이상 5만 미만	5만 이상 10만 미만	10만 이상 20만 미만	20만 이상
U	10	15	20	25	30	40	50

   나. 제2호의 경우에는 해당 계류시설에 계류할 수 있는 최대선박의 총톤수에 따라 가목의 표에 의하여 정하는 값
   W : 제2호의 경우에는 해당 계류시설에 계류할 수 있는 최대선박의 총톤수에 따라 가목의 표에 의하여 정하는 값

3. 제32조제1항제1호의 저장시설의 설치자가 같은 항 제2호의 계류시설의 관리자인 경우에는 이 표의 제1호 또는 제2호의 비치기준 중 큰 쪽의 것을 적용한다.

다만, 같은 법 시행규칙 제32조제2항 단서에 따라 유처리제 · 유흡착재 또는 유겔화제(기름을 굳게 하는 물질)의 경우에는 해당 해양시설에 기준량의 10퍼센트 이상을 갖추어두고, 나머지는 같은 법 시행규칙 제33조에 따른 보관시설에 보관할 수 있도록 허용하고 있다. 이 경우 같은 법 시행규칙 제32조제3항에서는 보관시설에 유처리제 등을 보관할 시에는 그 사실을 증명하는 서류를 해당 해양시설에 갖추도록 하고 있다.

그 밖에 같은 법 시행규칙 제32조제4항에서는 이 법 제67조제1항에 따라 방제선 또는 방제장비(이하 "방제선등"이라 한다)를 배치 · 설치하거나 제67조제2항에 따라 위탁하여 배치 · 설치한 경우에는 이 법 제66조에 따른 자재 · 약제 등을 갖추어둔 것으로 보고 있다.[11)]

5. 보관시설의 자재 및 약제 비치기준 등

앞서 언급한 「해양환경관리법」 제66조제3항 및 같은 법 시행규칙 제33조제1항에 따른 보관시설의 범위는 다음과 같다.

i) 해양시설의 소유자가 해양시설에 갖추어두어야 할 자재 · 약제를 보관하기 위하여 해당 항만에 설치한 시설(공동으로 설치한 것을 포함한다)(시행규칙 제33조제1항제1호)

---

11) 「해양환경관리법」 제67조(방제선등의 배치 등) ① 다음 각 호의 어느 하나에 해당하는 선박 또는 해양시설의 소유자는 기름의 해양유출사고에 대비하여 대통령령으로 정하는 기준에 따라 방제선 또는 방제장비(이하 "방제선등"이라 한다)를 해양수산부령으로 정하는 해역 안에 배치 또는 설치하여야 한다.

1. 총톤수 500톤 이상의 유조선
2. 총톤수 1만톤 이상의 선박(유조선을 제외한 선박에 한한다)
3. 신고된 해양시설로서 저장용량 1만 킬로리터 이상의 기름저장 시설

② 제1항의 규정에 따라 방제선등을 배치하거나 설치하여야 하는 자(이하 "배치의무자"라 한다)는 대통령령이 정하는 바에 따라 방제선등을 공동으로 배치 · 설치하거나 이를 제96조제1항의 규정에 따른 해양환경공단에게 위탁할 수 있다.

ii) 항만관리청이 항만시설, 어항시설의 방제를 위한 자재 · 약제를 보관하기 위하여 「항만법」 제3조제1항에 따른 항만 및 「어촌 · 어항법」 제2조제3호에 따른 어항에 설치한 시설(시행규칙 제33조제1항제2호)

iii) 해양환경공단이 법 제97조[12]에 따른 사업을 위하여 해양오염방제에 필요한 자재 · 약제를 보관할 목적으로 해당 항만에 설치한 시설(시행규칙 제33조제1항제3호)

그리고 「해양환경관리법 시행규칙」 제33조제2항에서는 이 법 제66조제3항에 따라 항만관리청이 보관시설에 갖추어두어야 할 자재 · 약제의 비치기준(별표 12)과 같은 법 시행규칙 제33조제1항의 보관시설의 시설기준 및 운영기준(별표 13)에 대해 다음과 같이 각각 규정하고 있다(〈표 1-3〉~〈표 1-4〉).

---

12) 「해양환경관리법」 제97조(사업) ① 공단은 다음 각 호의 사업을 수행한다.
1. 해양환경의 보전 · 관리에 관한 사업
2. 해양환경개선을 위한 다음 각 목의 사업
가. 오염물질의 수거 · 처리를 위한 사업
나. 오염물질 저장시설의 설치 · 운영 및 수탁관리
다. 오염물질의 배출방지를 위한 선박의 인양 · 예인
라. 해양환경 관련 시험 · 조사 · 연구 · 설계 · 개발 및 공사감리
3. 해양오염방제에 필요한 다음 각 목의 사업
가. 해양오염방제업무 및 방제선등의 배치 · 설치(위탁 · 대행 받은 경우를 포함한다)
나. 해양오염방제에 필요한 자재 · 약제의 비치 및 보관시설의 설치 등(위탁 · 대행 받은 경우를 포함한다)
다. 그 밖에 해양오염방제와 관련한 것으로서 대통령령으로 정하는 사업
4. 제1호 내지 제3호의 사업에 부대되는 사업 중 정관으로 정하는 사업
5. 해양환경 관련 국제협력 및 기술용역사업
6. 해양환경에 대한 교육 · 훈련 및 홍보
7. 제1호 내지 제6호와 관련하여 국가 또는 지방자치단체로부터 위탁받은 사업
8. 그 밖에 공단의 설립목적을 달성하기 위하여 필요한 사업으로서 대통령령이 정하는 사업
② 공단은 제1항의 규정에 따른 사업을 수행함에 있어 해양환경의 보전 · 관리를 위하여 필요한 경우에는 대통령령이 정하는 시설을 설치하거나 설치된 시설을 타인에게 양도할 수 있다.

〈표 1-3〉 항만관리청의 보관시설의 자재·약제 비치기준

■ 해양환경관리법 시행규칙 [별표 12]
항만관리청의 보관시설의 자재 · 약제 비치기준(제33조제2항 관련)

자재 비치기준 / 설치 항만	해양유류오염확산차단장치(m)	유흡착재(kg)
최고위험도 항만(광양, 대산, 울산)	1,000	2,000
고위험도 항만(부산, 인천, 군산)	800	1,000
중위험도 항만(평택 · 당진, 포항, 태안, 목포, 고현, 마산, 옥포, 제주, 동해 · 묵호, 옥계, 보령, 삼천포, 호산, 장항, 여수, 진해, 완도, 통영, 서귀포, 속초, 장승포, 삼척, 하동)	500	500
저위험도 항만(경인, 서울, 급유선 입출항 연안항 및 국가어항)	200	200

비고
1. 최고위험도 항만 및 고위험도 항만에서는 해양유류오염확산차단장치 B형과 C형을 혼합하여 비치하여야 한다.
2. 삭제 〈2011.9.29〉

〈표 1-4〉 보관시설의 시설기준 및 운영기준

■ 해양환경관리법 시행규칙[별표 13]
보관시설의 시설기준 및 운영기준(제33조제2항 관련)

1. 보관시설의 시설기준
   가. 보관된 자재 · 약제를 비 · 바람 등으로부터 충분히 보호할 수 있는 구조물이어야 하며 그 바닥은 방수시공된 것일 것
   나. 자재 · 약제가 변질되거나 손상되지 아니하도록 충분한 환기장치와 쥐에 의한 피해예방장치를 갖추고 있을 것
   다. 조명시설 및 소방시설을 갖추고 있을 것
   라. 자재 · 약제를 반출하는데 지장이 없도록 충분한 반출통로가 확보되어 있을 것
   마. 자재 · 약제의 운송을 위한 차량 및 선박을 확보하고 있을 것
2. 보관시설의 운영기준
   가. 보관시설마다 최소한 1명 이상의 관리요원이 지정되어 있고 관리요원과 항상 비상연락을 할 수 있는 체제를 유지할 것
   나. 방제활동을 위한 통신망 확보 등 관할 해역관리청 및 해양경찰서와 긴밀한 협조체제를 유지하고 있을 것
   다. 다음 사항이 기록된 보관시설관리규정을 비치하고 있을 것

1) 관리책임자 및 관리요원의 비상연락망 2) 자재 · 약제의 관리요령 및 사용방법 3) 보관시설의 정기적인 점검사항 4) 자재 · 약제의 긴급반출 · 이송요령 5) 그 밖의 비상시의 조치사항 〈비고〉 인근 항만의 보관시설에서 해당 항만까지 3시간 이내에 방제 자재 · 약제를 동원할 수 있는 경우에는 통합하여 보관시설을 설치 · 운영할 수 있다.

6. 선박에 비치할 자재 및 약제 비치기준 등

「해양환경관리법」 제66조제1항 및 「선박오염방지규칙」 제53조제1항에서는 오염물질의 방제 · 방지를 위한 자재 및 약제를 갖추어두어야 하는 선박의 규모 및 용도에 대해 다음과 같이 구분해서 정하고 있다.

i) 총톤수 100톤 이상의 유조선(규칙 제53조제1항제1호)
ii) 추진기관이 설치된 총톤수 1만톤 이상의 선박(유조선은 제외한다)(규칙 제53조제1항제2호)

그리고 이 법 제66조제3항에 따라 선박 안에 갖추어야 하는 자재 · 약제의 비치기준은 「선박오염방지규칙」 제53조제2항(별표 30)에서 다음과 같이 규정하고 있다(〈표 1-5〉).

〈표 1-5〉 선박의 자재약제 비치기준

■ 선박오염방지규칙 [별표 30]
선박의 자재 · 약제 비치기준(제53조제2항 관련)

구분	종류	비치량
1. 총톤수 1만톤 이상의 유조선	해양유류오염확산차단장치 B형 또는 C형	선박 길이의 1.5배 또는 200m 중 큰 쪽의 길이

	유처리제 · 유흡착재 또는 유겔화제	다음의 산식에 의한 양 40X+100Y+30Z=U
2. 「선박안전법 시행규칙」 제15조에 따른 연해구역 안에서만 운항하는 총톤수 1만톤 미만 1천톤 이상의 유조선	해양유류오염확산차단장치 B형 또는 C형	선박길이의 2배 또는 150m 중 큰 쪽의 길이
	유처리제 · 유흡착재 또는 유겔화제	다음의 산식에 의한 양 20X+50Y+15Z=U
3. 「선박안전법 시행규칙」 제15조에 따른 근해구역 또는 원양구역을 운항하는 총톤수 1만톤 미만 1천톤 이상의 유조선	해양유류오염확산차단장치 B형 또는 C형	선박길이의 1.5배 또는 100m 중 큰 쪽의 길이
	유처리제 · 유흡착재 또는 유겔화제	다음의 산식에 의한 양 40X+100Y+30Z=U
4. 「선박안전법 시행규칙」 제15조에 따른 연해구역안에서만 운항하는 총톤수 1천톤 미만 100톤 이상의 유조선	해양유류오염확산차단장치 A형 또는 B형	선박길이의 2배 또는 100m 중 큰 쪽의 길이
	유처리제 · 유흡착재 또는 유겔화제	다음의 산식에 의한 양 20X+50Y+15Z=U
5. 「선박안전법 시행규칙」 제15조에 따른 근해구역 또는 원양구역을 운항하는 총톤수 1천톤 미만 100톤 이상의 유조선	해양유류오염확산차단장치 A형 또는 B형	선박길이의 1.5배 또는 60m 중 큰 쪽의 길이
	유처리제 · 유흡착재 또는 유겔화제	다음의 산식에 의한 양 40X+100Y+15Z=U
6. 추진기관이 설치된 총톤수 1만톤 이상의 선박(유조선은 제외한다)	해양유류오염확산차단장치 B형 또는 C형	선박길이의 1.5배의 길이
	유처리제 · 유흡착재 또는 유겔화제	다음의 산식에 의한 양 40X+100Y+30Z=W

비고

1. 해양유류오염확산차단장치의 종류는 다음과 같다.

유형	수면 위(㎝)	수면 아래(㎝)
A형	20 이상 30 미만	30 이상 40 미만
B형	30 이상 60 미만	40 이상 90 미만
C형	60 이상	90 이상

2. X, Y, Z, U 및 W는 각각 다음과 같다.
   X : 유처리제의 양(kl)
   Y : 유흡착재의 양(t)
   Z : 유겔화제의 양[액상(kl), 분말(t)]
   U : 해당 선박의 총톤수에 따라 다음 표에서 정하는 값

총톤수	100 이상 200 미만	200 이상 500 미만	500 이상 1천 미만	1천 이상 5천 미만	5천 이상 1만 미만	1만 이상 5만 미만	5만 이상 10만 미만	10만 이상
U	10	15	20	30	70	100	230	320

W : 해당 선박의 총톤수에 따라 다음 표에서 정하는 값

총톤수	1만 이상 2만 미만	2만 이상 5만 미만	5만 이상 10만 미만	10만 이상 20만 미만	20만 이상
W	30	45	60	80	100

다만, 「선박오염방지규칙」 제53조제2항 단서에 따라 유처리제 · 유흡착재 또는 유겔화제(기름을 굳게 하는 물질)의 경우에는 해당 선박에 기준량의 10퍼센트 이상을 갖추어두고 나머지는 「해양환경관리법 시행규칙」 제33조에 따른 보관시설에 보관할 수 있다. 이 경우 「선박오염방지규칙」 제53조제3항에서는 제53조제2항 단서에 따라 보관시설에 유처리제 등을 보관하는 경우에는 그 사실을 증명하는 서류를 해당 선박에 보관하도록 하고 있다.

그 밖에 「선박오염방지규칙」 제53조제4항에서는 이 법 제67조제1항에 따라 방제선등을 배치 · 설치하거나 제67조제2항에 따라 배치 · 설치를 위탁한 경우에는 법 제66조에 따른 자재 · 약제 등을 갖추어둔 것으로 보고 있으며, 「선박오염방지규칙」 제53조제5항에 따라 해역관리청 및 선박의 소유자가 이 법 제66조제3항에서 정하고 있는 보관시설에 갖추어두어야 하는 자재 · 약제의 최소비치기준에 관하여는 「해양환경관리법 시행규칙」 제33조제2항 관련 별표 12를 준용하고 있다.

7. 방제선등의 배치·설치 및 배치해역

「해양환경관리법」 제67조제1항에서는 기름의 해양유출사고에 대비하여 다음의 어느 하나에 해당하는 선박 또는 해양시설의 소유자에게 방제선 또는 방제장비(이하 "방제선등"이라 한다)를 같은 법 시행규칙 제34조제1항 및 「선박오염방지규칙」 제54조제1항에서 정하는 해역 안에 배치 또는 설치하도록 하고 있다.

i) 총톤수 500톤 이상의 유조선(제1호)
ii) 총톤수 1만톤 이상의 선박(유조선을 제외한 선박에 한한다)(제2호)
iii) 신고된 해양시설로서 저장용량 1만킬로리터 이상의 기름저장시설(제3호)

그리고 이 법 제67조제2항의 규정에 따라 방제선등을 배치하거나 설치하여야 하는 자(이하 "배치의무자"라 한다)는 방제선등을 공동으로 배치 · 설치하거나 이를 제96조제1항의 규정에 따른 해양환경공단(이하 "공단"이라 한다)에게 위탁할 수 있도록 하고 있으며, 같은 법 시행령 제51조제1항(별표 8)에서는 선박 또는 해양시설의 소유자 및 공단이 방제선등을 배치 · 설치(공동배치 · 설치를 포함)하는 경우 다음을 따르도록 규정하고 있다(〈표 1-6〉).

〈표 1-6〉 방제선 · 방제장치의 배치·설치기준

■ 해양환경관리법 시행규칙 [별표 8]
방제선 · 방제장비의 배치 · 설치 기준(제51조 관련)

1. 선박

유조선	유조선 외의 선박	기름 회수능력(시간당)	배치방법
톤급별(총톤수)	톤급별(총톤수)		
500 이상 1,000 미만	1만 이상 3만 미만	35kl 이상	방제선 또는 방제장비

1,000 이상 5,000 미만	3만 이상 5만 미만	50kl 이상	방제선 또는 방제장비
5,000 이상 1만 미만	5만 이상	70kl 이상	방제선 또는 방제장비
1만 이상 5만 미만	-	100kl 이상	총톤수합계 50톤 이상의 방제선과 방제장비
5만 이상 10만 미만	-	170kl 이상	50톤급 이상의 방제선 1척을 포함하여 총톤수합계 75톤 이상의 방제선과 방제장비
10만 이상	-	290kl 이상	75톤급 이상의 방제선 1척을 포함하여 총톤수합계 100톤 이상의 방제선과 방제장비

2. 기름저장시설

저장용량(kℓ)	기름 회수능력 (시간당)	배치방법
1만 이상 5만 미만	80kl 이상	방제선 또는 방제장비
5만 이상 10만 미만	120kl 이상	방제선 또는 방제장비
10만 이상 50만 미만	170kl 이상	50톤급 이상의 방제선 1척을 포함하여 총톤수합계 75톤 이상의 방제선과 방제장비
50만 이상 100만 미만	250kl 이상	75톤급 이상의 방제선 1척을 포함하여 총톤수합계 100톤 이상의 방제선과 방제장비
100만 이상 250만 미만	330kl 이상	100톤급 이상의 방제선 1척을 포함하여 총톤수합계 125톤 이상의 방제선과 방제장비
250만 이상 500만 미만	420kl 이상	125톤급 이상의 방제선 1척을 포함하여 총톤수합계 150톤 이상의 방제선과 방제장비
500만 이상	720kl 이상	150톤급 이상의 방제선 1척을 포함하여 총톤수합계 200톤 이상의 방제선과 방제장비

3. 비고

가. 기름 회수능력은 장비에 표시된 성능으로 하되, 표시된 성능의 적정 여부는 「선박안전법」 제60조제2항에 따른 선급법인(선급업무를 수행하는 외국의 법인 · 기관 · 단체를 포함한다) 또는 공인된 시험 · 연구기관에서 발급한 성능시험성적서에 따라 판단한다.

나. 방제선은 유회수기, 기름이송펌프 및 회수한 기름을 저장할 수 있는 장치(이하 "회수유 저

장장치"라 한다)를 갖춘 선박을 말한다.
다. 선박 또는 기름저장시설의 소유자는 방제선을 배치하는 경우 해당 방제선의 기름 회수능력 대비 100분의 160 이상의 저장능력을 보유한 회수유 저장장치를 방제선에 갖추어야 한다.
라. 다목에도 불구하고 선박 또는 기름저장시설의 소유자는 회수유 저장장치를 해당 방제선의 운항속도를 기준으로 3시간 이내에 도달할 수 있는 장소에 분산하여 갖추어 둘 수 있다. 이 경우 해당 방제선의 기름 회수능력 대비 100분의 60 이상의 저장능력을 보유한 회수유 저장장치를 방제선에 갖추어야 한다.
마. 방제장비는 배출된 기름을 회수할 수 있는 모든 기계 · 장비 및 시설을 말한다.
바. 기름저장시설이 기름의 비축용 또는 비상용으로만 설치 · 사용되는 경우에는 방제장비만으로 기름 회수능력을 갖출 수 있다.
사. 배치 · 설치 대상 기름저장시설 또는 선박을 2곳(또는 척) 이상 소유한 자가 같은 해역에 방제선 · 방제장비를 배치할 경우에는 각각에 적용되는 배치기준 중 기름 회수능력이 가장 큰 기준을 적용한다.
아. 공동배치를 하려는 경우 갖추어야 할 기름 회수능력은 다음 식에 따른다.

A+(B×0.5)

A : 공동배치 대상 중 갖추어야 할 기름 회수능력이 가장 큰 것
B : A를 제외한 공동배치 대상이 각각 갖추어야 할 기름 회수능력의 합계

자. 법 제67조제2항에 따라 방제선등의 배치 · 설치를 위탁받은 공단이 방제선등을 배치 · 설치하는 경우에는 배치의무자에게 적용되는 배치 · 설치기준(기름 회수능력에 관한 기준을 말한다)에 따라 방제선등을 배치 · 설치하여야 하고, 같은 법 제67조제1항 각 호 외의 부분에 따른 해역(이하 이 표에서 "해역"이라 한다)에서 둘 이상의 배치의무자로부터 방제선등의 배치 · 설치를 위탁받은 경우에는 각각의 배치의무자에게 적용되는 배치 · 설치기준(기름 회수능력에 관한 기준을 말한다) 중 가장 큰 기준의 2배 이상으로 방제선등을 배치 · 설치하여야 한다. 다만, 공단의 이사장이 효율적인 방제를 위하여 필요하다고 인정하는 경우에는 방제선을 해역 간 또는 같은 해역에 재배치 · 재설치하거나 추가로 배치 · 설치할 수 있다.

관련해서, 「해양환경관리법」 제67조제1항제3호에 따른 기름저장시설의 소유자는 같은 법 시행규칙 제34조제1항에 따라 해당 시설이 위치한 항만구역에 방제선등을 설치하도록 하고 있으나, 비축용 · 비상용 기름저장시설의 소유자는 해당 시설에서 기름이 배출되는 경우 3시간 이내에 도달할 수 있는 곳에 배치할 수 있도록 하고 있다.

그리고 이 법 제67조제1항제1호 및 제2호에 따른 선박의 소유자가 방제선등을 배치하여야 하는 해역은 「선박오염방지규칙」 제54조제1항에 따라 다음과

같으며, 다만, 다음의 해역에서 기름이 배출되는 경우 3시간 이내에 도달할 수 있는 곳에 배치할 수 있다.

i) 「해사안전법」 제10조[13]에 따른 교통안전 특정해역(규칙 제54조제1항제1호)

ii) 「항만법」 제2조제2호[14]에 따른 무역항 중 다음의 항만(규칙 제54조제1항제2호)

가. 인천항	나. 평택 · 당진항
다. 대산항	라. 군산항
마. 목포항	바. 여수항
사. 광양항	아. 마산항
자. 부산항	차. 울산항
카. 포항항	타. 동해 · 묵호항
파. 제주항	

13) 「해사안전법」 제10조(교통안전특정해역의 설정 등) ① 해양수산부장관은 다음 각 호의 어느 하나에 해당하는 해역으로서 대형 해양사고가 발생할 우려가 있는 해역(이하 "교통안전특정해역"이라 한다)을 설정할 수 있다.

1. 해상교통량이 아주 많은 해역
2. 거대선, 위험화물운반선, 고속여객선 등의 통항이 잦은 해역

② 해양수산부장관은 관계 행정기관의 장의 의견을 들어 해양수산부령으로 정하는 바에 따라 교통안전특정해역 안에서의 항로 지정제도를 시행할 수 있다.

③ 교통안전특정해역의 범위는 대통령령으로 정한다.

14) 「항만법」 제2조(정의) 이 법에서 사용하는 용어의 뜻은 다음과 같다.

2. "무역항"이란 국민경제와 공공의 이해(利害)에 밀접한 관계가 있고, 주로 외항선이 입항 · 출항하는 항만으로서 제3조제1항에 따라 대통령령으로 정하는 항만을 말한다.

Ⅲ. 행정기관의 방제조치와 비용부담

1. 행정기관이 방제조치

「해양환경관리법」 제68조제1항에 따라 해양경찰청장은 방제의무자의 방제조치만으로는 오염물질의 대규모 확산을 방지하기가 곤란하거나 긴급방제가 필요하다고 인정하는 경우에는 직접 방제조치를 하여야 하며, 이에도 불구하고 같은 조 제2항에서는 해안의 자갈 · 모래 등에 달라붙은 기름에 대하여는 다음의 구분에 따라 해당 지방자치단체의 장 또는 행정기관의 장이 방제조치를 하도록 하고 있다.

i) 기름이 하나의 시장 · 군수 또는 구청장(자치구의 구청장을 말한다. 이하 같다) 관할 해안에만 영향을 미치는 경우 : 해당 시장 · 군수 또는 구청장(법 제68조제2항제1호)

ii) 기름이 둘 이상의 시장 · 군수 또는 구청장 관할 해안에 영향을 미치는 경우 : 해당 시 · 도지사. 이 경우 기름이 둘 이상의 시 · 도지사 관할 해안에 영향을 미치는 경우에는 각각의 관할 시 · 도지사로 한다(법 제68조제2항제2호).

iii) 군사시설과 그 밖에 대통령령으로 정하는 시설이 설치된 해안에 대한 방제조치 : 해당 시설관리기관의 장(법 제68조제2항제3호)

위 iii)에서 대통령령으로 정하는 시설은 같은 법 시행령 제52조제4항에 따른 것으로 「항만법」 제2조제5호[15]에 따른 항만시설(수역시설은 제외한다)을

15) 「항만법」 제2조(정의) 이 법에서 사용하는 용어의 뜻은 다음과 같다.
5. "항만시설"이란 다음 각 목의 어느 하나에 해당하는 시설을 말한다. 이 경우 다음 각 목의 시설이 항만구역 밖에 있는 경우에는 해양수산부장관이 지정 · 고시하는 시설로 한정한다.
가. 기본시설
1) 항로, 정박지, 소형선 정박지, 선회장(旋回場) 등 수역시설(水域施設)(제외)

2) 방파제, 방사제(防砂堤), 파제제(波除堤), 방조제, 도류제(導流堤), 갑문, 호안(해안보호둑을 말한다) 등 외곽시설
3) 도로, 교량, 철도, 궤도, 운하 등 임항교통시설(臨港交通施設)
4) 안벽, 소형선 부두, 잔교(棧橋 : 선박이 부두에 닿도록 구름다리 형태로 만든 구조물), 부잔교(浮棧橋 : 선박을 매어두거나 선박이 부두에 닿도록 물 위에 띄워 만든 구조물), 돌핀(계선말뚝을 말한다), 선착장, 램프(경사식 진출입로를 말한다) 등 계류시설(繫留施設)

나. 기능시설
1) 선박의 입항·출항을 위한 항로표지·신호·조명·항무통신(港務通信)에 관련된 시설 등 항행 보조시설
2) 고정식 또는 이동식 하역장비, 화물 이송시설, 배관시설 등 하역시설
3) 대기실, 여객승강용 시설, 소하물 취급소 등 여객이용시설
4) 창고, 야적장, 컨테이너 장치장(藏置場) 및 컨테이너 조작장, 사일로[시멘트, 곡물 등 산적화물(散積貨物)의 저장시설을 말한다], 유류(油類)저장시설, 가스저장시설, 화물터미널 등 화물의 유통시설과 판매시설
5) 선박을 위한 연료공급시설과 급수시설, 얼음생산 및 공급시설 등 선박보급시설
6) 항만의 관제(管制)·정보통신·홍보·보안에 관련된 시설
7) 항만시설용 부지
8) 「어촌·어항법」 제2조제5호나목의 기능시설[제21조제3호에 따른 어항구(漁港區)(이하 이 조에서 "어항구"라 한다)에 있는 것으로 한정한다]
9) 「어촌·어항법」 제2조제5호다목의 어항편익시설(어항구에 있는 것으로 한정한다)
10) 방음벽, 방진망(防塵網), 수림대(樹林帶) 등 공해방지시설

다. 지원시설
1) 보관창고, 집배송장, 복합화물터미널, 정비고 등 배후유통시설
2) 선박기자재, 선용품(船用品) 등을 보관·판매·전시 등을 하기 위한 시설
3) 화물의 조립·가공·포장·제조 등을 위한 시설
4) 공공서비스의 제공, 시설관리 등을 위한 항만 관련 업무용 시설
5) 항만시설을 사용하는 사람, 항만시설 인근 지역의 주민, 여객 등 항만을 이용하는 사람 및 항만에서 일하는 사람을 위한 휴게소·숙박시설·진료소 등 「공공보건의료에 관한 법률」 제2조제3호에 따른 공공보건의료기관·위락시설·연수장·주차장·차량통관장 등 후생복지시설과 편의제공시설
6) 항만 관련 산업의 기술개발이나 벤처산업 지원 등을 위한 연구시설
7) 신·재생에너지 관련 시설, 자원순환시설 및 기후변화 대응 방재시설 등 저탄소 항만의 건설을 위한 시설
8) 그 밖에 항만기능을 지원하기 위한 시설로서 해양수산부령으로 정하는 것

라. 항만친수시설(港灣親水施設)
1) 낚시터, 유람선, 낚시어선, 모터보트, 요트, 윈드서핑용 선박 등을 수용할 수 있는

말한다.

한편, 해양경찰청장은 「해양환경관리법」 제68조제3항에 따라 시장 · 군수 또는 구청장과 시 · 도지사가 이 법 제68조제2항에 따른 방제조치를 하는 경우에는 방제에 사용되는 자재 · 약제, 방제장비, 인력 및 기술 등을 지원하여야 하도록 하고 있다.

그리고 같은 법 시행령 제52조제1항에서는 해양경찰청장, 시장 · 군수 · 구청장 또는 같은 법 시행령 제52조제4항에 따른 시설을 관리하는 행정기관의 장(이하 "방제조치기관"이라 한다)은 방제의무자가 분명하지 아니한 오염물질이 배출된 경우 우선하여 방제조치를 하여야 한다.

다만, 방제조치기관은 다음의 어느 하나에 해당하는 경우에는 같은 법 시행령 제52조제2항에 따라 공단 이사장에게 방제조치를 요청할 수 있으며, 이 경우 공단 이사장은 정당한 사유가 없으면 그 요청에 따르도록 하고 있다.

i) 「해양환경관리법 시행령」 제52조제1항에 따른 방제의무자가 분명하지 아니한 오염물질이 배출된 경우(시행령 제52조제2항제1호)

ii) 「해양환경관리법」 제68조제1항에 따라 방제의무자의 방제조치만으로는 곤란하거나 긴급방제가 필요하다고 인정되는 경우(시행령 제52조제2항 제2호)

해양레저용 시설

2) 해양박물관, 어촌민속관, 해양유적지, 공연장, 학습장, 갯벌체험장 등 해양 문화 · 교육 시설

3) 해양전망대, 산책로, 해안 녹지, 조경(造景)시설 등 해양공원시설

4) 인공해변 · 인공습지 등 준설토(浚渫土)를 재활용하여 조성한 인공시설

마. 항만배후단지

또한 앞서 언급한 「해양환경관리법」 제64조제4항에 따라 해양경찰청장은 방제의무자가 이 법 제64조제3항의 규정에 따른 방제조치 명령에 따르지 아니하는 경우에는 직접 방제조치를 할 수 있으며, 이 경우 방제조치에 소요된 비용은 방제의무자에게 부담시키고 있다.

2. 비용부담의 범위

「해양환경관리법」 제64조제1항 및 제68조제1항 · 제2항에 따라 행정기관(방제조치기관)이 수행한 방제조치에 소요되는 비용은 같은 법 시행령 제50조제1항(별표 7)에서 정하고 있는 바와 같이 방제의무자 또는 선박 · 해양시설의 소유자에게 다음과 같이 부담시키고 있으며, 이에 따른 내용으로 직접 방제조치에 소요된 비용의 징수에 관하여는 이 법 제64조제5항에 따라 「행정대집행법」 제5조[16] 및 제6조[17]의 규정을 준용하는 것으로 하고 있다(〈표 1-7〉).

〈표 1-7〉 방제조치 비용부담의 범위

■ 해양환경관리법 시행령 [별표 7] 방제조치 비용부담의 범위(제50조제1항 관련)
1. 방제조치로 인하여 멸실된 기계 · 기구와 소비된 물품의 가격에 상당하는 금액 2. 방제조치를 위하여 사용된 기계 · 기구의 수리비. 다만, 수리하여도 그 용도로 사용할 수 없게 된 경우에는 방제조치를 위하여 사용되기 직전의 현존가액으로 한다. 3. 방제조치에 사용된 기계 · 기구의 임차료와 세척에 소요된 비용 4. 방제조치에 소요된 선박의 운항비 · 인건비(여비 및 후생비를 포함한다) 및 그 밖의 비용

16) 「행정대집행법」 제5조(비용납부명령서) 대집행에 요한 비용의 징수에 있어서는 실제에 요한 비용액과 그 납기일을 정하여 의무자에게 문서로써 그 납부를 명하여야 한다.

17) 「행정대집행법」 제6조(비용징수) ① 대집행에 요한 비용은 국세징수법의 예에 의하여 징수할 수 있다.
② 대집행에 요한 비용에 대하여서는 행정청은 사무비의 소속에 따라 국세에 다음가는 순위의 선취득권을 가진다.
③ 대집행에 요한 비용을 징수하였을 때에는 그 징수금은 사무비의 소속에 따라 국고 또는 지방자치단체의 수입으로 한다.

5. 방제조치를 위한 선박의 예인, 기계 · 기구 · 물품 등의 운반, 배출 및 회수된 오염물질과 그 밖에 물건의 제거 · 운반 또는 처리에 소요된 비용 비고 : 제1호 및 제2호에 따른 기계·기구 및 물품의 경우에는 방제조치에 사용한 것과 같은 종류의 것을 급부함으로써 금전의 납부에 갈음할 수 있다.

다만, 「해양환경관리법」 제68조제4항 단서 및 같은 법 시행령 제53조에 따라 천재 · 지변 · 전쟁 · 사변, 그 밖에 불가항력으로 인한 사유 등에 해당하는 경우에는 방제조치에 따른 소요비용 청구를 하지 아니하도록 규정하고 있다.

그리고 「해양환경관리법 시행령」 제50조제2항에 따라 해양경찰청장, 법 제68조제2항 각 호에 따른 지방자치단체의 장 또는 행정기관의 장은 법 제68조제4항 본문에 따라 제1항의 비용을 선박 또는 해양시설의 소유자에게 부담시키려는 경우에는 그 비용의 산출기초를 명확히 하여 방제의무자에게 통보하도록 하고 있다.

그 밖에 「해양환경관리법 시행령」 제52조제3항에서는 제52조제2항에 따라 공단이 방제조치를 한 경우에는 공단 이사장은 그 소요 비용을 방제조치기관에 청구할 수 있으며, 방제조치기관은 이를 공단 이사장에게 지급하여야 한다.

제2절 해양오염방제 관리체계의 구성

Ⅰ. 국가긴급방제 계획의 수립 · 시행18)

1. 국가긴급방제 계획에 포함되어야 하는 오염물질의 종류

「해양환경관리법」 제61조제1항 전단에 따라 해양경찰청장은 같은 법 시행규칙 제26조제1항에서 규정하고 있는 오염물질이 해양에 배출될 우려가 있거나 배출되는 경우를 대비하여 해양오염의 사전예방 또는 방제에 관한 국가긴급방제 계획을 수립 · 시행하도록 하고 있으며, 이 경우 해양경찰청장은 미리 해양수산부장관의 의견을 듣도록 하고 있다.

여기에서 국가긴급방제 계획 수립 시 포함되어야 하는 오염물질의 종류는 같은 법 시행규칙 제26조제1항에 따른 다음의 물질을 말한다.

ⅰ) 기름(제1호)

ⅱ) 위험 · 유해물질 중 「국가긴급방제 계획에 포함하는 위험 · 유해물질 지

18) 국가긴급방제 계획(NCP : National Contingency Plan)은 해양환경관리법, 유류오염 대비 · 대응 및 협력에 관한 국제협약, 위험 · 유해물질 오염사고 대비 · 대응 및 협력에 관한 의정서 등에 근거하여 국가방제체제 · 조직, 관계기관의 임무와 역할, 국제협력 등 해양오염사고 대비 · 대응에 관한 기본 틀을 규정한 법정계획이다. 지난 1995년 씨프린스호 사고 이후 재난적 대형 해양오염사고에 대비하기 위해 우리나라의 국가방제체계를 규정하는 국가방제기본계획(2000.1.11. 국무회의 심의 · 확정)이 수립 · 시행되었고, 2007년 태안에서 발생한 허베이 스피리트호 사고 이후 재난적인 해양오염사고 수습과정에서 나타난 지휘체계 및 관계기관 간 임무 · 역할의 불명확한 부분 등을 2009년 4월 1일 개정하고, 2018년 4월 30일에 그 후 운영과정에서 드러난 문제점을 개선하는 2차 개정을 시행하였다. 주요내용을 보면 해양오염사고 시 해양경찰청, 해양수산부, 지방자치단체 등 20개 관계기관의 역할 · 임무가 규정되어 있고, 국내 · 외 인력이나 장비 등의 긴급동원 · 지원 등 재난적 대형오염 발생 시 범 국가차원에서 신속하고 효율적으로 대비 · 대응하기 위한 사항을 체계적으로 규정한 종합적인 집행계획이다(해양경찰청, 『해양경찰백서』, 2021, 220면).

정 고시」에서 정하는 물질(제2호)

위에서 언급한 ii) 물질은 같은 법 시행규칙 제26조제2항에서 유출될 경우 해양자원이나 생명체에 중대한 위해를 미치거나 해양의 쾌적성 또는 적법한 이용에 중대한 장애를 일으키는 물질로서 유해 액체물질 및 포장유해물질과 산적(散積)으로 운송되며, 화재 · 폭발 등의 위험이 있는 물질(액화가스류를 포함한다)로 규정하고 있다. 그리고 ii)에서와 같이 「국가긴급방제 계획에 포함하는 위험 · 유해물질 지정 고시」에서 정하는 물질은 다음과 같다(〈표 1-8〉).

〈표 1-8〉 국가긴급방제 계획에 포함하는 위험·유해물질의 종류

연번	물질명		CAS No
	국문명	영문명	
1	1-옥텐	1-OCTENE	111-66-0
2	1-헥산	1-HEXENE	592-41-6
3	2-에틸헥실 아크릴산	2-ETHYLHEXYL ACRYLATE	103-11-7
4	(C8-10)이소 알코올	(C8-10) ISO ALCOHOLS	68526-84-1
5	m-자일렌(m-크실렌)	m-XYLENE	108-38-3
6	N, N-디메틸포름아미드	N, N-DIMETHYLFORMAMIDE	68-12-2
7	n-부틸 아세트산	n-BUTYL ACETATE	123-86-4
8	n-부틸 아크릴산	n-BUTYL ACRYLATE	141-32-2
9	n-옥틸 알코올(옥탄올)	n-OCTYL ALCOHOL(OCTANOL)	111-87-5
10	o-자일렌(o-크실렌)	o-XYLENE	95-47-6
11	p-자일렌(p-크실렌)	P-XYLENE	106-42-3
12	가성소다	CAUSTIC SODA	1310-73-2
13	과산화수소	HYDROGEN PEROXIDE	7722-84-1
14	나프탈렌	NAPHTHALENE	91-20-3
15	노말헥산	n-HEXANE	110-54-3
16	대두 기름	SOYBEAN OIL	8001-22-7
17	데칸트 오일	CATALYTIC CRACKED CLARIFIED OIL	64741-62-4

18	디이소부틸 케톤	DIISOBUTYL KETONE	108-83-8
19	디에탄올아민	DIETHANOLAMINE	111-42-2
20	디옥틸 프탈산	DIOCTYL PHTHALATE	117-84-0
21	디이소데실 프탈산	DIISODECYL PHTHALATE	26761-40-0
22	메타크릴산 메틸	METHYL METHACRYLATE	80-62-6
23	메틸 삼차부틸 에테르	METHYL tert-BUTYL ETHER	1634-04-4
24	메틸 아크릴산	METHYL ACRYLATE	96-33-3
25	메틸 알코올	METHYL ALCOHOL	67-58-1
26	메틸 에틸 케톤	METHYL ETHYL KETONE	78-93-3
27	메틸 클로로포름	METHYL CHLOROFORM	71-55-6
28	무수초산	ACETIC ANHYDRIDE	108-24-7
29	벤젠	BENZENE	71-43-2
30	부타디엔	BUTADIENE	106-99-0
31	부틸 벤질 프탈산	BUTYL BENZYL FHTHALATE	85-68-7
32	사이클로헥사논	CYCLOHEXANONE	108-94-1
33	사이클로헥산	CYCLOHEXANE	110-82-7
34	산화 프로필렌	PROPYLENE OXIDE	75-56-9
35	수산화칼륨	POTASSIUM HYDROXIDE	1310-58-3
36	수지	TALLOW	61789-97-7
37	스타이렌(스티렌)	STYRENE	100-42-5
38	아닐린	ANILINE	62-53-3
39	아세톤	ACETONE	67-64-1
40	아세트산 비닐	VINYL ACETATE	108-05-4
41	아세트산 에틸	ETHYL ACETATE	141-78-6
42	아세트산	ACETIC ACID	64-19-7
43	이소부틸 알코올	ISOBUTYL ALCOHOL	78-83-1
44	아크릴로니트릴	ACRYLONITRILE	107-13-1
45	무수 암모니아	AMMONIA, ANHYDROUS	7664-41-7
46	에탄올아민	ETHANCLAMINE	141-43-5
47	에틸벤젠	ETHYL BENZENE	100-41-4
48	에틸알코올	ETHYL ALCOHOL	64-17-5

49	에틸렌글리콜	ETHYLENE GLYCOL	107-21-1
50	에틸렌	ETHYLENE	74-85-1
51	에피클로로하이드린	EPICHLOROHYDRIN	106-89-8
52	옥수수 오일	CORN OIL	8001-30-7
53	이염화에틸렌	ETHYLENE DICHLORIDE	107-06-2
54	인산	PHOSPHORIC	7664-38-2
55	자일렌(크실렌)	XYLENE	1330-20-7
56	질산	NITRIC ACID	7697-37-2
57	크레졸	CRESOL	1319-77-3
58	클로로포름	CHLOROFORM	67-66-3
59	테트라하이드로퓨란	TETRAHYDROFLRAN	109-99-9
60	톨루엔	TOLUENE	108-88-3
61	트리클로로에틸렌	TRICHLOROETHYLENE	79-01-6
62	트리에탄올아민	RIETHANOLAMINE	102-71-6
63	지방산, 팜-오일, 메틸 에스테르	FATTY ACIDS, PALM-OIL, METHYL ESTERS	91051-34-2
64	페놀	PHENOL	108-95-2
65	프로필렌 글리콜 모노메틸 에테르 아세트산	PROPYLENE GLYCOL MONOMETHYL ETHER ACETATE	108-65-6
66	프로필렌	PROPYLENE	115-07-1
67	황	SULFUR	7704-34-9
68	황산	SULFURIC ACID	7664-93-9

2. 국가긴급방제 계획의 심의

국가긴급방제 계획은「해양환경관리법」제61조제2항에 따라「해양수산발전 기본법」제7조에 따른 해양수산발전위원회의 심의를 거쳐 확정하도록 하고 있다. 해양수산발전위원회는「해양수산발전 기본법」제7조 및 제8조에 따라 해양환경 등에 관한 중요정책을 심의하기 위하여 해양수산부장관 소속 하에 두고 있으며, 이 위원회는 위원장 1인을 포함한 25인 이내의 위원으로 구성되어 있다.

위원회의 위원장은 해양수산부장관이 되며, 위원은 관계 중앙행정기관의 차관급 공무원으로서 대통령령으로 정하는 사람[19)]과 해양·해양수산자원·해양수산업 또는 해양환경에 관한 전문지식이나 경험이 풍부한 사람 중에서 해양수산부장관이 위촉하는 사람(이하 "위촉위원"이라 한다)이 된다.

또한 위원회에 간사위원 1인을 두되, 간사위원은 해양수산부차관으로 하며, 위촉위원의 수는 5인 이상으로 하고 임기는 2년으로 하며 연임할 수 있다. 그리고 위원회는 「해양수산발전 기본법」 제9조에 따라 다음의 사항을 심의한다.

i) 기본계획의 수립에 관한 사항(제1호)
ii) 해양개발 등에 관한 국가 목표의 설정과 제도의 발전에 관한 사항(제2호)
iii) 해양개발 등에 관한 중요정책의 조정에 관한 사항(제3호)
iv) 해양수산업의 육성·지원에 관한 사항(제4호)
v) 해양환경에 관한 중요정책 및 계획수립 등에 관한 사항(제5호)
vi) 해양안전 관련 정책의 수립·조정에 관한 사항(제6호)
vii) 제17조제1항에 따른 해양과학조사계획에 관한 사항(제7호)
viii) 도서에 관한 정책의 수립·조정에 관한 사항(제8호)
ix) 해양공간 관리에 관한 정책의 수립·조정에 관한 사항(제9호)
x) 어촌·어항에 관한 정책의 수립·조정에 관한 사항(제10호)
xi) 다른 법률에서 위원회의 심의를 거치도록 한 사항(제11호)
xii) 그 밖에 위원장이 심의에 부치는 사항(제12호)

그 밖에 「해양수산발전 기본법」 제10조에 따라 위원회는 직무의 수행을 위

19) 「해양수산발전 기본법 시행령」 제6조(위원회의 구성) ① 법 제8조제2항에 따라 위원회의 위원이 되는 관계 중앙행정기관의 차관급 공무원은 기획재정부 제2차관, 교육부차관, 과학기술정보통신부 제1차관, 외교부 제2차관, 통일부차관, 국방부차관, 행정안전부차관, 문화체육관광부 제2차관, 농림축산식품부차관, 산업통상자원부 제1차관, 환경부차관, 고용노동부차관, 국토교통부 제2차관, 해양수산부차관 및 중소벤처기업부차관으로 한다.
② 법 제8조제3항에 따른 간사위원은 해양수산부차관으로 한다.

하여 필요하다고 인정되는 경우 관계행정기관의 장에 대하여 자료의 제출 또는 의견의 제시 등을 요구할 수 있으며, 요구를 받은 관계행정기관의 장은 정당한 사유가 없는 한 이에 응하여야 하는 것으로 규정하고 있다.

한편, 이 법 제11조에서는 위원회의 효율적 운영과 안건의 심의를 실무적으로 지원하기 위하여 위원회에 해양수산발전실무위원회(이하 이 조에서 "실무위원회"라 한다)를 두고 있으며, 실무위원회의 효율적 운영을 위하여 실무위원회에 분야별로 분과위원회를 운영할 수 있다.

여기에서 실무위원회가 구성 · 운영하고 있는 분과위원회는 같은 법 시행령 제9조에서 다음과 같이 정하고 있으며, 분과위원회는 10명 이내의 실무위원회 위원으로 구성된다.

i) 해양분과위원회(제1호)
ii) 해양수산자원분과위원회(제2호)
iii) 해양수산업분과위원회(제3호)
iv) 해양환경분과위원회(제4호)

3. 국가긴급방제 계획에 포함되어야 하는 사항

국가긴급방제 계획에 포함되어야 하는 사항은 「해양환경관리법 시행령」 제44조제1항에서 다음과 같이 규정하고 있다.

i) 오염물질의 배출에 대비한 사전예방 계획(제1호)
가. 국가 방제체제 및 대응조직의 구성과 운영
나. 해양오염 대비 · 대응을 위한 관계기관 등의 임무와 역할
다. 방제장비, 자재 및 약제의 확보
라. 해양오염 대비 · 대응을 위한 교육과 훈련

마. 인접 국가 간 방제지원 · 협력체제의 구성과 운영

바. 방제기술 전문가의 자문 및 지원

사. 해양오염 방제를 위한 조사 · 연구 및 기술개발 등

ii) 오염물질 배출 시 방제조치 계획(제2호)

가. 국가가 행하는 긴급 방제조치의 범위

나. 오염현장 상황조사, 방제 방법 결정, 사고해역 지휘 · 통제 등 방제 실행

다. 방제장비, 자재 및 약제의 긴급 동원 및 지원

라. 해상안전의 확보와 위험방지 조치

마. 해양오염사고 영향과 피해조사 등 사후관리

바. 방제평가 및 방제종료의 기준 등 방제조치와 관련하여 필요한 사항

4. 지역긴급방제실행계획의 수립 · 시행[20]

해양경찰청장은 국가긴급방제 계획을 원활하게 시행하기 위하여 「해양환경관리법 시행령」 제44조제2항 · 제3항에 따른 지역별 실정에 맞는 지역긴급방제실행계획을 수립 · 시행할 수 있도록 하고 있으며, 이 지역 긴급방제실행계획에 포함되어야 할 사항은 같은 법 시행규칙 제27조에서 다음과 같이 규정하고 있다.

---

20) 지역긴급방제실행계획(RCP : Region Contingency Plan)은 국가긴급방제 계획의 지역별 실행을 위한 현장 집행계획으로, 국가긴급방제 계획과 마찬가지로 해양환경관리법에서 근거를 둔 법정계획이다. 이에 따라 해양경찰청은 전문 연구기관(당시 한국해양연구원)을 통해 1999년부터 2002년까지 13개 해양경찰서를 대상으로 용역사업을 추진하여 현재 전국 19개 해양경찰서에서 수립 · 운영 중에 있다. 지방긴급방제실행계획의 주요내용을 보면 해역특성, 방제기자재 동원, 방제 방법 및 절차, 방제대책본부 설치 · 운영, 사고보고 및 통신체계, 방제교육 · 훈련, 홍보대책 등 해역별 특성을 고려한 해양오염사고 대비 · 대응 계획이 수록되어 있으며, 해안선 형태 및 연안환경 위험정보 등의 방제관련 정보가 데이터베이스화 되어있다(해양경찰청, 앞의 백서, 220면).

i) 오염물질별 사고위험평가 및 대응전략(제1호)

ii) 방제조직의 운영 및 사고유형별 방제조치 계획(제2호)

iii) 방제장비, 자재, 약제 등의 동원 및 보급·지원 계획(제3호)

iv) 해양오염 방지 및 방제에 관한 교육·훈련(민·관 합동방제훈련을 포함한다)의 실시(제4호)

v) 방제관련 해역 특성정보 및 자료(제5호)

Ⅱ. 방제대책본부의 구성 및 운영[21)]

1. 방제대책본부의 조치사항 보고

「해양환경관리법」 제62조제1항·제2항에 따라 해양경찰청장은 해양오염사고로 인한 긴급방제를 총괄지휘하며, 이를 위하여 해양경찰청장 소속으로 방제대책본부를 설치할 수 있다. 그리고 해양경찰청장은 이에 따라 설치한 방제대책본부의 조치사항 및 결과에 대하여 해양수산부장관에게 보고하여야 하며, 이때 조치사항 및 결과에는 같은 법 시행규칙 제28조에서 정하고 있는 사항을 포함하도록 하고 있다.

i) 해양오염사고 발생개요(제1호)

ii) 방제대책본부의 구성 및 운영에 관한 사항(제2호)

iii) 해양오염현황(제3호)

iv) 방제조치 현황 및 조치결과(제4호)

v) 그 밖에 필요한 사항(제5호)

21) 방제대책본부는 1995년 이후 2020년까지 총 33회의 방제대책본부를 운영하였다(해양경찰청, 앞의 백서, 221면).

2. 방제대책본부의 설치 및 운영

해양오염사고에 따른 긴급방제를 수행하기 위하여 설치된 방제대책본부는 「해양환경관리법」 제62조 및 같은 법 시행령 제45조의 규정에 따르며, 방제대책본부의 설치, 구성 및 운영에 관한 사항은 「방제대책본부 운영규칙」에서 따로 정하고 있다(규칙 제3조).

이에 따라 해양경찰청장은 다음의 어느 하나에 해당하는 경우에는 방제대책본부를 설치하는 기준을 두고 있으며, 이는 이 규칙 제4조제1항에 따른 내용으로 다음과 같다.

i) 지속성기름이 10kl 이상이 유출되거나 유출될 우려가 있는 경우(제1호)
ii) 비지속성기름 또는 위험 · 유해물질이 100kl 이상이 유출되거나 유출될 우려가 있는 경우(제2호)
iii) i) 및 ii)에서 규정한 사고 이외의 경우라도 국민의 재산이나 해양환경에 현저한 피해를 미치거나 미칠 우려가 있어 해양경찰청장이 방제대책본부의 설치가 필요하다고 인정하는 경우(제3호)

위의 i) ~ iii)에도 불구하고 이 규칙 제4조제2항에 따라 다음의 경우에는 방제대책본부를 설치하지 않을 수 있는 예외 규정을 두고 있다.

i) 육지로부터 먼 해상에서 해양오염사고가 발생하여 연안유입 우려가 없는 경우(제1호)
ii) 단기간 내 방제조치 완료가 예상될 경우(제2호)
iii) 침몰한 선박 등에서 장기간에 걸쳐 소량씩 유출되어 대규모 오염피해의 우려가 없는 경우(제3호)

그리고 이상의 내용에 따른 방제대책본부의 설치 여부는 「방제대책본부 운영 규칙」 제4조제3항에 따라 「해양경찰청 종합상황실 운영규칙」에 따른 상황대책팀 회의를 통해 결정하고 있으며, 다만, 긴급한 경우에는 해양경찰서장이 상황대책팀 회의 개최 이전에 설치를 지시할 수 있도록 하고 있다.

3. 방제대책본부의 설치방법

해양경찰청장은 오염물질의 유출 규모를 고려하여 이 규칙 제5조제1항에 따라 방제대책본부를 다음과 같이 중앙방제대책본부, 광역방제대책본부, 지역방제대책본부로 구분하여 운영할 수 있으나, 유출 규모를 판단하기 곤란한 사고 초기에는 지역방제대책본부를 우선 설치하고, 이후 사고 상황을 평가하여 광역 또는 중앙방제대책본부로 전환하여 운영할 수 있다. 이 경우 방제대책본부는 이 규칙 제5조제3항에 따라 사고발생 해역을 관할하는 해양경찰서에 설치하는 것을 원칙으로 한다. 다만, 사고 상황에 따라 필요한 경우에는 해양경찰청, 관할 지방해양경찰청 또는 별도의 장소에 설치할 수 있다.

i) 중앙방제대책본부(규칙 제5조제1항제1호)
  가. 지속성 기름이 500kl 이상 유출되거나 유출될 우려가 있는 경우
  나. 중앙재난안전대책본부 또는 중앙사고수습본부가 설치된 경우

ii) 광역방제대책본부 : 지속성 기름이 50kl 이상(비지속성 기름 또는 위험·유해물질은 300kl 이상) 유출되거나 유출될 우려가 있는 경우(규칙 제5조제1항제2호)

iii) 지역방제대책본부 : 지속성 기름이 10kl 이상(비지속성 기름 또는 위험·유해물질은 100kl 이상) 유출되거나 유출될 우려가 있는 경우(규칙 제5조제1항제3호)

이에 따른 방제대책본부장(이하 "본부장"이라 한다)은 이 규칙 제5조제2항에서 다음과 같이 하고 있다.

i) 중앙방제대책본부장 : 해양경찰청장(제1호)
ii) 광역방제대책본부장 : 지방해양경찰청장(제2호)
iii) 지역방제대책본부장 : 해양경찰서장(제3호)

4. 방제대책본부의 구성

이 규칙 제5조제1항의 방제대책본부 운영기준에 따른 방제대책본부의 조직체계와 담당 업무는 이 규칙 제6조제1항에서 다음과 같이 하도록 하고 있으나(별표 1), 사고의 규모 및 상황 등을 고려하여 반 또는 팀을 통합하여 운영할 수 있다([그림 1-1], 〈표 1-9〉). 그리고 방제대책본부의 구성원은 이 규칙 제6조제2항에 따라 해양경찰공무원, 관계 기관의 장이 파견한 사람과 「해양환경관리법」 제64조 및 제65조에 따른 방제의무자(방제의무자가 지정한 해상보험 · 감정, 해양오염방제 또는 해상구난 관련 단 · 업체의 임직원 등의 대리인을 포함한다. 이하 같다) 등으로 구성한다.

□ 방제대책본부 조직도

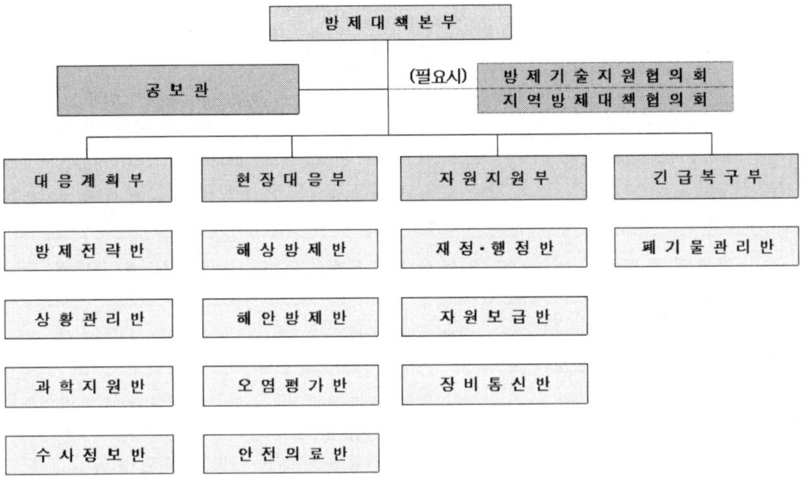

• 관계기관에서 파견된 사람은 해당기관의 사무와 관련 있는 각 부(반)에 편성

□ 중앙방제대책본부

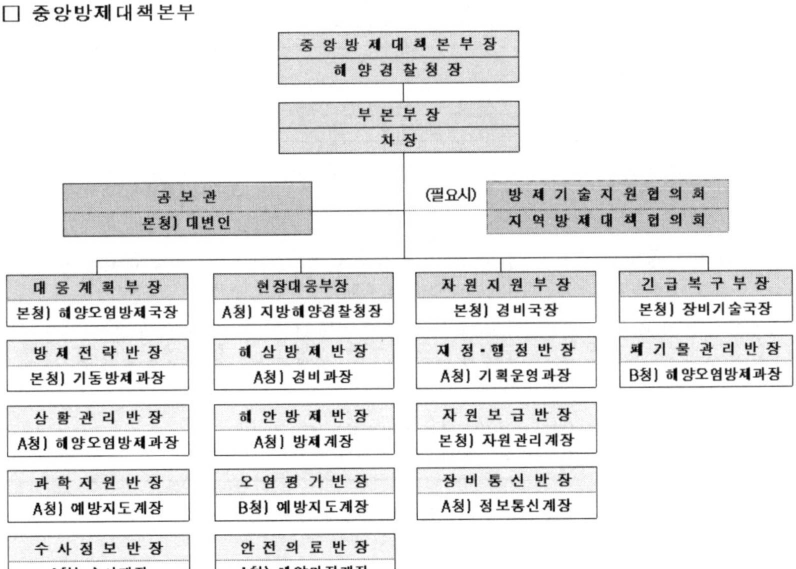

1. A청 : 사고 발생해역 관할 지방청, B·C청 : 사고 영향이 없는 인근 지방청

[그림 1-1] 방제대책본부 조직도

〈표 1-9〉 방제대책본부 각 부별 구성 및 담당 업무(중앙방제대책본부 기준)

1. 부본부장

구 분	팀장	담 당 업 무
부본부장	차장	· 중앙방제대책본부장 보좌 · 중앙방제대책본부장이 부득이한 사유로 직무를 수행할 수 없을 때 그 직무를 대행

2. 공보관

구 분	팀장	담 당 업 무
공보관	본청 대변인	· 사고관련 대외언론 홍보계획 수립 · 조정 · 언론 브리핑 및 보도자료 작성 · 제공 · 주민, 미디어 등 공공정보 모니터링 및 오보 대응 · 기자 등 언론인 응대 및 취재 지원

3. 대응계획부

3-1. 방제전략반

구 분	팀장	담 당 업 무
지휘통제팀	본청 기동방제과장	· 방제대책본부 설치 및 본부장 보좌 · 각 부별 업무조정 · 긴급방제 지휘 · 통제 및 방제작업 평가 조정 총괄 · 방제작업 전략, 경과, 결과 등 보고 · 오염사고 관련 관계 중앙행정기관 간 협조지원 및 관계부처 대책회의 참석(배석) · 선주, 보험대리인, 공단 등 대책본부 참여 및 업무 연락
방제전략팀	해경서 해양오염방제과장	· 해(육상) 오염상황 총괄, 방제대책 수립 · 방제대책 전략회의 자료 작성 · 유출량, 유출유 특성에 따른 피해예측 및 동원규모 결정 · 방제자원 동원규모 및 전략 수립, 시행 · 오염상황 유지를 위한 오염상황 분석 · 초동 방제조치를 위한 조치사항 점검 등
방제정보팀	본청 대외협력계장	· 국내 · 외 방제정보 수집 · 분석 및 관리, 법령해석 등 법률적 지원 · 부처 간 · 국가 간 방제지원 협력 및 IMO 등 국제기구 보고 · 전파 · 방제 관련 지역 현안 등 정보 파악 및 대응 · VIP 등 주요인사 영접 · 안내

3-2. 상황관리반

구 분	팀장	담 당 업 무
상황관리팀	A지방청 해양오염방제과장	· 일일 종합보고서 작성 및 오염상황도 작성 관리, 확산모델 실행
		· 방제대책본부에서 보고된 상황보고 전파(관계부처)
		· 각 기능별 진행상황 취합(현장 등)
		· 해상방제작업 실적 취합(필요시 해안 포함)
		· 기능별 동원인력, 장비 · 자재, 소모품 사용, 폐유 · 폐기물 수거 현황 등 방제 통계 총괄취합

3-3. 과학지원반

구 분	팀장	담 당 업 무
과학지원팀	A지방청 예방지도계장	· 과학적 방제기술 개발 · 지원
		· 해상 · 해안 방제기술 검토, 개발 및 제안
		· 해안방제기술 검토, 개발 및 제안
		· 오염물질 견본채취 및 분석
		· 방제기술지원협의회 및 전문가 의견수렴

3-4. 수사정보반

구 분	팀장	담 당 업 무
수사팀	A지방청 수사계장	· 오염원 색출, 유출량 조사 업무
		· 사고조사 현장감식 및 수사본부와의 정보공유
소통팀	A지방청 정보계장	· 사고관련 지역현안 등 정보 파악
		· VIP 등 주요인사 방문 등 동향파악 및 안내
		· 지역주민 간 현장소통 및 연락관 업무

4. 현장대응부

4-1. 해상방제반

구 분	팀장	담 당 업 무
해상방제팀	A지방청 경비과장	· 해상 방제 업무 총괄 및 경비함정 · 항공기 운용
		· 방제 종합상황 보고총괄
		· 외부 상급기관, 사고관련 보고서 작성
		· 해양경찰청장 참석 대책회의 자료 작성
		· 결정된 방제실행계획의 시행(확산차단, 유회수, 유

구 분	팀장	담 당 업 무
		흡착, 유처리, 소각작업 등)
		· 해상 오염사고 상황에 맞추어 필요한 임무 부여 및 현장지원 조직 가동
		· 민간 동원 방제조치가 어려운 지역 방제 투입
동원선박운용 관리팀	해경서 경비구조과장	· 방제구역 내 통항선박 관리(통제)
		· 작업구역 내 민간 동원 선박, 관계기관(군 포함), 공단 해상방제 선박 등 관리(정박, 집결, 통제)
		· 방제 지휘함 관리 및 함정별 방제실적 취합
항공방제팀	A지방청 항공단장	· 유출유 확산 항공감시 및 결과보고 작성
		· 동원항공기 이용 항공방제(임무 부여 시)
응급조치팀	부산서 특수구조단장	· 파공부위 봉쇄 및 유류이적 조치
	동해·목포서 특수구조대장	
	그 외 해경서 해양경찰구조대장	

4-2. 해안방제반

구 분	팀장	담 당 업 무
해안방제현장 지도팀	A지방청 방제계장	· 지자체와의 인력, 장비지원 협력업무 추진
		· 환경단체와의 협력관계 유지(대응)
		· 자원봉사자 현장배치 및 지원
		· 지자체 주관 해안 방제조치에 대한 기술지도
		· 해안오염상황 파악 및 오염정보지도 작성
		· 회수유 수송 및 수송실적 취합 및 보고

4-3. 오염평가반

구 분	팀장	담 당 업 무
해안오염조사· 평가팀	B지방청 예방지도계장	· 해안의 종류와 오염상태 조사
		· 해안오염으로 인한 손해 증거자료 수집 및 손해사정

		· 해안의 종류와 오염상태에 따른 해안방제 목표설정 및 방제 방법 권고
		· 해안오염조사평가팀(SCAT) 구성 · 운영
		· 민감자원에 대한 방제필요성 검토 및 권고
		· 해안방제의 효과 자료수집

4-4. 안전의료반

구 분	팀장	담 당 업 무
안전팀	A지방청 해양안전계장	· 방제작업자 안전관리 계획수립 및 안전관리
		· 방제작업 현장 안전수칙 제공 및 안전활동 지원
		· 방제작업자 및 자원봉사자 안전교육
		· 오염해역 수상레저활동 금지계도
의료팀	해경서 해양안전과장	· 방제대책본부 및 현장 요원 보건 · 응급의료 계획수립
		· 사고지역 비상방역 및 쓰레기 발생지역 위생관리
		· 현장 응급의료소 설치 및 부상자 의료지원
		· 환자 중증도 분류 및 필요시 후송조치

5. 자원지원부

5-1. 재정 · 행정반

구 분	팀장	담 당 업 무
재정 · 예산팀	A지방청 기획운영과장	· 재난적 사고 대응을 위한 긴급예산 편성 및 대응
		· 방제대책본부 소요물품 구매계획 수립
		· 긴급 편성된 방제예산 집행 등
		· 방제비용관련 업무관리 및 보험보상 국제협력
		· 방제자원 계약관련 각종 업무(물품구매, 임대, 용역 계약 등) 수행
문서 관리팀	해경서 기획운영계장	· 대내 · 외 공문수발, 문서관리 및 보존
		· 행정업무, 국민제안 등 처리
		· 방제대책본부 요원 차출인사 조치
		· 대책본부 기능별 축소 또는 종료 시 업무인수 인계

5-2. 자원보급반

구 분	팀장	담 당 업 무
방제자원 보급팀	본청 자원관리계장	· 방제자원(장비, 자재 등) 수급계획 수립
		· 동원인력 현황, 소요예측 및 지원계획 수립 · 시행
		· 지자체의 관내 어선 동원 등 협조체제 유지
		· 방제인력 배치 · 조정 및 관리(인력 통계관리)
		· 동원장비 현황, 소요예측 및 지원계획 수립 · 시행
		· 장비별 배치 · 조정 및 관리(장비 통계관리)
		· 방제자재(유처리제, 유흡착재, 작업복, 기타 1회용품 등) 소요예측 및 동원계획 수립
		· 동원자재 배치 · 조정 및 관리(기자재 통계관리)
		· 현장보급소 운영 : 오염인근 지역에 방제기자재 보급소(자원집결지와 자원대기소) 지정 운영

5-3. 장비통신반

구 분	팀장	담 당 업 무
통신운영팀	A지방청 정보통신계장	· 방제현장과 대책본부 간 통신망 구성, 지원 및 운영
		· 현장 방제지도 책임자 간 통신망 운영 및 지원
		· 방제대책본부 컴퓨터 등 사무기기 설치지원 및 업무포탈 개인별 IP 지정 등
장비관리팀	해경서 장비관리과장	· 방제장비 및 기자재 보수관리와 수리관리계획 수립
		· 방제장비 및 기자재 보수관리, 수리 및 재배치
		· 방제장비 및 기자재의 정화작업 및 재배치
		· 방제장비 사용, 임대 및 서비스 제공 기록 유지

6. 긴급복구부

6-1. 폐기물관리반

구 분	팀장	담 당 업 무
폐기물관리팀	B지방청 해양오염방제과장	· 간이폐유저장소 운영 및 관리(처리량 관리)
		· 폐기물 · 폐유 등 수거, 운반차량 동원 및 진입로 확보

비 고

1. 광역방제대책본부 또는 지역방제대책본부를 설치하는 경우에는 상기 조직도를 기준으로 해당

기능의 업무를 수행하는 자가 해당 직무를 수행한다.

2. 각 부(반)내 구성원의 수는 해양오염사고의 규모와 대응수준을 감안하여 적의 조정하여 운영할 수 있다.

5. 본부장의 임무

본부장은「해양환경관리법 시행령」제45조제3항 및 이 규칙 제8조제1항에서는 본부장의 임무에 대해 다음과 같이 규정하고 있으며, 이 규칙 제8조제2항에 따라 본부장은「해양환경관리법 시행령」제45조제4항 및 제5항에 따른 방제기술지원협의회 및 지역방제대책협의회를 운영할 수 있도록 하고 있다.

i) 오염사고 분석 · 평가 및 방제 총괄 지휘(규칙 제8조제1항제1호)

ii) 인접 국가 간 방제지원 및 협력(규칙 제8조제1항제2호)

iii) 오염물질 유출 및 확산의 방지(규칙 제8조제1항제3호)

iv) 방제인력 · 장비 등 동원범위 결정과 현장 지휘 · 통제(규칙 제8조제1항제4호)

v) 방제전략의 수립과 방제 방법의 결정 · 시행(규칙 제8조제1항제5호)

vi) i)부터 v)까지에서 규정한 사항 외에 방제조치를 위해 필요한 사항(규칙 제8조제1항제6호)

6. 방제대책본부의 해체

해양오염방제 진행 정도를 감안하여「방제대책본부 운영 규칙」제13조제1항 · 제2항에 따라 방제대책본부를 광역방제대책본부 또는 지역방제대책본부로 전환하거나 해체할 수 있으며, 이에 따른 방제대책본부의 해체 또는 전환은 방제대책회의를 거쳐 결정하도록 하고 있다.

그리고 이 규칙 제13조제3항에서 본부장은 이 규칙 제13조제2항에 따라 방제대책본부를 해체하기로 결정한 경우에는 다음의 사항을 포함한 방제대책본부의 조치사항 및 결과를 해양수산부장관에게 보고하여야 한다.

i) 해양오염사고 발생 개요(규칙 제13조제3항제1호)
ii) 방제대책본부의 구성 및 운영에 관한 사항(설치시기 · 장소 및 방제대책 회의 결과 등 포함)(규칙 제13조제3항제2호)
iii) 해양오염 현황(규칙 제13조제3항제3호)
iv) 방제조치 현황 및 조치결과(규칙 제13조제3항제4호)
v) 그 밖의 필요한 사항(규칙 제13조제3항제5호)

이 경우 방제대책본부를 해체하는 경우에는 이 규칙 제13조제4항에 따라 방제대책본부에서 수행한 모든 서류 및 자료를 사고발생 해역을 관할하는 해양경찰서장에게 인계해야 하며, 방제대책본부의 해체 후 해양경찰청 또는 지방해양경찰청에서 수행하던 업무는 이 규칙 제13조제5항에 따라 사고발생 해역을 관할하는 해양경찰서로 인계해야 한다.

Ⅲ. 해양자율방제대의 구성 및 운영[22)]

1. 해양자율방제대의 설치기준

「해양환경관리법」 제68조의2제1항 · 제2항에 따라 해양경찰청장은 지역의 자율적인 해양오염방제 기능을 강화하기 위하여 「수산업협동조합법」 제15조에 따른 어촌계에 소속된 어업인, 지역주민 등으로 해양자율방제대를 구성 · 운영

22) 해양오염사고 발생 시 원거리 · 도서 등에서 신속한 방제대응을 위해 지역의 민간방제 역량을 강화하고 있다. 이를 위해 2010년 '어촌계자율방제대'를 시작으로 2020년 해양자율방제대로 개편하여, 전국 307개 해양자율방제대에서 선박 2,154척/인원 3,410명이 활동하고 있다. 2020년 해양자율방제대의 활동상으로는 방제작업(37회/379명), 방제교육 · 훈련(312회/2,300명), 정화운동(64회/479명) 등을 실시하였으며, 특히 방제작업의 경우 2018년 17회, 2019년 36회, 2020년 37회로 꾸준히 증가하고 있어 해양경찰을 지원하는 민간세력으로서의 역할을 하고 있다(해양경찰청, 앞의 백서, 225면).

할 수 있으며, 이 경우 해양경찰서장은 같은 법 시행규칙 제35조의2제1항 후단(별표 13의2)에 따른 시설 및 방제자재를 갖추도록 하고 있다(〈표 1-10〉).

〈표 1-10〉 해양자율방제대의 시설 및 방제자재 기준

■ 해양환경관리법 시행규칙 [별표 13의2] 〈신설 2021.1.7.〉 해양자율방제대의 시설 및 방제자재 기준(제35조의2제1항 관련)
1. 시설 기준 다음 각 목의 시설을 모두 갖출 것 가. 비 · 바람 등으로부터 방제자재를 보호할 수 있는 구조물 나. 방제자재의 변질 또는 손상을 방지할 수 있는 환기장치 및 쥐에 의한 피해예방 장치 다. 방제자재 반출에 지장이 없는 반출통로 2. 방제자재 기준 다음 각 목의 방제자재를 모두 갖추거나 필요시 관할 지방자치단체 또는 「공공기관의 운영에 관한 법률」에 따른 공공기관이 보유한 방제자재를 사용할 수 있을 것 가. 오일펜스 40m 이상 나. 유흡착재 30kg 이상 다. 개인보호장구세트 10세트 이상 라. 일회용 작업복 및 장갑 20벌 이상

2. 해양자율방제대의 임명 및 임무

「해양환경관리법 시행규칙」 제35조의2제2항에서 해양경찰서장은 관할구역에 주소 · 거소 또는 사업장이 있는 사람 중 다음의 어느 하나에 해당하는 사람이 희망하는 경우 해양자율방제대의 구성원(이하 "해양자율방제대원"이라 한다)으로 임명할 수 있다.

i) 어촌계에 소속된 어업인(제1호)
ii) 신체가 건강하고 협동정신이 강한 사람(제2호)
iii) 해양자율방제대 활동에 필요한 선박 또는 장비를 보유한 사람(제3호)

그리고 이와 같이 구성된 해양자율방제대의 임무는 이 시행규칙 같은 조 제5항에 따라 다음과 같이 정하고 있다.

i) 해양오염사고 발생 시 해양경찰의 해양오염방제업무 보조(제1호)
ii) 해양오염사고 현장의 안전을 위한 지원활동(제2호)
iii) 방제역량 강화를 위한 교육 · 훈련에의 참여(제3호)
iv) 그 밖에 지역의 자율적인 해양오염방제 기능 강화를 위해 해양경찰청장이 필요하다고 인정하는 임무(제4호)

3. 재해보상의 종류 및 지급기준

「해양환경관리법」 제68조의2제4항 및 같은 법 시행규칙 제35조의2제4항에 따라 해양경찰청장(해양경찰서장)은 해양자율방제대의 구성원이 해양오염방제 활동 등에 참여 또는 교육 · 훈련으로 인하여 질병에 걸리거나 부상을 입거나 사망한 때에는 이 시행규칙 별표 13의3에서 정하는 바와 같이 보상금을 지급하도록 하고 있으며, 지급하는 재해보상의 종류 및 기준은 다음과 같다(〈표 1-11〉).

〈표 1-11〉 재해보상의 종류 및 지급기준

■ 해양환경관리법 시행규칙 [별표 13의3] 〈신설 2021.1.7.〉
재해보상의 종류 및 지급기준(제35조의2제4항 관련)

재해보상의 종류
가. 요양보상 : 해양자율방제대원이 해양오염방제 활동 등에의 참여 또는 교육 · 훈련으로 질병에 걸리거나 부상을 입어 요양할 경우 이에 필요한 진료 · 치료 · 수술 · 약제 · 입원비를 지급한다. 다만, 순경 10호봉 봉급액의 5년분에 해당하는 금액을 초과할 수 없다.
나. 장애보상 : 해양자율방제대원이 해양오염방제 활동 등에의 참여 또는 교육 · 훈련으로 질병에 걸리거나 부상을 입어 완치된 후에 신체장애가 있을 경우에는 등급별 장애의 정도에 따라 보상금을 지급하되, 2가지 이상의 신체장애가 발생한 경우에는 그 중 중한 신체장애에 해당하는 등급에 따른 보상금을 지급한다.
다. 장제보상 : 해양자율방제대원이 해양오염방제 활동 등에의 참여 또는 교육 · 훈련으로 사망한 경우 그 유족 또는 장제를 행하는 자에게 지급한다.

라. 유족보상 : 해양자율방제대원이 해양오염방제 활동 등에의 참여 또는 교육·훈련으로 사망한 경우 그 유족에게 지급한다.

2. 재해보상의 지급 기준

종류		보상금 결정 기준	비고
요양보상		순경 10호봉 봉급액 5년분	
장제보상		순경 10호봉 봉급액 3월분	
유족보상		순경 10호봉 봉급액 10년분	
장애 등급별 장애 보상	제1급	유족보상금의 100/100	※ 부상의 범위 및 등급에 관하여는 「의사상자 등 예우 및 지원에 관한 법률시행령」 별표 1에 따른 의사상자의 부상 범위 및 등급에 따른다.
	제2급	유족보상금의 88/100	
	제3급	유족보상금의 76/100	
	제4급	유족보상금의 64/100	
	제5급	유족보상금의 52/100	
	제6급	유족보상금의 40/100	
	제7급	유족보상금의 20/100	
	제8급	유족보상금의 10/100	
	제9급	유족보상금의 5/100	

비고
제1호다목 및 라목에서 "유족"이란 사망한 대원의 배우자(사실상의 혼인관계에 있는 사람을 포함한다), 자녀, 부모, 조부모 또는 형제자매를 말한다.

Ⅳ. 해양환경관리업의 개요

1. 해양환경관리업의 등록대상

「해양환경관리법」 제70조제1항에 따라 다음에 해당하는 사업(이하 "해양환경관리업"이라 한다)을 영위하려는 자는 같은 법 시행령 제55조에서 정하는 바에 따라 해양경찰청장에게 등록하도록 하고 있다.

i) 삭제 〈2019. 12. 3.〉(법 제70조제1항제1호)

ii) 해양오염방제업 : 오염물질의 방제에 필요한 설비 및 장비를 갖추고 해

양에 배출되거나 배출될 우려가 있는 오염물질을 방제하는 사업(법 제70조제1항제2호)

iii) 유창청소업(油艙淸掃業) : 선박의 유창을 청소하거나 선박 또는 해양시설(그 해양시설이 기름 및 유해 액체물질 저장시설인 경우에 한정한다)에서 발생하는 같은 법 시행규칙 제36조제2항[23]으로 정하는 오염물질의 수거에 필요한 설비 및 장비를 갖추고 그 오염물질을 수거하는 사업(법 제70조제1항제3호)

iv) 삭제 〈2019. 12. 3.〉(법 제70조제1항제4호)

v) 삭제 〈2019. 12. 3.〉(법 제70조제1항제5호)

또한 해양환경관리업의 등록을 하려는 자는 이 법 제70조제2항 및 같은 법 시행령 제56조[24]에 따라 정하는 자격 갖춘 기술요원을 보유하여야 하며, 같은

23) 「해양환경관리법 시행규칙」 제36조(해양환경관리업의 등록) ② 법 제70조제1항제3호에서 "해양수산부령이 정하는 오염물질"이란 다음 각 호의 오염물질을 말한다.

1. 해양시설에서 발생하는 제21조제1항 각 호의 오염물질(i) 폐기물, ii) 기름(해양시설의 소유자가 스스로의 설비나 장비를 이용하여 유분 성분이 100만분의 15 이하가 되도록 처리하는 경우는 제외한다), iii) 유해 액체물질(해양시설의 소유자가 스스로의 설비나 장비를 이용하여 「물환경보전법 시행규칙」 별표 13 제1호가목2)에 따른 가지역에 적용하는 같은 표 제2호 항목별 배출허용기준 이하로 처리하는 경우는 제외한다) 또는 포장유해물질 잔류물)

2. 선박에서 발생하는 오염물질로서 「선박에서의 오염방지에 관한 규칙」 제28조에 따른 오염물질(i) 기름, 유해 액체물질 및 포장유해물질의 화물잔류물. 다만, 제9조 및 제10조에 따라 기름을 배출하거나 제11조에 따른 유해 액체물질의 배출기준에 따라 배출하는 경우는 제외한다. ii) 포장유해물질과 그 포장용기, iii) ( )안의 플라스틱제품을 포함한 모든 플라스틱제품(합성로프, 합성어망, 플라스틱으로 만들어진 쓰레기봉투, 독성 또는 중금속 잔류물을 포함할 수 있는 플라스틱제품의 소각재), iv) 납, 카드뮴, 수은, 육가크롬 중 어느 하나 이상의 중금속이 0.01무게퍼센트(100ppm) 이상 포함된 쓰레기

24) 「해양환경관리법 시행령」 제56조(해양환경관리업의 기술요원) ① 법 제70조제2항에서 "대통령령으로 정하는 자격을 갖춘 기술요원"이란 다음 각 호의 요건을 모두 갖춘 사람을 말한다.

1. 다음 각 목의 어느 하나에 해당할 것

가. 「국가기술자격법」에 따른 해양환경기사, 수질환경산업기사, 폐기물처리산업기사 이상 또는 「선박직원법」에 따른 5급 이상의 기관사 자격을 취득했을 것

법 시행규칙 제36조제3항(별표 14)에서 정하는 다음의 선박 · 장비 및 설비 등을 갖추어야 한다(〈표 1-12〉).

〈표 1-12〉 해양환경관리업의 등록기준

■ 해양환경관리법 시행규칙 [별표 14] 〈개정 2021.6.30.〉

해양환경관리업의 등록기준(제36조제3항 관련)

1. 삭제 〈2020.12.4.〉
2. 해양오염방제업

항목		기준
선박	소유여부	소유(다만, 유조부선은 임차한 경우 이를 갖춘 것으로 봄)
	구분	가. 총톤수 20톤 이상의 유조선 1척 이상 또는 총톤수 100톤 이상의 방제선 1척 이상 나. 기름을 저장 · 운송할 수 있는 총톤수 50톤 이상의 유조부선 또는 유조선 1척 이상 다. 총톤수 20톤 이상의 방제작업선 1척 이상
장비	유회수기	시간당 회수용량 합계 20㎥ 이상
	고압 세척기	동작압력 150kg/㎠ 이상으로 1대 이상
	예열기	5㎾ 이상으로 2대 이상
	점도유 이송펌프	15㎾ 이상으로 1대 이상
자재	해양유류오염 확산차단장치	B형 이상으로 300m 이상
	유흡착재	200kg 이상

비고

1. 해양오염방제업과 유창청소업을 겸업하는 경우 시설 · 장비와 영 별표 11의 기술능력기준은 중복하여 갖추지 아니할 수 있다.
2. 해양오염방제업자가 차량을 이용하여 폐유를 수집 · 운반할 경우에는 「폐기물관리법」 제13조에 따른다.
3. 유조선이란 회수한 기름을 산적하여 운송 또는 저장하기 위하여 사용되는 자력으로 움직일 수 있는 기관이 설치된 선박을 말한다.

나. 해양오염방제업 · 유창청소업에서 3년 이상 근무한 경력이 있을 것

2. 법 제121조제3호에 따른 교육 · 훈련과정을 이수한 날부터 5년이 경과하지 않았을 것

② 법 제70조제2항에 따라 해양환경관리업의 등록을 하려는 자는 제1항에 따른 자격을 갖춘 기술요원을 1명 이상 보유해야 한다. 다만, 법 제70조제1항제2호 및 제3호에 따른 해양오염방제업 및 유창청소업을 겸업하는 경우에는 중복하여 보유하지 않을 수 있다.

4. 방제선이란 유회수기 및 기름이송펌프 등 방제장비와 회수한 기름을 저장할 수 있는 시설을 갖추어 유출된 기름을 회수하거나 저장할 수 있는 선박을 말한다.
5. 유조부선이란 회수한 기름을 산적하여 운송 또는 저장하기 위하여 사용되는 다른 선박에 의하여 끌리거나 밀려서 항해하는 선박을 말한다.
6. 방제작업선이란 방제작업을 보조하기 위하여 사용되는 선박을 말한다.

3. 유창청소업

항목		기준
선박	소유여부	소유(다만, 유조부선은 임차한 경우 이를 갖춘 것으로 봄)
	구분	가. 총톤수 10톤 이상의 유조선 1척 이상 나. 기름을 저장·운송할 수 있는 총톤수 50톤 이상의 유조부선 또는 유조선 1척 이상
장비	가스검지기	1대 이상
	이동식 조명장치	폭발방지형으로 3대 이상
	승양기	양력 40kg 이상으로 1대 이상
	공기압축기	1대 이상
	에어펌프	1대 이상
	스팀 또는 에어터빈팬	2대 이상

비고
1. 해양오염방제업과 유창청소업을 겸업하는 경우 시설·장비와 영 별표 11의 기술능력기준은 중복하여 갖추지 아니할 수 있다.
2. 유창청소업자가 차량을 이용하여 폐유를 수집·운반할 경우에는 「폐기물관리법」 제13조에 따른다.
3. 유조선이란 수거한 기름을 산적하여 운송 또는 저장하기 위하여 사용되는 자력으로 움직일 수 있는 기관이 설치된 선박을 말한다.
4. 유조부선이란 수거한 기름을 산적하여 운송 또는 저장하기 위하여 사용되는 다른 선박에 의하여 끌리거나 밀려서 항해하는 선박을 말한다.

4. 삭제 〈2020. 12. 4.〉

5. 삭제 〈2020. 12. 4.〉

참고로 해양경찰청장은 「해양환경관리법 시행령」 제55조제2항 · 제4항에 따라 해양환경관리업을 등록한 자에게 같은 법 시행규칙 제36조제5항제2호 · 제3호에서 정하는 등록증을 발급하도록 하고 있다([그림 1-2], [그림 1-3]).

[별지 제27호서식] <개정 2017. 7. 28.> (앞쪽)

제 호

해양오염방제업 등록증

1. 성명(대표자):
2. 생년월일:
3. 상호:
4. 사업의 종류:
5. 사업소의 소재지:

「해양환경관리법」 제70조, 같은 법 시행령 제55조 및 같은 법 시행규칙 제36조제5항제2호에 따라 위와 같이 등록하였음을 증명합니다.

년 월 일

해양경찰서장 ㉑

210㎜ × 297㎜[보존용지(1종) 120g/㎡]

[그림 1-2] 해양오염방제업 등록증

■ 해양환경관리법 시행규칙 [별지 제28호서식] <개정 2021. 1. 7.> (앞쪽)

제　　호(Registration No.　　)

유창청소업 등록증

Certificate of registration for Oil Hold Cleaning Business

1. 성명(대표자):

Owner:

2. 생년월일:

Date of Birth:

3. 상호:

Name of Company :

4. 사업의 종류:

Kind of Business :

5. 사업소의 소재지:

Address :

「해양환경관리법」 제70조, 같은 법 시행령 제55조 및 같은 법 시행규칙 제36조제5항제3호에 따라 위와 같이 등록하였음을 증명합니다.

This certificate is verified the registration as above according to the Article 70 of the Marine Environment Management Act, the Article 55 of the Enforcement Ordinance and the Article 36(5)(3) of its Enforcement Regulation of the Republic of Korea.

년　　월　　일

해양경찰서장 ㊞

Commander of th Korea Coast Guard (stamp)

210㎜ × 297㎜[보존용지(1종) 120g/㎡]

[그림 1-3] 유창청소업 등록증

2. 해양환경관리업자의 임무

「해양환경관리법」 제72조제1항에 따라 해양환경관리업자는 오염물질의 방제 및 오염물질의 청소 · 수거 등에 관한 처리실적서를 작성하여 해양경찰청장에게 제출하여야 하며, 그 처리대장을 작성하고 해당 선박 또는 시설에 비치하도록 하고 있다.

또한 이 법 같은 조 제2항에서는 해양환경관리업자가 선박 또는 해양시설 등으로부터 오염물질을 수거하는 때에는 같은 법 시행규칙 제21조[25] 및 「선박오염방지규칙」 제28조[26]에서 정하는 바에 따라 오염물질수거확인증을 작성하

25) 「해양환경관리법 시행규칙」 제21조(해양시설에서 발생하는 오염물질의 수거 · 처리) ① 해양시설에서 발생하는 오염물질로서 법 제37조제1항에 따라 수거 · 처리하게 해야 하는 물질은 다음 각 호와 같다.

1. 폐기물
2. 기름(해양시설의 소유자가 스스로의 설비나 장비를 이용하여 유분 성분이 100만분의 15 이하가 되도록 처리하는 경우는 제외한다)
3. 유해 액체물질(해양시설의 소유자가 스스로의 설비나 장비를 이용하여 「물환경보전법 시행규칙」 별표 13 제1호가목2)에 따른 가지역에 적용하는 같은 표 제2호 항목별 배출허용기준 이하로 처리하는 경우는 제외한다) 또는 포장유해물질 잔류물

② 법 제37조제1항 각 호의 자는 해양시설로부터 오염물질을 수거 · 처리하는 경우에는 해당 해양시설의 소유자에게 법 제72조제2항에 따른 오염물질수거확인증을 작성하여 발급하여야 한다. 이 경우 오염물질수거확인증의 보관기간에 관하여는 제39조제2항을 준용한다. 〈개정 2013.6.19.〉

③ 법 제37조제2항에 따라 「폐기물관리법」 제25조제8항에 따른 폐기물처리업자(이하 "폐기물처리업자"라 한다)가 제1항 각 호의 오염물질을 수거 · 처리하는 경우에는 다음 각 호의 사항이 포함된 오염물질 인계인수서를 해양시설의 소유자에게 발급하여야 한다. 다만, 「폐기물관리법」 제18조제3항에 따라 오염물질의 인계 · 인수에 관한 내용을 같은 법 제45조제2항에 따른 전자정보처리프로그램에 입력한 경우는 그러하지 아니하다.

1. 해양시설의 소유자(사업장의 명칭 및 대표자를 포함한다)에 관한 사항
2. 폐기물처리업자(사업장의 명칭 및 대표자를 포함한다)에 관한 사항
3. 수거한 오염물질의 종류 및 수거량
4. 오염물질 수거에 참여한 해양시설의 직원에 관한 사항
5. 오염물질 수거일자

26) 「선박오염방지규칙」 제28조(선박에서의 오염물질의 수거 · 처리) ① 선박에서 발생하는 오염물질로서 법 제37조제1항에 따라 수거 · 처리하게 하여야 하는 물질은 다음 각 호와 같다.

1. 기름, 유해 액체물질 및 포장유해물질의 화물잔류물. 다만, 제9조 및 제10조에 따라 기름

고 해당 오염물질의 위탁자에게 이를 교부하여야 한다.

그리고 이 법 제72조제5항에서는 이에 따른 처리실적서 · 처리대장 및 오염물질수거확인증의 작성방법 · 보존기간 등에 관한 필요한 사항을 같은 법 시행규칙 제38조 및 제39조에서 자세히 규정하고 있다.

여기에서 해양환경관리업 처리실적 제출과 관련해서는 같은 법 시행규칙 제38조제3항에서와 같이 이 법 제70조에 따라 해양오염방제업 · 유창청소업을 등록한 자(이하 "방제 · 청소업자"라 한다)는 이 법 제72조제1항에 따라 오염물질 방제 · 청소 · 수거 처리실적서에 오염물질 방제 · 청소 · 수거 처리대장 사본을 첨부하여 분기가 끝나는 달의 다음 달 15일까지 해양경찰서장에게 제출하여야 한다. 이 경우 법 제115조제7항[27]에 따른 전산망을 이용하여 오염물질 수거 및

을 배출하거나 제11조에 따른 유해 액체물질의 배출기준에 따라 배출하는 경우는 제외한다.

2. 포장유해물질과 그 포장용기
3. 다음 각 목의 플라스틱제품을 포함한 모든 플라스틱제품
   가. 합성로프
   나. 합성어망
   다. 플라스틱으로 만들어진 쓰레기봉투
   라. 독성 또는 중금속 잔류물을 포함할 수 있는 플라스틱제품의 소각재
4. 납, 카드뮴, 수은, 육가크롬 중 어느 하나 이상의 중금속이 0.01무게퍼센트(100ppm) 이상 포함된 쓰레기

② 법 제37조제1항 각 호의 자는 선박에서 제1항 각 호의 오염물질을 수거 · 처리한 경우에는 해당 선박의 소유자 또는 선장에게 법 제72조제2항에 따른 오염물질수거확인증을 작성하여 발급하여야 한다. 이 경우 오염물질수거확인증의 보존기간에 관하여는 「해양환경관리법 시행규칙」 제39조를 준용한다.

③ 법 제37조제2항에 따라 「폐기물관리법」 제25조제8항에 따른 폐기물처리업자가 제1항 각 호에 따른 오염물질을 수거 · 처리한 경우에는 해당 선박의 소유자 또는 선장에게 다음 각 호의 사항이 포함된 오염물질 인계인수서를 작성하여 발급하여야 한다. 〈개정 2018.5.1.〉

1. 선박의 선박명, 총톤수, 선적항 및 소유자
2. 폐기물처리업자(사업장의 명칭 및 대표자를 포함한다)에 관한 사항
3. 수거한 오염물질의 종류 및 수거량
4. 오염물질 수거에 참여한 선박의 선원에 관한 사항
5. 오염물질 수거일자

27) 「해양환경관리법」 제115조(출입검사 · 보고 등) ⑦ 해양수산부장관 또는 해양경찰청장은 출

처리실적을 입력한 경우에는 이를 제출한 것으로 보고 있다.

그리고 이에 따른 처리실적서 등의 서식은 같은 법 시행규칙 제38조제4항제6호 · 제7호에서 정하는 다음의 것으로 하고 있으며, 이 처리실적서 등의 보존기간과 관련해서는 같은 법 시행규칙 제38조제5항에 따라 마지막으로 적은 날부터 3년 동안 보관하도록 하고 있다. 이 경우에도 마찬가지로 이 법 제115조제7항에 따른 전산망을 이용하여 해당 내용을 입력한 경우에는 이를 보관한 것으로 간주하고 있다.

i) 오염물질 방제 · 청소 · 수거 처리실적서 : 별지 제37호서식(시행규칙 제38조제4항제6호)([그림 1-4])

ii) 오염물질 방제 · 청소 · 수거 처리대장 : 별지 제38호서식(시행규칙 제38조제4항제7호)([그림 1-5])

다음으로 이 법 제72조제2항 및 같은 법 시행규칙 제39조제1항에 따른 오염물질수거확인증은 별지 제39호 서식과 같으며, 이 오염물질수거확인증은 작성한 날부터 3년 동안 보관하여야 하는 것으로 같은 법 시행규칙 제39조제2항에서 규정하고 있다([그림 1-6]).

뿐만 아니라 이 법 제72조제4항에서는 제70조제1항제2호에 따라 해양오염방제업을 등록한 자는 제64조에 따라 방제의무자 등이 방제조치를 하는 데 적극 협조하여야 하며, 고의로 오염물질 방제업무를 지연하거나 방제의무자 등의 방제조치를 방해하지 못하도록 하고 있다.

입검사 및 보고와 관련하여 해양수산부령으로 정하는 바에 따라 지도점검사항 · 검사예고 및 점검결과회신 등의 업무를 전산망을 구성하여 이용하게 할 수 있다.

[별지 제37호서식] <개정 2017. 7. 28.>

<table>
<tr><td colspan="9">업소명</td></tr>
<tr><td colspan="9">우편번호/ 주소/ 전화/ 팩스/
과명/ 과장/ 담당/ 담당자/ 이메일/</td></tr>
<tr><td colspan="9">문서번호 시행일자
수신: 해양경찰서장 발신: ㊞
제목: (년도 분기) 오염물질의 방제・청소・수거 처리실적서</td></tr>
<tr><td colspan="4">업소명:
대표자:</td><td colspan="3">사업자등록번호:</td><td colspan="2">업종:</td></tr>
<tr><td colspan="9">오염물질 수거・처리 실적(기간: ~)</td></tr>
<tr><td colspan="5">오염물질 수거 내역</td><td colspan="4">오염물질 처리 내역</td></tr>
<tr><td>① 일자</td><td>② 발급 번호</td><td>③ 종류</td><td>④ 위탁 업체명 (선명)</td><td>⑤ 수거량 (톤)</td><td>⑥ 처리 방법</td><td>⑦ 처리량 (톤)</td><td>⑧ 처리 업체명</td><td>⑨ 보관량 (톤)</td></tr>
<tr><td>계</td><td></td><td></td><td></td><td></td><td></td><td></td><td></td><td></td></tr>
<tr><td></td><td></td><td></td><td></td><td></td><td></td><td></td><td></td><td></td></tr>
<tr><td></td><td></td><td></td><td></td><td></td><td></td><td></td><td></td><td></td></tr>
<tr><td></td><td></td><td></td><td></td><td></td><td></td><td></td><td></td><td></td></tr>
<tr><td></td><td></td><td></td><td></td><td></td><td></td><td></td><td></td><td></td></tr>
<tr><td></td><td></td><td></td><td></td><td></td><td></td><td></td><td></td><td></td></tr>
<tr><td></td><td></td><td></td><td></td><td></td><td></td><td></td><td></td><td></td></tr>
<tr><td colspan="9">작성방법 ※소수점 이하 2자리까지 기재
① 오염물질의 수거일자 기재
② 오염물질수거확인증 발급번호 기재
③ 오염물질의 종류(기름/유해액체물질/폐기물) 기재
④ 오염물질 발생업체(선박)명 기재
⑤ 수거 오염물질량 기재
⑥ 오염물질처리방법(자가/위탁 처리) 기재
⑦ 수거(잔재) 오염물질 처리량 기재
⑧ 수거(잔재) 오염물질 처리업체명 기재
⑨ 수거(잔재) 오염물질 미처리량 기재</td></tr>
</table>

210㎜ × 297㎜[일반용지 60g/㎡(재활용품)]

[그림 1-4] 오염물질 방제・청소・수거 처리실적서

[별지 제38호서식]

오염물질 방제 · 청소 · 수거 처리대장								
오염물질 수거 내역					오염물질 처리 내역			
① 일자	② 발급 번호	③ 종류	④ 위탁 업체명 (선명)	⑤ 수거량 (톤)	⑥ 처리 방법	⑦ 처리량 (톤)	⑧ 처리 업체명	⑨ 보관량 (톤)
계								

작성방법 ※소수점 이하 2자리까지 기재

① 오염물질의 수거일자 기재
② 오염물질수거확인증 발급번호 기재
③ 오염물질의 종류(기름/유해액체물질/폐기물) 기재
④ 오염물질 발생업체(선박)명 기재
⑤ 수거 오염물질량 기재
⑥ 오염물질처리방법(자가/위탁 처리) 기재
⑦ 수거(잔재) 오염물질 처리량 기재
⑧ 수거(잔재) 오염물질 처리업체명 기재
⑨ 수거(잔재) 오염물질 미처리량 기재

작성시기

①란에서 ⑤란 까지는 「해양환경관리법 시행규칙」 제39조에 따른 오염물질수거확인증을 발급하는 날 마다 작성하여야 한다.

210㎜ × 297㎜(신문용지 54g/㎡)

[그림 1-5] 오염물질 방제 · 청소 · 수거 처리대장

[별지 제39호서식] <개정 2010.1.12>

① 발 급 번 호 (ISSUED NUMBER)	오염물질수거확인증 (DISPOSAL CERTIFICATE OF THE WASTE MATERIAL)
제 호 No.	

선박 해양시설 (VESSEL OR FACILITY)	② 성명(NAME) (법인명 및 대표자 성명)		③ 생년월일 (DATE OF BIRTH)	
	④ 주소 (ADDRESS)	(TEL:)		
	⑤ 선명 또는 시설명 (NAME OF VESSEL)			
	⑥ 총톤수 (GROSS TONNAGE)			
	⑦선적항 또는 소재지 (LOCATION)			

⑧ 오염물질 종류 (WASTE MATERIAL KIND)	품명 (ITEM)	⑨ 수거량 (QUANTITY)	기타 (OTHERS)	
	선저폐수 (BILGE)	m^3	품명 (ITEM)	수거량 (QUANTITY)
	폐유 (WASTE OIL)	m^3		
	슬러지 (OIL SLUDGE)	m^3		
	일반폐기물 (GENERAL WASTE SOLID)	m^3		
	지정폐기물 (SPECIFICATION WASTE SOLID)	kg		

⑩ 참여자(선박 · 시설) (ATTENDANT)	직책 (RANK)		⑪수거자 (DISPOSER)	수거선명 (VESSEL)	
	성명 (NAME)			성명 (NAME)	

⑫ 수거일자(DISPOSAL DATE)	

「해양환경관리법」 제72조제2항 및 같은 법 시행규칙 제39조제1항에 따라 상기 오염물질을 수거하였음을 확인합니다.

This is to certify that the above waste material has been disposed under the article 72(2) of the marine environment management act and the article 39(1) of its enforcement regulation of the Republic of Korea

년 월 일

업체명 대표자 성명 ㉐

210㎜ × 297㎜(신문용지 54g/㎡)

[그림 1-6] 오염물질수거 확인증

제3절 기름오염에 대한 긴급방제 계획 수립(ITOPF)[28]

Ⅰ. 긴급계획의 개요

광범위하게 영향을 미치는 해상에서의 기름유출사고에 대해 신속히 대응하기 위해서는 지체 없이 적절한 방제자원이 동원되어야 한다. 이를 위해서는 먼저 무엇보다 다양한 의사결정들이 최대한 신속히 조율되어야 하며, 또한 이에 대응하기 위해 참석한 자들은 어떠한 방제조치를 할 것인지에 대해 충분한 준비가 되어 있을 것을 요구하고 있다.

한편, 이와 같은 오염발생 대응을 위해 개발된 긴급계획은 이러한 목표를 달성하는데 큰 영향을 미칠 수 있으므로 단순한 문서 수준이 아닌 기름유출시 직접적이고 효과적인 대응을 위해 실질적인 사항을 포함하고 있어야 한다.

오염사고에 대응하기 위해 필요한 기능들은 조직과 부서뿐만 아니라 파견될 적합한 요원이 함께 지정되어야 하며, 이는 우리나라 방제대책본부에서도 이를 수용하여 운영하고 있다. 그리고 방제기술들에 대한 고려가 있어야 하는 것은 물론이고 전략적 수행을 위해 이용가능 한 장비들이 확인되어야 한다,

「해양오염 대비·대응 및 협력에 관한 국제협약(OPRC협약[29])」에서는 기름오염사고에 대한 긴급계획의 중요성을 인식하고, 가입 국가들에 대하여 유류를

---

28) 여기에서 언급하고 있는 '기름오염에 대한 긴급방제 계획'은 국제유조선선주오염연맹(International Tanker Owners Pollution Federation Ltd, ITOPF; ITOPF는 영국에 본사를 둔 비영리 조직으로, 유류 및 기타 화학물질 등으로 인해 발생하는 해양오염사고 현장에서 국제유류오염보상기금(유류오염사고 피해보상을 위한 국제기금, IOPC Fund)와 P&I 클럽(해양오염 보상보험사)을 대표해 당사국과 방제전략을 협의하고 해양오염 대응사항을 감독하는 역할을 수행)에서 내놓고 있는 『방제기술정보문서』 TIP 16(기름오염에 대한 긴급방제 계획 수립지침)에서 발췌하여 작성하였다.

29) OPRC협약 : International Convention on Oil Pollution Preparedness, Response and Cooperation

취급하는 개별 시설에서부터 국가 또는 국제적 규모의 대형 사고까지를 아우르는 통합된 국가 조직체제 구축을 요구하고 있다.[30] 이러한 준비사항들은 궁극적으로 상호 우호적 협력이 가능한 일련의 체계적인 계획을 통하여 사고대응력을 강화하는데 그 목적이 있다.

그리고 긴급계획은 방제작업의 관리를 위한 조직체계를 제공하고 있으며, 계획이 수행될 국가마다의 업무 특성을 반영하여 손쉬운 개정작업이 가능한 문서작업 방식을 채택하도록 하고 있다. 공간적(지리적) 또는 조직적 범위에 관계없이, 긴급계획서는 합리적이고 그 자체적으로 독립적이고, 대응결정을 늦출 수 있는 다른 계획문서를 최소화하여야 한다.

단순한 계획은 기름유출사고를 충분히 대응하기 위한 대비책이 되지 못하며, 사고대응 과정에서 발생할 수 있는 문제점을 사전에 미리 파악할 수 없기 때문에 긴급계획은 기름유출 시 긴급계획을 운영할 수 있는 신뢰할 만한 전문가들에 의해 작성되어야 한다.

뿐만 아니라 긴급계획은 적극적으로 관리되어 져야하는 것은 물론이고 주기적으로 갱신되고 개정되어야 한다. 실제사고나 훈련으로부터의 학습된 교훈으로 개선점을 도출하거나 법령 개정 시 요구되는 수정이 받아들여 질 수 있도록

30) 「OPRC협약」이 발효되게 된 배경에 대해 살펴보면 다음과 같다. 대형 유류 유출사고가 발생할 경우 일부지역이나 단일국가의 능력으로는 방제가 역부족일 수밖에 없다는 사실에도 불구하고 언제 발생할지 모르는 이러한 위험에 대처하기 위하여 막대한 투자를 한다는 것 역시 경제적인 측면에서는 큰 부담일 수밖에 없다. 이에 국제해사기구에서는 사고발생 후 신속하고 효율적인 방제조치를 취하기 위해 범국가적, 범세계적인 대비, 대응 및 협력이 필요하다는 인식을 하게 되었다. 1989년 10월 국제해사기구 제16차 총회에서 미국 측의 제안에 의거하여 총회결의서 674를 채택하였고, 산하 해양오염방지위원회(MEPC)로 하여금 대형 유류오염사고에 대비하기 위한 협약안을 작성토록 요청하였다. 또한 미국 정부의 비용부담으로 1990년에 동 협약 채택을 위한 준비회의 및 외교회의를 개최키로 합의하였다. 이에 따라 국제해사기구는 1990년 5월 준비회의를 가졌으며, 같은 해 11월 「OPRC협약」을 채택하였다. 「OPRC협약」의 원명은 「해양오염 대비, 대응 및 협력에 관한 국제 협약(International Convention on Oil Pollution Preparedness, Response and Cooperation」으로 1995년 5월 13일 발효되었다(행정안전부 국가기록원 홈페이지, https://www.archives.go.kr).

적극적인 참여와 관심이 필요하다.

긴급계획이 수립되면 훈련에 초점을 맞추어야 하며 긴밀한 팀으로 모든 방제참가자들이 함께 작업을 하기 위해서는 계획에 대한 이해와 본인과 타인의 역할에 대한 숙달이 필요하다. 이는 정기적인 실제 훈련을 통해 달성될 수 있으며 효과적인 사고 대응력 유지를 위해 실제적인 훈련은 필수이다. 이와 관련해서는 우리나라 「해양환경관리법」 제61조에서 규정하고 있는 "국가긴급방제계획"이 이에 속하며, 또한 오염방제 훈련과 관련해서는 「해양환경관리법 시행령」 제44조 및 국가긴급방제 계획 제3장 제5절에 따라 해양오염사고 대응능력 향상을 위하여 방제훈련을 효율적으로 시행하는데 필요한 사항을 규정함을 목적으로 현재 운영 중에 있는 「해양오염 방제훈련 규칙」이 이에 해당한다.

Ⅱ. 긴급계획의 범위

긴급계획의 범위는 해양공간인 지리적 범위에서의 기름오염에 대한 위험성에 의해 결정된다. 계획수립의 책임은 개인 시설, 항구 및 해안에 대한 지역적 여건과 그 보다 광범위한 구역 또는 국가적 접근 영역에 이르기까지 관련된 국내 행정조직체계에 따라 달라진다. 계획이 현실성과 실효성을 가지기 위해서는 긴급계획의 이행과 각 단계별 사고에 대한 대응책임을 가지는 기관이나 조직들이 초기단계부터 포함되어야 한다. 일반적으로 모든 계획에 대한 책임은 소관 법령을 관장하고 있는 해당 정부기관에 주어지며, 우리나라는 해양경찰청이 이에 해당된다.

상호 우호적 협력이 가능한 일련의 계획체계는 흔히 '단계적 대응'이라하며, 이는 기름유출 규모에 따라서 대응단계가 달라진다. 일반적으로 긴급계획의 대응단계는 다음과 같이 나누어진다. 1단계는 시설 단계, 2단계는 구역 또는 지역적 단계, 3단계는 국가적 혹은 국제적 단계이다. 각 수준에서의 긴급계획은 위험성평가에 따라 확인된 잠재적 현장위기 상황을 처리(대응)할 수 있어야 한다.

그리고 각 기관마다 오염사고의 대응단계를 상향시키기 위한 상이한 기준을 적용할 수 있도록 하고 있다. 유류 유출량이나 추가적인 장비요구량 또는 이전 단계 수준을 넘어서는 인력동원 수요를 기초하여 평가된다. 다른 방식으로는 두 지역 사이에 영향을 미친 기름의 확산으로 인해 지역적 계획에서 해당 지역 간 협력적으로 대응하는 계획 단계로 상향될 수 있다.

Ⅲ. 비상계획의 구성요소

일반적으로 비상계획을 수립하는 것은 4단계의 과정으로 다음의 계획요소를 반영하고 있다.

i) 위험성 평가 : 유출위험성을 판단하고 유출 결과를 예측함
ii) 전략적 정책 : 역할과 책임을 규정하고 작업의 합리적인 근거를 요약
iii) 작업절차 : 유출발생 시 방제절차를 수립
iv) 정보목록 : 관련정보의 수집

비상계획의 개발순서는 각 단계를 통해 논리적으로 진행되며, 위험성 평가의 결과는 유출사고 발생 시 방제 전략을 결정하는데 도움을 주며 이는 차례로 작업절차를 결정하는데 효율적이다. 정보목록에 따라 요구되는 정보형태는 이러한 절차들을 개발하면서 더욱 명확해 질 것으로 보이며, 우리나라에서 사고를 평가하고 대응하는데 필요한 정보의 수집 출처는 다음과 같다(〈표 1-13〉).

〈표 1-13〉 사고를 평가하고 대응하는데 필요한 정보의 출처

필요한 정보	정보출처
사고의 위치와 종류	• 선장, 운항담당자, 구난업체, 항만당국 또는 해양경찰
기름의 종류	• 연료유 증서, 화물목록(선장, 운항담당자, 선주, 화주, 보험사 등을 통해 확인) • 유종 정보를 알면 그 기름의 특성은 기름분석표를 통해서 확인 가능
조류, 조석, 기상예측	• 조류지도, 조석표, 해당 해역의 해도와 도선 안내서, 항만과 항공당국 및 국가 기상서비스
환경적, 사회·경제적 자원과 보호 우선순위에 대한 위치와 계절적 민간도	• 계획서에 첨부된 정보목록/위치정보시스템
위협받는 자원의 이해관계자들의 연락처	• 계획서에 첨부된 정보목록/위치정보시스템

이상의 내용에 따라 긴급계획을 수립하는데 있어 요구되어지는 각각의 단계별 구성요소에 대해 개략적으로 살펴보면 다음과 같다([그림 1-7]).

[그림 1-7] 긴급계획 수립 4단계 구성요소의 예시

참고로 ITOPF의 『방제기술정보문서』 TIP 16에 해당하는 '기름오염에 대한 긴급방제 계획 수립지침'에서는 긴급계획의 적절성을 평가하기 위한 질문 10가지를 다음과 같이 구성하고 있다.

i) 유출유의 확산가능성을 고려하여, 가능한 위협의 범위와 심각성, 가장 위협을 받는 자원들에 대한 평가가 현실적으로 이루어졌는가?

ii) 다양한 보호 및 방제 방법 선택의 실현가능성을 고려하여, 보호의 우선순위가 합의되었는가?

iii) 여러 지역의 보호 및 방제 전략이 합의되고 명확히 설명되었는가?

iv) 방제대응에 필요한 모든 기능들이 할당되었으며, 모든 참여자들의 책임이 명확하게 기술되어 있으며 모든 참여조직과 기관은 그들의 책임에 대해 알고 있는가?

v) 적합한 방제장비, 자재 및 인력 수준이 유출규모에 적절한가? 그렇지 않다면, 추가자원이 규정되어 있거나 필요한 지역에 자원운송을 확보하고 입국을 위한 체제가 수립되어 있는가?

vi) 임시폐기물 저장소와 수집된 폐기물의 최종처리 경로가 명시되었는가?

vii) 통보 및 초기 평가 과정이 충분히 설명되어지고, 방제작업의 효율성과 진행사항을 지속적으로 검토할 수 있는 절차가 수립되어 있는가?

viii) 항공, 해상, 해안 사이의 통신 배치가 효과적으로 이루어졌는가?

ix) 긴급계획이 주변지역 및 다른 활동과 호환되는가?

x) 긴급계획의 모든 분야에 대하여 검증되었는가?

제2장

Measures Guide for Responding to Marine Pollution

해양오염의 탐색 및 식별

제1절 해상유출기름의 특성변화[31)]

Ⅰ. 유류의 특성

해상에 유류가 유출(배출)되면 다양한 물리적, 화학적 변화가 발생하며, 유출유의 일부는 해수표면에서 소멸되어지나, 오랫동안 지속되는 것도 있다. 해양환경에서 유출유의 거동 특성은 유출량, 유류의 초기 물리적, 화학적 특성, 기후, 해상 상태, 해상에서의 유류 잔존 여부 등과 같은 요인들에 의해 결정된다. 이와 같은 과정들과 시간에 따라 유류의 특성, 조성 및 거동 변화에 이들이 미치는 상호작용에 대한 이해는 유류 유출 방제의 모든 측면에서 기초가 되고 있다.

일반적으로 다양한 장소에서 생산되는 원유들은 그 물리적, 화학적 특성이 매우 다른 반면에, 많은 정제품들은 원유 생산지역과 상관없이 확연한 특성을 갖는 경향이 있다. 정제과정에서 다양한 비율의 비경질성 유류와 경질성 유류를 혼합한 연료유는 그 특성들이 상당히 다르다.

유류의 증류 특성은 휘발성으로, 휘발 과정에서 유류의 온도가 상승함에 따

31) 여기에서 언급하고 있는 '해상유출기름의 특성변화'는 국제유조선선주오염연맹(ITOPF)에서 내놓고 있는 『방제기술정보문서』 TIP 2(해상유출기름의 특성변화)에서 발췌하여 작성하였다.

라 다양한 성분들이 잇따라 끓는점에 도달하면 증발하고, 그런 다음에 냉각되어 응축된다. 증류 특성은 주어진 온도범위 내에서 정제되는 원인 기름(parent oil)의 비율로 나타낸다. 역청, 왁스, 아스팔트의 잔류물을 함유한 일부 유류는 고온에서 조차 쉽게 증류되지 않고, 해양환경에서 오랜 기간 지속되는 경향이 있다. 그리고 유류의 점도는 흐름에 대한 저항으로, 점도가 높은 유류는 점도가 낮은 것에 비해 잘 흐르지 않는다. 모든 유류는 온도가 내려감에 따라 점성이 증가하며(즉, 흐름이 순조롭지 못함), 유류 구성요소에 따라 그 정도의 차이를 보인다.

유동점(pour point)은 유류가 일정한 최저온도에 도달하면 점도가 증대되어 유동성을 잃게 되고 굳어지기 시작하는데 이때의 온도를 응고점이라고 하며, 유동점은 응고점에 도달하기 전의 유동성을 가지는 온도를 말하는 것으로 해양에 유출된 유류가 이와 같은 상태에 놓이게 되면 액체에서 반고체 상태로 변한다([그림 2-1]).

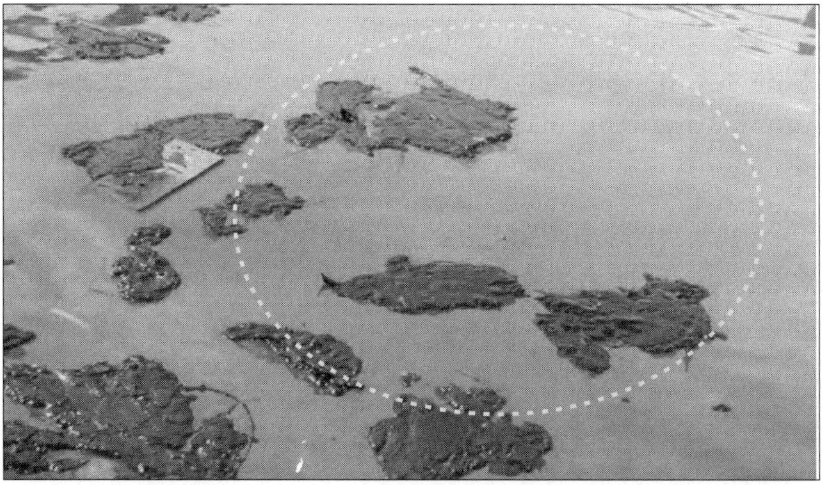

[그림 2-1] 유동점 이하의 온도에서 해상에 유출된 유류(반고체 상태의 덩어리 형성)

Ⅱ. 풍화작용

유출유로부터 발생하는 확산, 증발, 분산, 에멀젼화, 용해, 광산화 등의 과정들은 유출유의 풍화작용(風化作用)을 일으키는데 영향을 미치며, 좀더 자세히 살펴보면 다음과 같다([그림 2-2]).

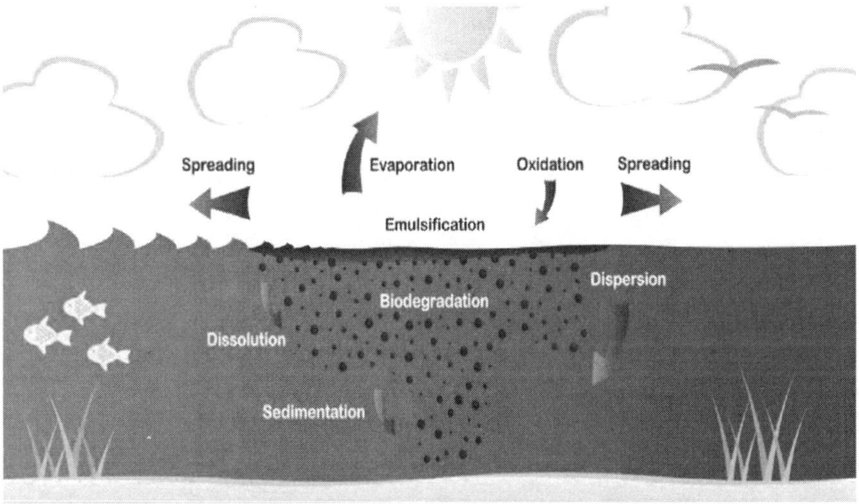

[그림 2-2] 해상에서 유류에 작용하는 풍화작용

1. 확산

유류는 해양에 유출(배출)됨과 동시에 확산되기 시작한다. 확산속도는 주로 유류의 점도와 유출량에 따라 결정된다. 점도가 낮은 유류는 높은 것보다 더 빨리 확산된다. 액체 상태의 유류는 처음에 큰 규모의 유막으로 확산되다 곧 분할하기 시작한다. 유류가 확산되고 두께가 감소함에 따라, 검정색 또는 어두운 갈색의 두꺼운 유류 패치에서 유막의 가장자리부터 무지개 빛깔과 은빛광택으로 변한다. 중유(medium oils)와 경유가 확산될 때, 매우 얇은 유막이 형성되며 이것들은 빠르게 소멸되는 무지개 빛깔과 은빛 광택으로 나타난다([그림 2-3]).

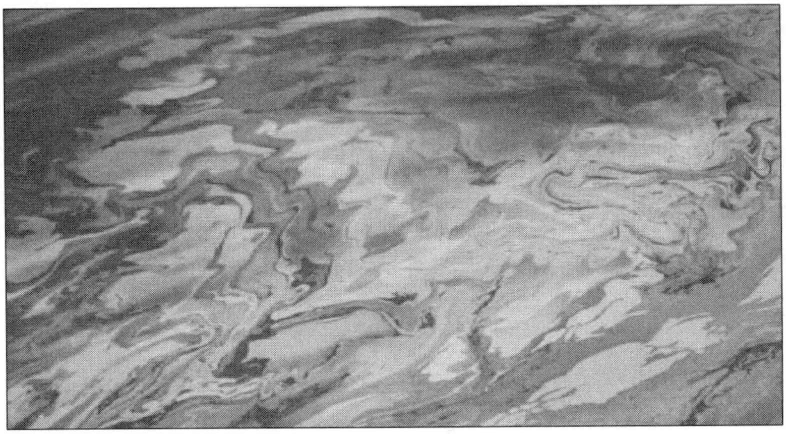

[그림 2-3] 중유(medium oils)와 경유 확산(유막형성)

반고체 또는 점성이 높은 기름 덩어리(fragment)는 얇은 층으로 확산되기 보다는 패치로 분산되고, 일부 센티미터 단위의 두께가 될 수 있다. 외해(外海, 육지로 둘러싸이지 아니한, 육지에서 멀리 떨어진 바다)에서 풍성해류(風成海流, wind circulation)[32] 패턴은 좁은 띠(narrow bands) 또는 풍향과 평행한 '유막띠'를 형성하는 경향이 있고, 시간이 경과함에 따라 유류 특성은 유막 이동을 결정하는데 덜 중요해진다.

유류가 확산 또는 부서지는 비율은 파도, 난류, 조류, 해류의 영향을 받고 복합적인 영향력이 강할수록 그 과정이 더 빨라진다. 수 시간 동안 수 제곱킬로미터까지 확산되거나, 수일간 수백 제곱킬로미터의 유류 확산 된 예가 많다. 점도가 낮은 유류의 소규모 유출을 제외하고는 확산은 균일하지 않고, 마이크로미터보다 작은 두께부터 몇 밀리미터 또는 그 이상까지 유류 두께의 큰 변화가 일어날 수 있다.

32) 풍성해류는 수면 위를 부는 바람에 의하여 생겨나는 물의 흐름으로 일정한 풍향의 바람이 거센 대양에서는 대규모로 일어나기도 한다(네이버검색사이트, https://www.naver.com).

2. 증발

유류의 휘발성분은 대기 중으로 증발한다. 증발 비율은 주변의 온도와 풍속에 따라 결정된다. 보통 200℃ 이하에서 끓는점을 갖는 유류 성분들은 온도 조건에 따라 24시간 이내에 증발한다.

유류의 증류 특성에서 살펴본 바와 같이 끓는점이 낮은 성분비율이 커질수록 증발 정도가 커진다. 유출된 유류의 표면적이 클수록 가벼운 성분들이 더 빨리 증발하기 때문에 유류의 초기 확산 비율은 증발 비율에 영향을 미친다. 거친 물결, 빠른 풍속, 따뜻한 온도 또한 증발을 증가시킨다. 증발 후에 남은 유류의 잔류물은 밀도와 점도가 증가하여, 방제 방법뿐만 아니라 연속되는 풍화작용에 영향을 미친다([그림 2-4]).

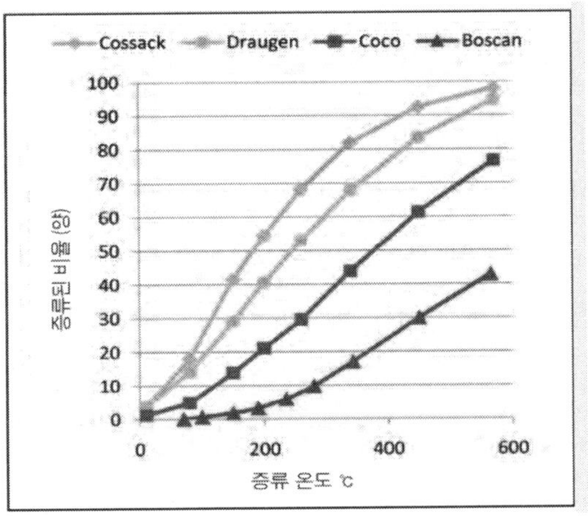

[그림 2-4] 원유별(유전) 증발곡선

등유, 휘발유와 같은 정제품의 유출은 단시간에 완전히 증발할 것이고, Cossack과 같은 가벼운 원유는 유출 첫째 날에 유출량의 50% 이상 증발될 수 있다. 이러한 극도의 휘발성 기름은 사방이 막힌 좁은 지역에 유출될 때, 화재나 폭발의 위험뿐만 아니라 인체에도 위험이 될 수 있다. 이와 대조적으로 중유(heavy oil)는 증발이 발생한다 해도 폭발의 위험이 거의 없다. 그럼에도 불구하고, 중유는 화재 위험을 존재하며 만약 유류가 고여 있는 잔잔한 조건에서 잔재물에 불이 붙는다면, 격렬한 연료유 화재로 인한 2차사고로 이어질 가능성이 높아진다.

3. 분산

분산의 비율은 주로 유류의 특성과 해황(海況, sea condition)[33]에 따라 결정되는데, 쇄파(碎波, wave breaking)[34]가 존재하는 곳에서 점도가 낮을 때 가장 빨리 진행된다. 표층에서 파도와 난류(亂流, turbulent flow)[35]가 유막의 전부 또는 일부를 다양한 크기의 작은 방울로 부서지게 하여 해수 상부층에 혼합되도록 할 수 있다.

작은 기름방울은 계속 부유하는 반면에, 큰 기름방울은 다름 기름방울과 합쳐져 유막을 재형성하거나 매우 얇은 유막으로 확산되어 표층으로 다시 떠오른다. 직경이 약 70㎛(마이크로미터)보다 작은 기름방울의 경우, 표층으로 떠오르는 속도가 바다의 난류와 상쇄되어 계속 부유하게 된다. 이 분산된 유류는 더 많은 양의 해수와 혼합되어, 농도가 빠르게 감소된다. 분산에 의해 증가된 유류 표면적은 또한 생물분해, 용해, 퇴적과 같은 과정들을 촉진시킨다.

유체나 다른 풍화작용에 아무런 제약 없이 확산되는 유류는 보통의 해상 상

33) 해황 : 해양의 물리적 변동 상황을 나타낸 것으로 이것은 해수의 수온, 염분, 밀도 등 해황자료의 수직 수평적 분포 특성의 변화를 통해 파악된다(네이버검색사이트, https://www.naver.com).

34) 쇄파 : ① 풍랑이나 너울로 형성된 해파가 얕은 바닷물에서 뾰족하게 되고 부서지는 것. ② 파도가 연안 가까운 수심이 얕은 곳에 이르면 파장이 짧아지고 파고가 높아져 파도의 앞쪽이 낭떠러지처럼 되었다가 부서지는 것을 말한다(네이버검색사이트, https://www.naver.com).

35) 난류 : 유체의 각 부분이 시간적이나 공간적으로 불규칙한 운동을 하면서 흘러가는 것을 말한다. 반대되는 용어는 층류인데, 층류에 비해 난류는 물체에 대한 저항이 크다(네이버검색사이트, https://www.naver.com).

태에서 단시일 내에 완전히 분산될 수 있으며, 유처리제의 사용은 이런 자연적 과정을 가속화 시킬 수 있다.

4. 에멀젼화

대부분의 유류는 물을 흡수하여 물먹은 기름, 즉 에멀젼(water-in-oil emulsions)을 형성한다. 이것은 기름 오염물의 양을 5배까지 증가시킬 수 있다. 유류 유출 시, 에멀젼은 15ppm 이상의 결합된 니켈/바나듐 농도 또는 0.5%이상의 아스팔텐을 함유하는 기름에 대하여 가장 쉽게 형성된다. 이 화합물의 존재와 일반적으로 보퍼트 풍력(Beaufort Force) 3(풍속 3~5m/s 또는 7~10knots) 이상의 거친 해황은 에멀젼이 형성되는 비율을 결정한다. 중유와 같이 점성이 있는 유류는 경질성 유류보다 더 천천히 물을 흡수하는 경향이 있다. 에멀젼은 변하기 때문에 파도 속에서 유류의 이동은 흡수된 물방울 크기를 줄이고, 에멀젼은 계속해서 점성을 더 높게 만든다([그림 2-5]).

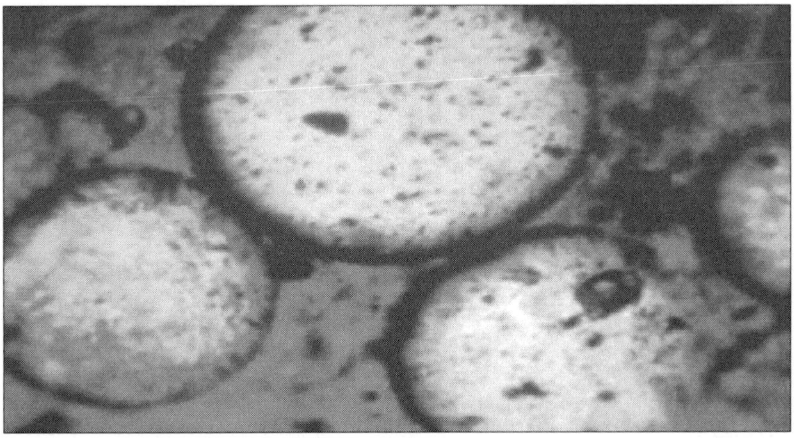

[그림 2-5] 에멀젼의 확대 이미지(×1,000)

동시에 아스팔텐 화합물은 기름이 물방울을 덮도록 촉진시켜 에멀젼의 안정성을 높일 수 있다. 포함된 물의 양이 증가하면 에멀젼의 밀도는 해수 밀도에 도달하지만, 고형 입자들(sloid particulates) 없이는 해수 밀도를 능가할 수 없다.

안정한 에멀젼은 70~80% 정도의 많은 물을 함유하고, 보통 반고체 상태이며 강렬한 적색/갈색, 오렌지 또는 노란색이다. 또한 안정된 에멀젼은 지속성을 유지하여, 영구히 에멀젼 상태로 남을 수 있다. 덜 안정된 에멀젼은 잔잔한 해상에서 햇빛에 의해 표면이 뜨거워지거나 또는 해안선에 노출되면, 기름과 물이 불리될 수 있다.

에멀젼의 형성은 다른 풍화작용의 영향에 대한 비율을 감소시켜 표층과 해안선에서 경유와 중유(light and medium crude oils)가 가지고 있는 원래상태를 보다 오랫동안 지속시키는 주요원인이 된다. 비록 안정된 에멀젼은 점성이 있는 유류와 유사하게 거동하지만, 그 구성 성분의 차이는 효과적인 방제 방법을 결정하는데 영향을 미치게 된다.

5. 용해

유류가 용해되는 비율과 정도는 구성성분, 확산, 수온, 난류, 분산 정도에 따라 결정된다. 원유의 무거운 성분들은 해수에서 거의 용해되지 않는 반면에, 가벼운 성분들은, 특히 벤젠, 톨루엔과 같은 방향족 탄화수소는 천천히 용해된다. 그러나 이러한 화합물들은 또한 휘발성이 가장 커서 용해되는 것보다 증발에 의해 10에서 1,000배 정도의 속도로 매우 빠르게 손실된다. 그 결과, 해수에서 용해된 탄화수소 농도는 1ppm을 거의 초과하지 않고, 용해 작용은 해상의 표층에서 유류를 제거하는데 큰 기여를 하지 못한다.

6. 광산화

탄화수소는 산소와 반응하여 용해성 생성물 또는 타르를 형성시킬 수 있다. 산화작용은 햇빛에 의해 촉진되고 유출 전체 기간 동안 발생되고 있으나, 다른 풍화작용과 비교해 볼 때 유류의 소멸에는 전체적으로 큰 영향을 미치지 않는다. 강한 햇빛 아래에서 조차도 얇은 유막은 천천히 분해되어, 보통 하루에 0.1%보다 적은 양이 분해된다. 고분자 화합물들은 표층에 보호막을 형성하기 때문에 점성이 매우 큰 두꺼운 유층이나 에멀젼은 분해되기 보다는 분해되기 어려운 잔류물로 산화되는 경향이 있다. 이들은 해안에 표착되는 타르볼에서 확인 될 수 있는데, 주로 산화된 유류와 퇴적물 입자로 구성된 단단한 표면으로 더 부드럽고 덜 풍화된 내부를 싸고 있다.

7. 퇴적과 침강

분산된 기름방울은 수중에서 부유하는 퇴적물 입자들과 유기물간의 상호작용을 통해 밀도가 충분히 높아지면 해저로 천천히 침강할 수 있다. 얕은 연안지역과 강 하구역은 보통 분산된 기름방울들과 결합될 수 있는 부유물질들이 풍부하여, 기름 입자들의 퇴적에 유리한 조건을 제공한다. 기수(汽水, brackish water : 바닷물과 민물이 섞인 물)에서는 강의 담수가 해수의 염분 비중을 낮추기 때문에, 중립 부력의 기름방울은 침강 될 수 있다. 또한 부유 생물들은 기름을 섭취하고, 분립(faecal pellets)으로 결합되어 해저로 침강 된다. 드문 경우로, 유류는 폭풍이 몰아칠 때 많은 양의 부유물질과 혼합되어 해저로 침강할 수 있으며, 이와 마찬가지로, 날림 모래(wind-blown sand) 또한 가끔 떠다니는 기름 위에 쌓여 기름을 침강시킬 수 있다.

대부분의 유류는 비중이 낮아, 밀도가 더 높은 물질과 상호작용하고 부착되지 않는 한, 계속 물에 뜨는 경향이 있다. 그러나 일부 중유, 무거운 연료유, 에멀젼은 해수 비중에 근접한 값을 가지며, 퇴적물과 최소한의 상호작용으로도 침강할 수 있다. 일반 잔유(residual oil)는 해수보다 높은 비중(〉1.025)을 가지며, 유출되었을 때 침강될 수 있다.

일부 유류는 화재로 가벼운 성분들이 전소될 뿐만 아니라 고온 때문에 무거운 발열성 생성물들이 형성되어 화재 후에 침강될 수 있다. 만약 방제기술로서 현장 소각을 시행한다면 소각 후 잔류물질의 침강을 고려하여야 한다.

밀도가 높은 유류는 악천 후의 해상에서는 완전히 침수(over-washed)되어 표층 아래로 내려가 상당시간의 항공탐색으로도 관찰하기에 어려움이 있고, 이는 결국 기름을 제거하는데 있어 상당한 시간을 필요로 하게 한다. 이러한 현상은 가끔 유류의 침강과 혼동되지만, 잔잔한 조건에서 유류는 다시 떠오르는 특성을 보인다.

퇴적은 해양환경에서 유출유의 축적을 초래하는 중요한 장기적인 과정들 중 하나이다. 그러나 대량의 기름 침강은 해안선과의 상호작용의 결과로 해안과 가까운 천해역(淺海域, in shallow water)[36]에서만 주로 관측되며 다른 지역에서 관측되는 것은 매우 드물다.

8. 해안선과의 상호작용

해안선에 부착된 유류와 해안선의 상호작용은 주로 해안선에 노출되는 에너지 수준과 해안저질(shoreline substrate)의 특성 및 규모에 따라 결정된다.

침강을 야기하는 퇴적물 상호작용은 가장 흔한 모래 해변에 부착된 유류가 원인이다. 개방형 모래 해변에서 퇴적물 축적(부착)과 침식의 계절적 순환은 기름층이 연속적으로 뒤덮이고 드러나는 것을 반복하게 된다. 심지어 모래 해변에 부착된 유류는 날림 모래에 의해 뒤덮일 수 있다.

일단 유류가 모래와 섞이면 조수간만 또는 폭풍에 의해 근해역으로(into near-shore waters) 휩쓸려 가서 침강할 가능성이 높다. 이와 같은 반복적인 순환은 유류/모래 혼합물이 해변에서 떨어진 근해역으로 씻겨가고, 조립질 모래 입자들이 분리되면서 유류가 다시 표층으로 부유된다. 그러면 이 유류는 모래와 다시 섞여 침강되고, 이러한 순환이 반복된다. 모래 해변에서 뿜어져 나오

36) 수심이 50m보다 얕은 해역을 말한다(네이버검색사이트, https://www.naver.com).

는 광택은 이러한 과정이 발생하고 있다는 징후이다.

해안선에서 매우 미세한(〈 4microns) 무기질 입자들과 유류의 상호작용은 무기질 또는 점토질 유류 응집체(독립한 입자 형태)를 형성한다. 유류의 점도에 따라 풍부한 물의 이동은 기름방울들이 정전기적으로 미세 입자들을 끌어당기게 할 수 있다. 기름방울을 둘러싸고 있는 미세 입자들은 더 큰 기름방울들의 결합과 더 큰 퇴적물 저질(예를 들어, 모래 또는 자갈, substrate)에 점착되는 것을 막는다.

그 결과로 초래되는 안정한 응집체는 중립 부력(중성 부력, neutrally buoyant)에 가깝고, 난류에 의해 부유할 만큼 충분히 작다. 안정한 응집체는 결국 연안류에 의해 널리 확산될 수 있고, 파도 작용과 해류가 다른 과정들(예를 들어, 퇴적물 침식)이 발생하기에는 매우 약한 곳인(에너지가 낮은) 폐쇄성 해안으로부터 일정기간 동안 많은 양의 기름을 제거할 수 있다.

갯벌 퇴적물과 습지는 가장 일반적인 폐쇄성 해안이다. 대부분의 경우 유류는 이런 미세한 퇴적물내로 스며들지 못하고, 표층에 남는다. 그러나 점성이 낮은 유류가 식물의 줄기 등의 아래로 이동하여 퇴적물로 들어가게 한다. 또한 유류는 미세한 갯벌입자들이 수중에서 부유하고 유류와 혼합되는 강한 폭풍이 칠 때, 이러한 세립질 퇴적물과 결합될 수 있다.

잔잔한 동안에는 갯벌은 서서히 침강되고 유류는 퇴적물과 함께 침적될 수 있다. 이러한 폐쇄성 지역에서 퇴적물은 오랜 기간 움직이지 않을 것이며, 퇴적물 속에는 산소 농도가 낮아서 유류의 분해가 매우 적게 일어난다.

폐쇄성 조약돌 해안이나 자갈 해안에서 점성이 높은 유류가 방제작업기간 동안 제거되지 않았다면, 주로 표면 기름층의 산화물인 아스팔트를 형성할 수 있다. 부유 기름은 이러한 개방된 저질에 쉽게 스며들 수 있고, 해상에서의 제거와 저질의 자체적인 다른 풍화작용들로부터 보호된다. 아스팔트는 만약 건드리지 않고 그대로 둔다면, 수십 년간 지속되는 특성을 가지고 있다.

9. 생물분해

해수에는 기름 혼합물의 물질대사가 일어날 수 있는 다양한 해양 미생물들이 함유되어 있다. 이와 같은 해양 미생물들은 기름을 탄소와 에너지의 근원으로 이용할 수 있는 박테리아, 곰팡이류, 효모균류, 단세포조류, 원생동물을 포함한다. 이러한 유기물들은 전 세계 해양에 널리 분포하고 있으며, 유류의 자연적 누출 지역 또는 산업폐기물과 처리되지 않은 하수를 받아들이는 도심지에 가까운 만성적으로 오염된 연안 해역에서 더 풍부하다.

생물분해의 비율과 정도에 영향을 미치는 주요요인들은 유류의 특성, 산소와 영양분(주로 질소와 인의 혼합물)의 이용가능성 및 온도이다. 많은 중간체 화합물들이 탄화수소가 분해되면서 만들어지지만, 최종적인 생물분해의 결과물들은 이산화탄소와 물이다.

각각의 미생물 유형은 특정 그룹의 탄화수소를 분해하는 경향이 있어, 함께 또는 잇따라 작용하는 광범위한 미생물들이 지속적인 생물분해를 위해 필요하다. 생물분해 과정을 통해서 미생물의 복합적 군집은 성장한다. 생물분해를 위해 필요한 미생물은 연안에서 떨어진 외해에서는 아주 소수로 존재하지만, 유류가 이용 가능하면 빠르게 증식되고, 영양분 또는 산소 부족으로 제한되지 않는 한 생물분해는 계속된다.

미생물은 산소와 필수 영양소를 얻을 수 있는 물속에 서식하고, 따라서 생물분해는 오직 기름과 물의 경계면에서만 발생 할 수 있다. 해상에서는 자연적 또는 화학적 분산을 통한 기름방울의 형성이 생물학적 활동을 할 수 있는 접촉면적을 증가시켜 분해를 향상시킨다. 이와 대조적으로 해안선의 두꺼운 층이나 고조선(高潮線, High Water Line)[37] 위에 부착된 유류는 표면적이 작아 물과 접촉하는데 매우 제약을 받는다. 이런 조건하에서 생물분해는 매우 느리게 진

37) 고조선 : 해면(海面)이 가장 높아진 상태에서 해면과 육지의 경계선을 말한다(네이버검색사이트, https://www.naver.com).

행되며, 만약 기름이 제거되지 않았다면 그 기름은 오랜 기간 지속적으로 잔류한다.

생물분해에 영향을 미치는 다양한 요인들은 기름이 제거되는 비율을 예측하기 어렵게 만든다. 비록 생물분해는 대량의 축적 기름을 확실히 제거할 수는 없지만, 흔히 조류(潮流, tidal current)[38]나 취송류(吹送流, drift current, wind-driven current[39])에 의해 침수되어 해안선에 부착되는 미량의 유류를 자연적으로 제거하는 주요한 장기 메커니즘 중 하나이다.

Ⅲ. 복합작용

앞서 기술한 유출유의 풍화작용을 일으키는데 영향을 미치는 각각의 과정들은 유류가 해상에 유출되자마자 작용한다. 확산, 증발, 분산, 에멀젼화, 용해는 유류 유출 초기단계에서 일어나는 작용이며, 광산화, 퇴적, 생물분해는 장기간에 걸쳐 일어나는 작용으로 유출유의 거동을 결정한다.

분산과 에멀젼화는 대립되는 과정으로 분산은 표층의 기름을 제거하고, 에멀젼화는 오염물질의 양을 증기시키고 지속시킨다. 기름이 분산될 것인지 에멀젼화될 것인지를 결정하는 요인에는 유출조건(유출량과 비율; 표면 또는 수중 유출 등), 환경조건(온도, 해황, 해류 등), 그리고 유류의 물리적, 화학적 특성이 포함된다.

풍화작용들이 상호작용하는 방식을 이해하는 것은 해상에서 유막이 존재하는 동안 유류의 변화 특성을 예측할 때 중요하다. 시간에 따른 유류 특성의 잠재적인 변화 예측은 유출유의 지속성 평가와 가장 적절한 방제 방법 선택에

38) 조류 : 조석(潮汐)의 간만 현상에 의해(밀물 · 썰물에 의해) 주기적으로 일어나는 수평방향의 해수 흐름을 말한다(네이버검색사이트, https://www.naver.com).
39) 취송류 : 바람의 접선 변형력만으로 발생하여 바람 방향과 동일하게 진행하는 해수의 흐름 또는 바람이 해면에 일정한 방향으로 계속 불 때 바람과 해면과의 마찰로 일어나는 해수의 흐름을 말한다(네이버검색사이트, https://www.naver.com).

도움을 준다. 이와 관련하여 비지속성 유류(non-persistent oil)는 휘발성과 낮은 점도 때문에 표층에서 순식간에 소멸되는 경향이 있고, 지속성유류(persistent oil)는 더 천천히 소멸되고 대개 방제작업이 필요하다는 차이가 있다. 비지속성 유류의 예로는 휘발유, 나프타, 등유가 있고, 대부분의 원유, 중유(intermediate and heavy fuel oils), 역청(bitumen)은 지속성 유류로 분류된다.

Ⅳ. 컴퓨터 모델링

유류 유출이 이동이나 궤적을 예측할 수 있는 컴퓨터 모델링들이 많이 있다. 일부 모델은 유출유가 주어진 조건하에 시간에 따라 어떻게 변할 것인지를 나타내는 풍화 예측(weathering predictions)을 포함하고 있다. 이것들은 보통 유류 거동의 과학적 연구와 관측 결과뿐만 아니라 유류의 물리적, 화학적 특성의 데이터베이스를 활용한다. 그러나 풍화작용의 복잡성과 유막 이동에 관한 불확실성 때문에 전체적인 유류 거동을 정확히 예측하는 것은 여전히 어렵다.

따라서 풍화와 이동궤적 모델들을 기반으로 한 가정(예측된 데이터베이스, assumption)을 이해하고, 그 결과들을 이용할 때 이와 같은 내용들을 고려하는 것이 중요하다. 예를 들어, 방제작업에서 모델의 예측들은 실제 유류 분포와 거동의 관측에 의해 확인되어야 한다. 반면에 모델들은 이러한 관측들을 수행해야 하는 곳과 예상되는 특정 유류 거동의 유용한 징후를 제공한다. 또한 모델들은 최적의 방제기술 평가, 훈련, 긴급계획절차에 있어서 유용하다.

Ⅴ. 방제작업 및 긴급계획에 대한 영향

유류가 특히 악천후에 빠르게 확산되고 분해되는 경향은 항상 방제기술 선택에 있어서 중요한 요인으로 작용한다. 예를 들어, 일반적으로 몇 미터 정도 너비(규모)를 가지는 해상 유회수 시스템은 일단 유류가 수천 킬로미터로 확산되고 흩어지면 상당량의 유류 회수가 어려울 것이다. 이런 현상은 점도가 낮은 유류의 경우 몇 시간 내에 일어날 수 있다. 이 같은 유회수 시스템은 해상에서 유회수가 큰 유막 부분에만 제한적으로 적용되는 한계를 보여주는 것이다.

풍화를 통한 유류 특성의 변화와 유막의 이동은 유막의 소멸을 모니터링 하는 것 외에 어떤 방제가 필요한지를 알려준다. 적극적인 방제 시, 풍화작용은 방제기술의 진전과 조건 변화에 따라 적합한 방제기술을 적용하는데 있어서의 중요한 검토 요소가 된다.

예를 들어, 해상에 사용된 유처리제는 유류 확산과 유류 점도가 증가할수록 분산효율이 감소된다. 많은 유처리제들은 특정 유류의 특성에 따라 점도가 10,000센티스토크(cSt)에 근사할수록 효율이 상당히 낮아지고, 대부분은 점도가 이 수치 이상으로 증가할 때 작용을 멈춘다. 유류의 점도는 매우 빠르게 증가할 수 있고, 이것은 유처리제를 사용할 수 있는 시간이 매우 짧을 것이라는 것을 의미한다. 따라서 유처리제 사용은 정기적으로 모니터링하고, 만약 효과적이지 않다면 살포를 중단해야 한다. 아래의 그림과 같이 점도가 높은 기름은 유처리제의 백석 플럼이 기름 주변에 생겨서 유처리제 사용에 따른 방제효과를 보기 어렵다([그림 2-6]).

[그림 2-6] 점도가 높은 유류에 유처리제 살포작업

다양한 유류의 거동과 방제작업을 시행할 때의 제약 요소들을 이해하는 것은 효과적인 긴급계획 수립에 있어 중요한 부분이다. 또한 연중 우세풍(優勢風, prevailing wind)[40]과 우세해류(prevailing current)에 관한 정보는 유류의 이동과 해당 지역에서 영향을 받을 수 있는 민감자원(sensitive resources)을 확인할 수 있다. 유막의 잔존기간과 방제작업이 필요한 잔존유의 양 및 특성에 관해서는 유류의 종류에 관한 자료로 예측할 수 있다. 이것은 또한 적절한 방제기술과 장비를 선택하는데 도움이 된다.

유류의 종류가 제한적이고, 우세한 기후와 해상 상태를 잘 알고 있는 유류시설이나 해양하역 부표와 같은 고정된 시설들의 경우, 상당히 정확한 예측을 얻을 수 있다. 이것은 효과적인 긴급계획의 개발을 명확히 하고, 적절한 방제 준비를 할 수 있게 한다. 선박 운항이 빈번한 지역에서는 광범위한 종류의 유류가 선박 수송으로 취급되므로 긴급계획이 모든 사태를 대비할 수 없다. 그러므로 만약 방제가 필요하다면 가장 적절한 기술들이 사용될 수 있도록 가급적 빨리 유출유의 종류와 거동이 규명되는 것이 중요하다.

참고로 ITOPF의 『방제기술정보문서』 TIP 2에 해당하는 '해상유출기름의 특성변화'에서 중요하게 다루고 있는 내용을 요약하면 다음과 같다.

i) 유출된 유류는 풍화되어 물리적, 화학적 특성이 시간에 따라 변한다.
ii) 확산, 증발, 분산, 에멀젼화는 유류 유출 초기 단계에 중요하게 관리되어져야하며, 광산화, 퇴적, 생물분해는 장기간에 일어나는 작용으로 유출유의 거동을 결정한다.
iii) 풍화작용들의 진행속도는 날씨와 비중, 휘발성, 점도, 유동점과 같은 유류의 특성에 의해 결정된다.
iv) 증발, 분산은 해수표면으로부터 유류를 제거하는 반면, 에멀젼화는 지속

40) 우세풍 : 어느 지역에서 어떤 시기나 계절에 따라 특정 방향에서부터 가장 자주 부는 바람을 말하며, 탁월풍(卓越風)이라고도 한다(네이버검색사이트, https://www.naver.com).

성과 오염물질의 양을 증가시킨다.

v) 해안선과의 상호작용은 점토 · 유류 응집체를 형성 또는 세립한 퇴적물 속에 결합되어 폐쇄성 지역에서 지속성을 증가시키거나 또는 입자가 큰 조약돌이나 자갈해변과 혼합 아스팔트화되어 수중에서 제거될 수 있다.

vi) 일부 중질유는 유출되었을 때, 밀도가 높아서 침강할 수 있다. 그러나 대부분의 유류는 물에 뜨며, 밀도가 더 높은 퇴적물과 혼합되면 침강한다.

vii) 유출유의 거동 특성에 대한 이해는 해양 유류오염 대비 대응전략을 최적화하는데 도움이 준다.

제2절 기름오염 항공탐색 개관[41)]

Ⅰ. 항공탐색 전략

항공탐색은 해상에서 유출된 기름의 확산정도, 이동경로 및 성상변화 등에 대한 예측 결과를 실시간으로 확인 · 평가하기 위해 이용되며, 대부분의 기름유출사고에 효과적인 방제를 위한 중요 수단으로 이용된다.

그리고 항공탐색을 통해 확인된 정보는 방제작업선의 배치와 작업지휘 · 통제, 오염 가능성이 있는 해안선의 시기적절한 보호, 해안방제 자원을 준비하는데 활용된다.

항공탐색은 방제 초기단계에서 최우선적으로 실행되어야 하며, 초기 비행이후 정기적인 항공탐색을 실시하여야 한다. 유류오염사고 발생 시 초기 항공탐색 결과보고서는 해상여건에 따른 오염의 정도를 확인하는데 반드시 필요하며,

41) 여기에서 언급하고 있는 '기름오염 항공탐색 개관'은 국제유조선선주오염연맹(ITOPF)에서 내놓고 있는 『방제기술정보문서』 TIP 1(기름오염 항공탐색 지침)에서 발췌하여 작성하였다.

이에 따라 항공탐색 전략과 관계기관과의 협력 등을 위한 세부사항은 긴급계획에 주요한 내용으로 포함되어야 한다.

항공탐색을 하려는 항공기는 모든 각도에서 시야를 확보할 수 있어야 하며 적정한 항행장비를 구비하고 있어야 한다. 예를 들어, 고정익 항공기의 경우 고익기(주 날개가 동체 위쪽에 있는 항공기)로 더 나은 시정을 제공한다. 절벽, 만, 섬이 많은 복잡한 해안선 등 연안 해역을 조사할 때에는 헬리콥터가 유리하다. 그러나 외해를 조사할 때는 비행 속도나 방향, 고도를 신속하게 변경하지 않아도 되므로 고정익 항공기가 더 효율적이다. 비행속도가 너무 빠르면 기름오염 현상을 관찰·기록하는데 다소 어려움이 있으며, 너무 느리면 비행 거리에 제약을 받기 때문에 항공기 선택 시 비행속도를 고려해야 한다. 외해를 조사하려면 안전을 위해 이중 또는 다중 엔진을 가진 항공기가 필요하다. 우리나라 해양경찰청에서 보유하고 있는 항공기 현황은 다음과 같다.[42](〈표 2-1〉)

〈표 2-1〉 해양경찰청 소속 항공기 보유현황

항공기	주요제원
■ 터보팬 비행기 챌린저2 	• 규모 : 20.8×19.6×6.3m • 최대속도 : 450노트 • 최대 체공시간 : 8시간 • 탑승인원 : 11명 • 장비 : 탐색레이더, 열상장비
■ 터보프롭 비행기 C-212 	• 규모 : 16.2×20.3×6.6m • 최대속도 : 190노트 • 최대 체공시간 : 5시간 • 탑승인원 : 7명 • 장비 : 탐색레이더, 열상장비, 구명벌/조명탄 투하장치

42) 해양경찰청, 앞의 백서, 409~410면.

■ 터보프롭 비행기 CN-235 	• 규모 : 21.4×25.8×8.2m • 최대속도 : 213노트 • 최대 체공시간 : 7시간 • 탑승인원 : 167명 • 장비 : 탐색레이더, 열상장비, 구명벌 투하장치, 위성전화
■ 연안용 수색구조헬기 BELL-412 	• 규모 : 17.1×4.6×2.8m • 최대 체공시간 : 3.5시간 • 탑승인원 : 9명 • 장비 : 호이스트
■ 연안용 수색구조헬기 KA-32C 	• 규모 : 15.9×3.5×5.4m • 최대속도 : 116노트 • 최대 체공시간 : 3.5시간 • 탑승인원 : 9명 • 장비 : 호이스트
■ 연안용 수색구조헬기 AW-139 	• 규모 : 16.7×3.4×4.9m • 최대속도 : 165노트 • 최대 체공시간 : 3.9시간 • 탑승인원 : 10명 • 장비 : 탐색레이더, 열상장비, 탐조등, 호이스트 등
■ 함정 탑재 헬기 팬더 B510 	• 규모 : 13.7×3.3×4.1m • 최대속도 : 160노트 • 최대 체공시간 : 3.3시간 • 탑승인원 : 8명 • 장비 : 열상장비, 탐조등, 호이스트 등
■ 연안용 수색구조헬기 B521/522 	• 규모 : 19.0×5.0×3.0m • 최대속도 : 246㎞/h • 최대 체공시간 : 3.9시간 • 탑승인원 : 13명 • 장비 : 레이더, 열상장비 등
■ 다목적용 수색구조헬기 S-92 	• 규모 : 20.9×5.3×5.5m • 최대속도 : 262㎞/h • 최대 체공시간 : 5.7시간 • 탑승인원 : 21명 • 장비 : 레이더, 열상장비, 호이스트 등

탐색 비행에서 두 명 또는 그 이상의 관찰자가 있을 경우 서로의 관찰사항을 면밀히 비교하고 확인할 수 있다. 조종사를 지휘하는 선임 탐색자는 항공탐색 경험을 가지고, 해상에서의 유류에 대한 탐색, 식별 및 기록을 할 수 있어야 한다. 연속된 비행에서 최소한 한 명의 관찰자는 일관성을 유지해야 하며, 보고서는 오염상태의 변화와 관찰자들 간의 통일성을 반영할 수 있도록 해야 한다. 한편, 항공기의 형태와 크기에 따라서 참가할 수 있는 인원수가 제한되며, 특히 소형 고정익 항공기와 헬기의 경우 탑승인원의 수는 실제로 연료의 소비와 비행시간에 영향을 미치므로 이에 대한 충분한 선행 검토가 있어야 한다.

Ⅱ. 항공탐색 준비

비행은 해수면 또는 해안선 관찰이 가능하도록 밝을 때 시작하고 끝나도록 계획해야 한다. 안개, 연무(mist), 낮은 구름, 눈 및 폭우와 같은 기상조건은 원활한 탐색에 영향을 줄 수 있으므로 이러한 기상상태는 피하는 것이 일반적이다.

항공탐색 계획은 사전준비가 필요하고, 필요에 따라 탑승 이전에 조종사와 관계당국 간 상호 협의해야 한다. 항공탐색 계획에는 가능한 조사면적을 줄일 수 있는 최근 실적과 기름의 예상 경로 같은 유용한 정보를 포함하고 있어야 한다. 그리고 유출 후 발생한 특이사항이나 비행 제약사항도 기록되어야 한다. 예를 들어, 외국 또는 군용 항공기가 사고해역 또는 야생 생태계와 같은 환경적으로 민감한 지역(철새 서식지 등)의 상공을 비행하는 것은 금지될 수 있다.

유출된 기름의 관찰 결과는 웹사이트에서 다운로드 된 지도 또는 전자해도가 탑재된 노트북이나 태블릿 컴퓨터에 기록할 수 있다. 그리고 이들 장비와 연결된 휴대용 GPS 수신기는 확인된 기름이나 다른 특징을 확인하기 위한 비행경로 표시점을 표기하는데 사용될 수 있다.

해상에서 부유하는 기름의 이동에 영향을 미치는 바람과 해류에 관한 데이터를 이용할 수 있는 경우 기름의 위치를 예측하는 작업이 간편해질 수 있다.

유출된 기름은 풍속의 약 3%정도의 속도로 바람이 부는 방향으로 움직일 것이라는 것이 현장 경험에 의하여 확인되었다. 표면해류가 존재하면 기름은 해류의 100%의 속도로 이동하여 바람에 의한 이동과 중첩될 것으로 예상하고 있다.

육지와 가까운 곳에서 기름 확산 예측 시에는 조류에 의한 속도와 방향을 고려하여야 하고, 외해에서는 조석 이동과 같은 자연적 순환보다 해류가 더 지배적이다. 우세한 바람과 해류에 대한 정보는 기름 이동의 속도와 방향을 예측할 수 있게 한다. 정밀한 컴퓨터 기반 기름유출 확산 모델은 예상되는 확산방향을 표시할 수 있다. 그러나 컴퓨터 모델과 수작업으로 계산하는 것의 정확도는 풍속과 풍향의 예측 신뢰도와 수리학적 데이터의 정밀도에 따라 달라진다.

유출유 확산 예측에 내재된 오차를 고려해 볼 때, 넓은 해역에서 기름 유무를 확인하기 위해서는 일반적으로 체계적인 항공탐색 계획이 필요하다. 항공탐색 계획을 수립할 때 시정이나 고도, 비행시간, 연료량 같은 모든 상황에 주의를 기울여야 한다. 해수면의 기름은 전형적으로 30~50m 가량의 길고 좁은 물결무늬이며 풍향과 평행되게 늘어지거나 일렬로 되려는 경향이 있다. 기름 탐지 가능성을 높이기 위해 우세한 바람의 방향을 가로질러 사다리형 검색을 하는 것이 바람직하다. 비행하는 동안 사다리형 검색(ladder search)의 각 단계 사이의 거리는 시정에 의해 결정된다.

기름 관측에 영향을 주는 안개나 바다로부터의 빛 반사도와 같은 해양여건도 고려대상이 된다. 기름을 탐색할 때는 관찰자 뒤에 태양이 있을 때 가장 잘 보이고, 이는 당초 계획과는 다른 방향의 탐색 패턴으로 비행하는 것이 더 효율적일 수 있다. 편광 선글라스는 특정 조건의 바다에서 기름을 탐색하는데 도움을 줄 수 있다.

Ⅲ. 기록과 보고

사전 항공탐색 계획에 불구하고 기름의 발견 가능성을 최대화하고 전체 오염범위의 표기를 위해 비행 중 수립된 계획을 조정할 필요가 있다. 일반적인 탐색 고도는 일반적으로 시정에 의해 결정되며, 외해의 맑은 날씨의 경우 1,000~1,500피트(300~450미터)의 고도가 조사지역을 시각적으로 가장 명확하게 관찰할 수 있는 최적의 조건이다. 그러나 해면의 기름을 확인하고, 외형을 분석하기 위해 이 높이의 절반 이하로 하강하는 것이 필요하다. 해안선 가까이에서 이용하는 헬리콥터의 경우 해안선의 자연상태 또는 조종사에 의한 제약사항이 없을 때 80~90노트의 비행속도와 400~500피트(120~150미터)의 고도가 효율적이며, 이 또한 현장상황에 따라 적절히 조절할 수 있다.

원유 유출의 범위에 대한 관찰 결과는 비행 후 신속하게 기록되어야 하고 해안가 근처와 바다에서의 기름오염 범위 및 상태에 대한 명확한 설명이 있어야 한다. 지난 탐색결과와의 비교를 통하여 기름유출의 상황이 시간이 지남에 따라 어떻게 변화해 가는지에 대한 부분도 알 수 있다. 정보의 수집, 기록, 제시 방법은 사고의 규모와 항공탐색의 목적에 따라 달라진다.

비디오카메라는 관찰기록을 위한 부가장비로 상용 가능하나, 비행 시 난기류 등으로 인하여 관찰자에 의한 동영상 기록은 쉽지 않을 수 있다. 접안렌즈를 사용하는 이동식 비디오카메라는 제한된 시야각 때문에 제약이 있다. 따라서 비디오 촬영을 위한 추가 관찰자가 있을 경우 좀더 정확한 기록유지에 도움이 된다. 비디오 영상은 경험 많은 관찰자의 브리핑을 대체하기 보다는 보충자료로 이용되어야 한다.

이에 따른 방법으로 항공탐색 시 기록되어져야 하는 사항들은 다음과 같다(〈표 2-2〉).

〈표 2-2〉 항공탐색 시 기록사항

구분	자료	설명
지역 과 범위	• 기름 위치의 경도 • 경위도(가능한 GPS측정값) • 유막 가장자리와 가운데의 GPS(Global Positioning System) 측정값	- 관찰된 기름을 과장 없이 기록하는 등 관찰의 일관성을 유지하여야 한다. 쉽게 알 수 있는 육지 특징을 기록하고 관찰 등으로 비행구간의 특이사항을 기록하여야 한다. 넓게 오염된 지역을 탐색할 때 선박의 존재는 유출된 기름의 범위를 판단하는데 유용하다. GPS 측정값은 시각적으로 예측한 오염범위를 확인하는데 사용한다.
색깔	• 유막 : 검정, 갈색, 주황 • 광택 : 은빛, 무지갯빛	- 색깔은 기름의 두께를 판단하는 중요한 자료이다. 수면의 유막색깔이 갈색 또는 주황색인 경우에는 물-기름 에멀젼 상태이다. 방제작업 관점에서 은빛이나 무지갯빛의 유막은 무시해도 좋은 적은 양으로 방제작업으로 이미 처리되었거나 쉽게 자연방산 될 수 있다. 주위의 상황에 의하여 광택 유막은 비행 후 결과 보고 시 생략되기도 한다.
외형 특성	• 물결무늬, 유막, 패치, 줄무늬	- 관찰자는 과대한 묘사적 표현법을 피해야 하면 일관성 있는 용어를 사용하여야 한다.
표시 특성	• 앞 가장자리	- 유막의 앞 가장자리가 두꺼운 유층이라면 지도 위에 굵은 선으로 표시하여야 한다.
범위	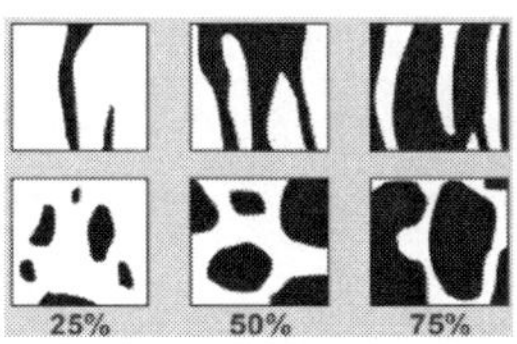	- 기름오염으로 인한 방제작업이 중요 지역에 초점이 맞춰져 있는 경우 고도로 집중된 정보를 획득하여야 한다. 관측의 오류를 피하기 위해 기름 위에서 수직으로 관찰하여야 한다. 정확한 %범위를 평가하는 것은 현실적으로 어려우므로 이에 대한 집중된 작업을 필요로 하지 않으며 도표는 참고 자료로 이용될 수 있다. - 해당지역의 기름 잔존량 표시는 일반적인 용어 사용이 가능하다. - %범위의 추정과 오염정도 용어를 조합하여 계산된 해당지역 기름의 량은 방제 방법 결정에 도움을 줄 수 있다.
	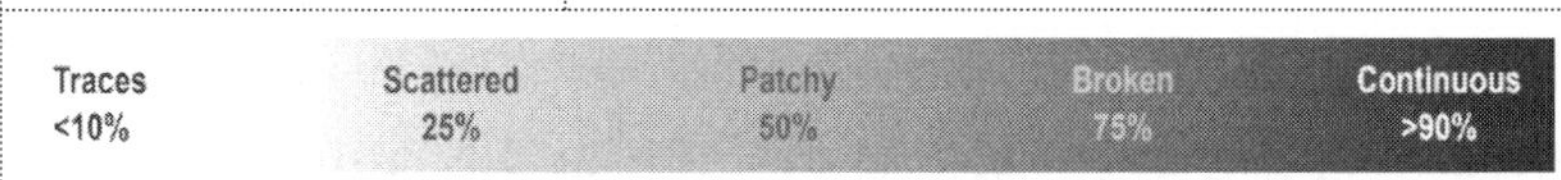	

Ⅳ. 기록의 외관

해양에서 유출된 원유와 연료유는 시간이 경과하면서 풍화작용의 결과로서 그 형태가 바뀌게 된다. 대부분의 기름은 바다 표면에서 빠른 시간에 넓게 퍼진다. 초기에는 기름이 연속적인 유막을 형성하지만 해류순환과 난류에 의해 조각나고 길게 흩어진다.

기름이 퍼지고 유층이 얇아짐에 따라 검정색 혹은 흑갈색 기름덩어리는 무지개 색 혹은 은빛으로 바뀌게 되고 매우 얇은 은빛 유막은 광범위하게 펴져있지만 무시해도 될 정도의 기름이다(〈표 2-3〉). 이에 따라 방제조치는 방제효율을 최대화 할 수 있는 검정색, 갈색기름 지역에 집중해야 한다.

이와는 반대로 원유와 중질유는 점도가 상당히 높으며 쉽게 퍼지지 않고 광택이 거의 없는 덩어리 상태로 남는다. 유출된 원유와 중질유는 일반적으로 갈색 또는 주황색의 응집력 있는 덩어리인 에멀젼으로 빠르게 변화된다. 경우에 따라 수중의 부유물과 유출된 화물이 기름과 섞여 기름(유류)이 보이지 않을 수 있으며, 게다가 항공탐색 시에는 기름과 혼동되기 쉬운 다양한 현상들이 나타나고 이러한 현상들은 실제 유출된 원유와의 구분에 혼란을 주고 있다.

〈표 2-3〉 부유된 기름의 두께, 부피, 모양 사이의 상관관계에 관한 도표

부유된 기름의 형태	외관(색깔)	두께 근사치	부피 근사치(㎥/㎢)
유막	은빛	〉 0.0001mm	0.1
유막	무지갯빛	〉 0.0003mm	0.3
원유, 연료유	갈색/검정색	〉 0.1mm	100
에멀젼	갈색/주황색	〉 1mm	1,000

흔히 기름으로 잘못 보고되는 현상에는 구름 그림자, 바다표면의 잔물결, 인접한 두 수층의 색깔 차, 부유 침적물, 부유 유기물, 떠있는 해초, 녹조/플랑크톤, 저수심의 해초와 산호 조각, 오폐수 등이 있다.

그리고 기름으로 의심되는 현상이 있다면 정확한 확인을 위해 저고도 비행을 통해 검증되어야 한다. 항공탐색 후에 의문사항은 선박 또는 도보 등을 통해 확인하여야 한다. 이와 관련해서 해상에 부유된 기름 형태의 대표적 사례에 대해 살펴보면 다음과 같다([그림 2-7]).

선박근처에서 관찰된 중질유 유막

중질유의 조각난 수면 유막
(광택이 없는 작은 유막)

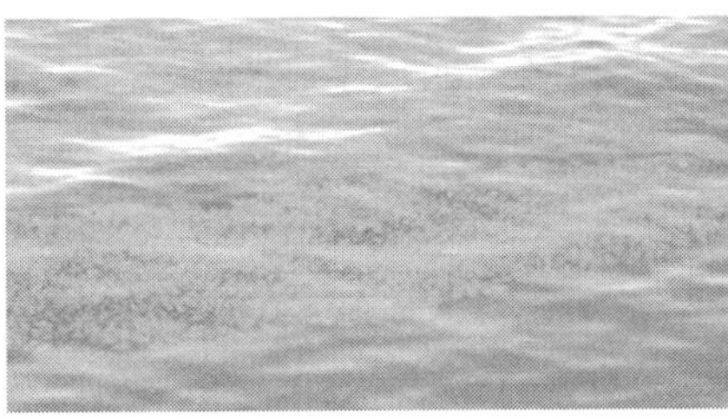

거대한 갈색/주황색의 유화된 중질유

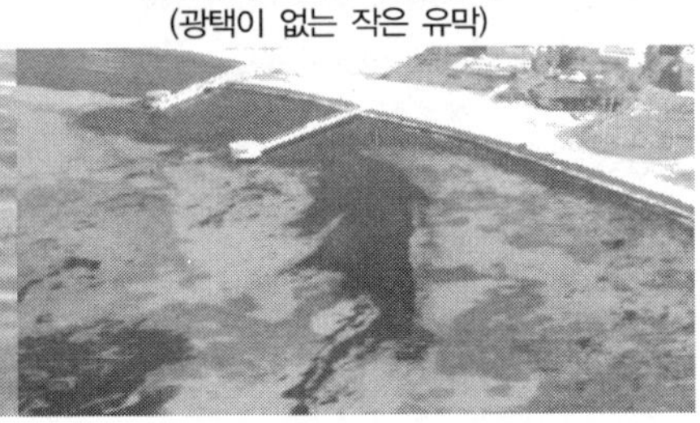

해안선에 도착한 중질유

기름과 혼동하기 쉬운 사례 1(산호초 군란)

기름과 혼동하기 쉬운 사례 2(구름 그림자)

기름과 혼동하기 쉬운 사례 3(저수심 침전물)

바람과 파도에 의해 해안으로 밀려온 유화된 중유

유류상태 확인에 있어 부적절한 사례
(사진에 선박 등이 포함)

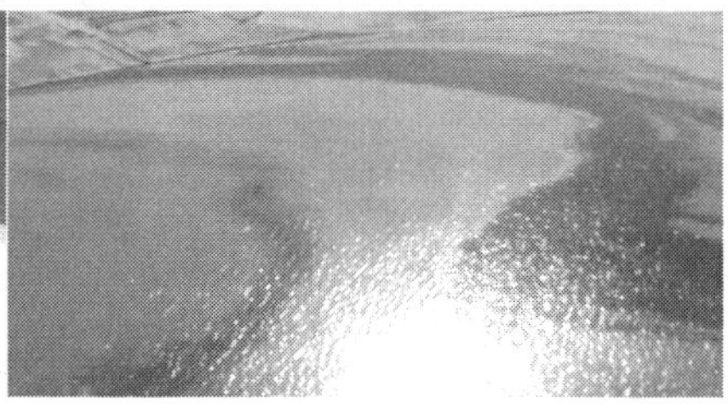

유류상태 확인에 있어 부적절한 사례
(빛에 반사된 항공사진)

[그림 2-7] 해상에 유출된 기름의 형태

V. 기름유출량의 정량화

해상에 부유된 기름의 두께와 측정의 어려움 때문에 바다에서 관측된 기름의 정확한 유출량의 평가는 어렵다. 하지만 특정 인자를 고려하여 유출량을 계산하고 방제작업 규모를 계획할 수 있다. 이에 수반되는 불확실성 때문에 계산에 있어서는 주의를 기울여야 한다.

저점도 기름은 매우 빨리 확산되므로 평균두께 약 0.1mm로 쉽게 변한다. 그러나 유층의 두께는 0.001mm 이하에서 1mm 이상까지 다양하게 분포하고 있다. 점성이 있는 기름은 유층이 0.1mm 이상으로 잘 유지된다. 앞서 언급한 〈표 2-3〉에서와 같이 기름의 외형을 통해서 유층의 두께를 유추할 수 있다. 어떤 기름은 작은 물방울을 포함한 에멀젼을 형성함으로써 그 부피를 증가시킨다.

수분함량의 정확한 평가는 실험실 분석 없이는 불가능하지만 전형적으로

50~75%의 수분을 함유한다. 에멀젼의 두께는 기름유형, 바다상태 그리고 에멀젼이 부유하는지 아니면, 붐(oil boom), 해안선 같은 장애물에 걸려있는지에 따라 변화가 크다. 일반적인 에멀젼의 두께는 1mm이지만, 1cm 혹은 그 이상의 두께도 가끔 발견된다.

확산의 한계 때문에 에멀젼과 점성이 있는 기름의 두께를 측정하는 것은 특히 어렵다. 바다표면이 거칠 때 부유기름은 관측이 어렵거나 불가능하며 파도에 의해 가라앉거나 오랜 기간 동안 수면 아래에서 유지된다. 냉수에서의 유동점이 높은 기름은 예측할 수 없는 형태로 응고되고, 물에 떠서 보이는 기름의 양보다 실제 기름이 더 많을 수 있다. 유빙과 눈 때문에 많은 양의 기름을 확인하기 어렵거나 다른 관찰 · 기록된 사진과 혼동할 수 있다([그림 2-8]).

[그림 2-8] 얼음이 뒤덮인 해역에서의 기름유출

수면의 기름 양을 산정하기 위하여 두께를 측정하는 것뿐만 아니라 관찰된 기름의 다양한 범위를 확인하는 것도 중요하다(〈표 2-2〉). 기름의 양을 계산하려면 부분적으로 떠다니는 기름을 전부 합산해야 하며, 평가는 실제 영향 받는 지역과 관련 지역으로 구성된다. 영향을 받는 해역의 범위는 항공탐색 시 측정되어야 한다.

휴대용 GPS 수신기는 주요지역의 경계를 정확하게 기록하는데 유용하다. GPS 장치를 이용할 수 없다면 기름오염 범위는 일정한 비행속도와 비행시간을 기초로 거리를 측정할 수 있다. 아래는 기름의 양을 산정하는 절차의 예를 보여준다.

시속 250km의 일정한 속도로 항공탐색을 하는 동안 원유 에멀젼과 은빛 유막이 관찰되고 길이와 너비를 측정하기 위해 각각 65초, 35초 비행하였다고 할 때, 에멀젼된 기름군으로 덮인 비율은 10%이고, 광택 있는 유막으로 덮인 비율은 90%로 추정된다.

이 정보로부터 바다의 기름띠 길이를 계산하면 방법은;

$$\frac{65(\text{초}) \times 250(\text{km/hr})}{3600(\text{s/h})} = 4.5\text{km}$$

비슷하게, 기름띠 폭의 길이를 계산하는 방법은;

$$\frac{35 \times 250}{3600} = 2.4\text{km}$$

예시; 11㎢의 10%(범위) × 1,000(〈표 2-3〉으로부터의 어림잡은 부피 ㎥/㎢)로 에멀전의 부피를 계산할 수 있다. 에멀젼은 50~75%가 수분이므로 존재하는 기름의 양은 약 275~300㎥로 계산된다. 11 × 0.1의 90%를 차지하는 광택 유막은 위와 비슷하게 계산할 수 있으며, 약 1㎥의 기름임을 알 수 있다. 이 예시에서 보듯이 광택 유막이 바다에 넓게 존재하더라도 실제 기름의 량은 무시할 정도로 적다. 따라서 정확한 보고를 위해 관찰자는 광택 유막과 두꺼운 기름군을 구분할 수 있어야 한다.

참고로 측방감시항공레이더(Side Looking Airborne Radar, SLAR), 하방감시열적외선 등을 이용한 공중 원격탐사 장비는 시각적인 탐색 결과를 보충할 수 있으나 이러한 시스템은 기름으로 오인할 수 있는 다른 현상들도 탐지할 수 있기 때문에 신중히 사용해야 한다.

참고로 ITOPF의 『방제기술정보문서』 TIP 1에 해당하는 '기름오염 항공탐색 지침'에서 중요하게 다루고 있는 내용을 요약하면 다음과 같다.

i) 기름유출 시 초기평가는 오염범위를 결정하고 방제작업자들에게 방제전략을 제공하기 위해 필수적이다.
ii) 항공탐색은 기름의 이동과 기름의 외관, 부피를 예측할 수 있게 한다.
iii) 항공기에 탑승하기 전 사전준비를 통하여 비행으로부터 얻을 수 있는 효과를 최대화 할 수 있다.
iv) 기름 관측의 정확한 해석은 비정상적인 현상과 기름 두께 산정의 어려움 때문에 방해를 받는다.

제3절 해안오염의 식별[43)]

Ⅰ. 해안선에서 기름의 외양과 지속성

부유쓰레기가 모이는 위치를 확인하는 것은 기름이 어디에 자연적으로 모일지를 예측하는데 유용하다. 방파제, 부두 다른 인공 구조물의 하부와 작은 만과 하구는 기름이 오였다가 재이동하여 결과적으로 다른 지역을 오염시킬 수 있는 장소이다.

해안부착유의 외관, 지속성 그리고 영향력은 노출된 암반 해안에서부터 자갈이나 모래 해안을 거쳐 폐쇄성 진흙 습지에 이르기까지 해안선의 종류에 따라 매우 다양하게 나타난다. 기름오염은 두께나 범위 면에서 일정하지 않다.

43) 여기에서 언급하고 있는 '해양오염 식별'은 국제유조선선주오염연맹(ITOPF)에서 내놓고 있는 『방제기술정보문서』 TIP 6(해양오염 식별지침)에서 발췌하여 작성하였다.

오염은 그 범위가 액체 기름 웅덩이에서부터([그림 2-9, 10]) 다양한 범위대를 거쳐 넓게 흩어진 타르볼([그림 2-11, 12])이나 유막([그림 2-13])에까지 이른다. 모래 해안에 부착된 기름은 이후의 조류나 바람에 의해 더 많은 모래층으로 급속도로 확산될 것이다. 굴착 또는 파기자업을 하면 깨끗한 모래([그림 2-14]) 안에 묻혀 있던 하나 또는 여러 개의 기름층이 밖으로 드러날 것이다.

[그림 2-9] 유출초기 연료유

[그림 2-10] 에멀젼된 중질성 연료유

[그림 2-11] 모래해안에 흩어진 타르볼

[그림 2-12] 초기 타르볼

[그림 2-13] 자갈해안에서 흘러나오는 무지갯빛 유막

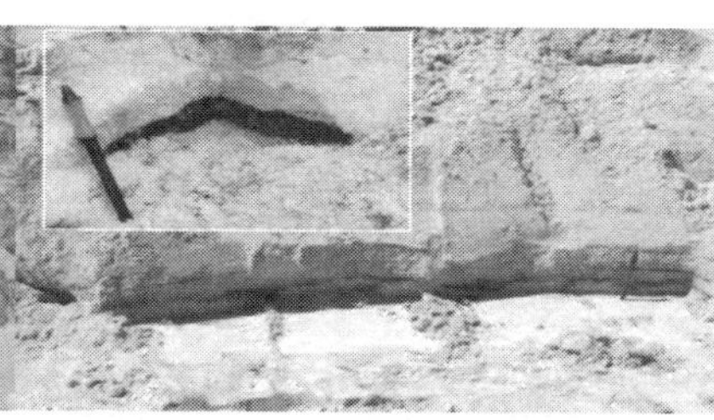

[그림 2-14] 파도작용으로 인해 깨끗한 모래 사이에 묻힌 유층

바람, 파도와 조류는 종종 기름이 연속적인 층보다는 가느다란 줄무늬가 불규칙한 덩어리(패치)로 해변에 쌓이도록 한다. 조석간만이 있는 해안은 오염의 영향을 받는 구역이 비교적 넓다. 이는 특히 평평한 폐쇄성 해안일 경우 더욱 그러하다. 하지만 그 밖의 해역에서는 오염이 고조위선(高潮位線, high water mark)[44] 주변의 좁은 위치에 주로 나타난다.

저점도 액상기름은 저질의 구성, 입자 크기와 수분 함량에 따라 모래 속으로 침투할 것이다. 예를 들어, 작은 입자로 구성된 촉촉한 석영모래는 굵고 건조한 패각사(shell sand)보다 기름을 덜 흡수할 것이다. 자갈, 조약돌 또는 조개껍질 등의 더 큰 사이즈의 해안 표면으로 침투하여 상당한 깊이까지 들어갈 수 있다([그림 2-15]).

증발, 산화, 미생물분해와 같은 풍화과정의 속도는 해안부착유의 지속성을 결정한다. 그러나 해안에서 기름제거 중 가장 효과적인 과정은 기름이 미네랄-기름 또는 토양 - 기름으로 응집되고 이후 마모와 자연 분산되는 것이다. 대게 이러한 과정은 높은 온도와 파도 작용으로 가속화된다. 장기적으로는 미생물분해와 산화 같은 풍화과정 속도가 해안부착유의 지속성을 결정한다.

풍화에 매우 잘 견디는 타르볼은 강한 햇빛아래에서는 부드러워져 분해가 용이한 상태가 된다. 이와는 달리, 암석이나 항만 벽과 같은 단단한 표면에 표착된 유층은 강렬한 태양 아래에 더욱 강하게 부착되기 때문에 제거하기 더욱 어려워진다([그림 2-16]).

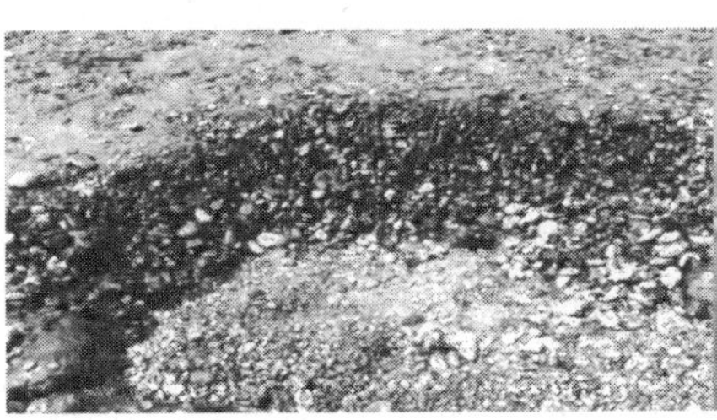

[그림 2-15] 조약돌 해안에 침투된 기름

[그림 2-16] 석조방제에 얼룩진 경질유

44) 여기에서의 "고조위선"은 홍수로 인한 흔적 등을 나타내는 것으로도 해석할 수도 있다.

파도 작용은 지속성이 가장 강한 기름 덩어리조차 작은 입자로 분해시켜 화학적, 생물학적 처리로 쉽게 분해되도록 한다. 폐쇄성 해안에는 파도가 적게 일고 그 결과, 기름은 오랜 기간 동안 지속된다. 만약, 기름이 부드러운 퇴적물에 묻힌다면 산소 결핍으로 분해뿐만 아니라 파랑 작용에도 영향을 받지 않는다. 파묻힌 기름이 침식, 갈아엎기 또는 다른 작용에 의해 노출된 때에만 중요한 분해가 다시 시작될 수 있다.

Ⅱ. 해안부착유의 기록과 정량화

해안방제를 시작으로 그 진행사항을 점검하기 위해서는 길게 뻗어있는 해안선을 따라 존재하는 기름 양을 대략적으로나마 평가해야 한다, 해안선의 기름 분포는 상당히 다양하며, 해안부착유의 양을 산정하는 업무는 주의와 일관성이 없이 이루어질 경우 오류를 범할 수 있다. 평가는 주로 눈으로 하는 작업인 관계로, 이후에 발생한 조류에 의해 해안으로 유입된 모래층이나 강설([그림 2-17])로 기름이 감춰지면 평가가 어려워지거나 불가능해질 수도 있다. 해안에 표착된 쓰레기나 해초, 맹그로브(mangroves)나 기타 초목, 바위 해안, 제방 위([그림 2-18]) 또는 방파제나 부두 아래에 부착된 기름은 추가 조사 없이는 정확하게 양을 측정하기 어려울 것이다. 기름이 확인된 곳은 두 단계를 거쳐 조사한다.

[그림 2-17] 강설에 덮인 기름오염 부위

[그림 2-18] 해안 제방(테트라포드) 기름 오염

1. 오염의 정도 확인

해안의 전반적인 오염 정도는 추정할 수 있으며 차트나 지도에 표기할 수 있다. 대량 유출의 경우, 항공탐색이 대개 전반적인 상태를 파악할 수 있는 가장 효과적이고 편리한 방법이다. 고정익기는 보통 낮은 고도에서 자세한 해안 순찰을 하기엔 너무 속도가 빠르기 때문에 헬리콥터를 선호하는 편이다. 항공탐색은 항상 현장점검이 동반되어야만 하는데, 이는 앞서 설명한 것처럼 먼 거리에서 보이는 다수의 해안선들이 기름띠와 비슷한 면모를 보이기 때문이다. 해안선의 특징이 변하거나 기름이 덮인 정도가 변하는 위치를 구별하는데 세심한 관심을 기울여야 한다. 기름의 지속성과 냄새를 평가하는 검사는 기름을 식별하는데 도움을 준다.

해안오염평가보고서는 기름 그 자체에 관한 설명뿐만 아니라, 조사 위치, 날짜와 시간, 기름에 의해 영향을 받은 해안범위와 지역들, 기질(基質, substrate)[45]의 종류, 해안선의 주요 특징들과 조사자에 대한 정보가 포함되어야 한다.

GPS와 사진의 활용은 해안선에 표착된 기름의 위치와 외관을 글로 설명하는데 매우 유용하게 쓰인다. 자나 펜과 같은 기준치는 보는 이로 하여금 실제 규모를 짐작할 수 있도록 돕는다. 사진은 또한 오염정도의 이후 변화들을 비교할 수 있도록 돕는 기록물로서의 역할도 한다. 기름으로 덮인 지역들을 한 번 이상 방문해야 할 때, 특정 기준점을 지정하여 사진을 찍어야 전후를 비교할 때 유용하다.

2. 기름의 양 측정(추정)

해양 부착유를 정량화하는 두 번째 단계는 기름의 양을 계산하기 위해 해안선에서 기름 샘플을 추출하는 것이다. 해안선의 종류와 오염 정도에 따라 해안

45) 기질 : 유기체의 성장에 필요한 물질이나 양분, 화학반응에서 효소 또는 촉매에 의해 다른 화합물로 변하는 화합물 또는 물질을 말하는 것으로, 결합조직의 세포 사이에 있는 물질을 말한다(네이버검색사이트, https://www.naver.com).

선을 구획별로 나누는 것은 유용하다. 선정된 해안에 대한 샘플채취 지역은 합리적인 시간 내에 신뢰할 만한 기름량을 추정할 수 있을 만큼 작아야 함과 동시에 비슷하게 영향을 받는 전체 해안 지역을 대표할 수 있을 정도의 크기는 되어야 한다.

기름에 오염된 해안 지역의 크기는 추정되어야 하며, 만약 오염의 정도가 일정하다면 기름의 평균 두께는 상대적으로 측정하기 수월하다. 그러므로 [그림 2-19]에서 제시하고 있는 해변의 기름의 양은 부수된 도해에서 설명한 것처럼 대략적으로 추정할 수 있다.

[그림 2-19] 심각한 오염 사례

[그림 2-19] 사례를 통한 기름량 추정

심각하게 오염된 300m 길이의 모래해안 기름의 양은 다음과 같이 계산된다.
기름의 두께가 약 1㎝이고, 조간대 상부와 하부까지 기름띠의 너비가 약 3m이면 300m × 0.01m × 3m=총 9㎥ 또는 9,000 L/(300m × 3m)=10 L/㎡ 또는 해안 아래로 약 1미터 기름띠당 기름 30 L가 있다.

[그림 2-20], [그림 2-21]에서 보는 바와 같이 기름유출로 인한 오염정도가 저조선에서 고조선까지 다양하다면, 해안의 가장 높은 지점에서 바닷물 끝단을 잇는 대표적인 때, 예를 들면, 1미터 너비의 띠로 구분하여 조사한다. 1미터 너비의 띠 가운데 몇몇 대표지점을 정하여 기름의 두께를 육안으로 정하고 띠 내부의 면적을 곱함으로써 해안에 있는 기름의 양을 측정할 수 있다. 그림에서 언급하고 있는 공식에서 설명한 바와 같이 전체 단위 면적의 기름량에 해안의 길이를 곱하는 것으로 기름의 전체 양을 추정할 수 있다. 이러한 관측은 해안선의 특성이나 기름의 분포 정도가 상이한 다른 구역들에서 반복되어야 한다.

[그림 2-20] 보통 오염 사례

[그림 2-20] 사례를 통한 기름량 추정

중간정도 불연속으로 오염된 500m 길이의 모래 해안 기름의 양은 다음과 같이 계산된다. 기름의 두께가 약 1㎜이고, 조간대 상부와 하부까지 기름띠의 너비가 약 5m이면 500m × 0.001m × 5m=총 2.5m^3 또는 2,500 L/(500m × 5m)=1 L/m^2 또는 해안 아래로 약 1미터 기름띠당 기름 5L가 있다.

[그림 2-21] 경미한 오염 사례

[그림 2-21] 사례를 통한 기름량 추정

가볍게 불규칙적으로 오염된 200m 길이의 모래 해안 기름의 양은 다음과 같이 계산된다. 기름의 평균 두께는 약 1㎜이지만 이 경우, 조간대 상부와 하부까지 해안 너비의 약 10%가 덮여 있다.
기름띠의 너비가 약 5m이면 200m × 0.001m × 5m × 10%=총 0.1㎥(100L) 또는 100L/(200m × 5m)=0.1L/㎡ 또는 해안 아래로 약 1미터 기름띠 당 기름 0.5L 보다 적은 양이 있다.

이러한 방법으로 해안부착유를 정량화하는 것은 어느 정도의 오차가 수반되므로 단지 대략적인 수치만을 제공한다. 모래해안에서 기름에 의해 오염된 지역은 비교적 쉽게 계산될 수 있으나, 기름이 모래 저질 안으로 침투할 수 있음을 항상 기억하여야 한다([그림 2-14], [그림 2-15] 참조). 해안 저질의 입자 사이즈가 커지면 기름의 투과율이 증가하므로, 입자 사이즈가 크면 클수록 해안선의 기름의 양을 측정하는 것은 더 어려워진다.

저질로 침투한 기름의 양은 추정하기 매우 어려우나, 모래가 균일하게 포화되었다는 조건 하에 대략적으로 계산해보면 순수 기름 함량은 모래 깊이의 약 1/10 정도로 볼 수 있다. 예를 들어, 기름이 5㎝ 깊이로 균일하게 투과되었을 때, 표면 아래 기름의 양은 약 0.005㎥/㎡ 혹은 5L/㎡로 볼 수 있다. 나아가 기름의 양을 계산할 때는 유화 정도도 고려되어야 한다. 안정화된 유중수형 에멀젼은 전형적으로 40~80%의 물을 포함하는데, 즉 '순수한' 기름의 양은 관측된 오염물질의 1/5 정도의 양이다.

결론적으로 [그림 2-19]에서 관찰된 기름이 70%의 물을 포함하는 에멀젼이라 한다면, 해안에 포착된 순수한 기름의 양은 9㎥가 아닌 약 2.7㎥가 된다. 그러나 해안 방제 작업을 준비할 경우 오염원의 전체 부피, 즉 위와 같은 경우 9㎥가 더 중요한 의미를 갖는다.

몇몇 경우에 위에서 언급한 비교적 시간이 걸리는 방법들을 사용하는 것이 현실적으로 맞지 않는다면, 대체 가능한 정성적 방법들이 오염 범위를 추정하는데 상용될 수 있다. 예를 들어, 오염의 정도를 '경미(light)', '보통(moderate)' 또는 '심각(heavy)'으로 설명하거나, 그와 유사한 용어를 사용하여 추정하거나, [그림 2-19], [그림 2-20], [그림 2-21]의 오염된 해안과 비교하여 설명할 수도 있다. 풍화된 기름은 각각 또는 분산된 장소에 따라 크기를 설명한다.

종종 해안 부착유를 정량화해야 한다는 가장 설득력 있는 이유는 그것이 방제작업을 용이하게 하기 때문이다. 방제 작업에서는 기름 섞인 쓰레기, 모래, 물도 제거해야 하므로 유출된 기름의 양보다는 전체 유성물질의 양을 계산하는 것이 필요하다. 그러나 기름으로 뒤덮인 모래 해안을 방제하는 것은 모래 해변 위에 표착된 기름의 양보다 최대 열배나 더 많은 모래를 제거해야 한다는 것을 의미하고 있음을 인식할 필요가 있다. 이것은 해안 침식, 회수한 물질의 일시적인 저장 및 최종 처리의 문제로 이어질 수 있다.

몇몇 국가에서는 이미 해안에 표착된 기름의 양을 추정하는 것을 SCAT (Shoreline Clean-up Assessment Team or Technique, 해안오염평가팀 또는 해안오염평가기술)으로 알려진 절차로 공식화하였다. SCAT 조사가 이루어지는 동안, 적정한 교육과 훈련을 받은 요원들이 [그림 2-22]에서 보는 바와 같이 특정 전문 용어를 사용하여 정해진 양식에 위치 정보를 담은 관찰 내용들을 체계적으로 기록한다. 한편, 이와 같은 기록된 내용들은 시간의 경과와 다른 지역들 사이에서의 기름 양의 변화에 대한 비교를 가능하게 하며, 관찰자로 하여금 해안에 유출된 기름의 성질과 오염범위를 공간 이미지화 할 수 있도록 돕는다.

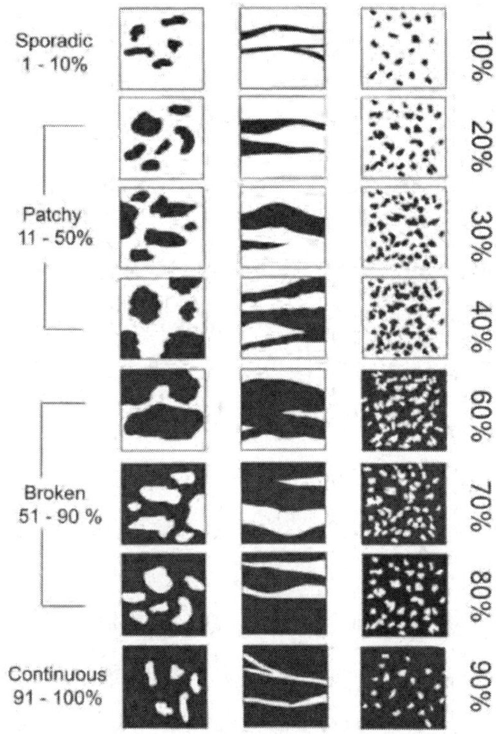

[그림 2-22] 기름 덮임 정도를 표현하는 법(오염의 상대적, 정성적 추정)

3. 샘플링 채취

자연 환경을 훼손시키거나 해양방제를 요하는 기름 오염은 보상 청구로 이어질 수 있다. 발생된 피해나 비용과 오염원과의 연관성을 입증할 수 있는 증거가 필요할 것이다. 어떤 경우에는 피해와 관련됨을 입증하기가 쉬우나, 경우에 따라서는 의심되는 오염원과 오염된 해안에서 채취한 기름의 화학적 분석이 필요하다. 화학 분석은 상대적으로 고가의 비용이 발생하기 때문에, 다수의 샘플들을 채취하고 저장해 두었다가 분쟁이 일어날 경우에 한해서 관련 샘플을 분석하도록 한다. 환경피해 평가를 목적으로 샘플링 할 경우, 사고지 근처의 유사한 조건으로 오염되지 않은 환경에서 채취한 샘플의 화학분석 결과와 오염된 지역의 화학분석 결과를 비교하는 것이 중요하다.

참고로 ITOPF의『방제기술정보문서』TIP 6에 해당하는 '해안오염 식별지침'에서 중요하게 다루고 있는 내용을 요약하면 다음과 같다.

i) 해안에 표착된 기름의 유출가능 개소를 파악하고 기름의 외관과 냄새를 확인함으로써 기름의 실체를 확인할 수 있다.

ii) 해안의 많은 특성은 기름과 비슷하여 자칫 기름으로 오해할 소지가 있다. 그러므로 기름 오염보고서 작성 시 보다 정밀한 검토가 필요하다.

iii) 해안에 표착된 기름의 양을 추정하는 것은 간단한 기술로도 유용한 수준까지 가능하지만, 정확한 계산은 불가능하다.

iv) 해안선의 종류뿐만 아니라 위치, 기름의 종류 및 추정되는 유출량에 대한 정보를 수집하는 것은 방제작업 계획을 수립하는 데에 있어 꼭 필요하다.

제4절 해안방제[46)]

Ⅰ. 총괄적 전략

최상의 방제 방법 선정을 위해서는 오염의 정도, 범위(길이 포함), 주변 환경과 오염된 해안의 접근성 등을 신속하게 평가해야 한다. 방제 우선순위 결정은 여러 가지의 환경조건들을 고려하여야 한다. 예컨대, 기름의 제거를 위해 신속하고 효과적인 방법을 사용할 수 있지만 이러한 방법들은 덜 적극적이고 시간이 지연되는 방제기술이 요구될 수 있는 환경적 고려사항에는 부적합 할 수 있다. 이런 경우 전체적 혹은 현장별 대응에 있어서의 잠정적으로 충돌하는 이해관계 사이에서의 타협점을 찾아야 한다. 해안방제작업은 보통 3단계로 구분하고 있다.

1단계-응급단계 : 해안 가까이 부유하는 기름, 웅덩이에 고인 기름, 해안가 벌크오일의 제거
2단계-계획단계 : 잔류기름과 오염된 쓰레기 제거
3단계-정리단계 : 필요시 경미한 오염원과 기름얼룩 최종 제거

첫 번째 단계에서는 기름이 해안을 따라 이동하여 피해 발생 가능성을 최소화하기 위하여 거의 보고 없이 가능한 신속히 방제자원을 동원하여야 한다. 두 번째 단계에서는 방제자원의 동원에 좀 더 신중을 기하고 세심하고 조심스럽게 방제를 하여야 한다. 해안방제에 있어서 가장 오랜 기간이 필요할 수 있는 2단계는 기름오염으로 인한 긴급상황에 총괄적으로 대응하기 위한 구성요소

46) 여기에서 언급하고 있는 '해안방제'는 국제유조선선주오염연맹(ITOPF)에서 내놓고 있는 『방제기술정보문서』 TIP 7(해안방제지침)에서 발췌하여 작성하였다.

중의 하나로 보아야 하며, 장기간의 과업으로 인식되어서는 안 된다.

오염상황에 따라 방제작업에 이러한 단계가 필요하지 않을 수 있다. 몇몇 상황에서는 첫 번째 단계로서 상황이 종료될 수 있고, 1단계와 2단계를 통합하기도 한다. 많은 상황에서 2단계 방제작업이 완료된 후에는 남은 미량의 기름은 풍화작업 및 자연적 분해가 이루어지도록 놔두는 것이 적절할 수도 있다.

모든 상황에서 가장 최우선적으로 시행해야 하는 것은 해안에 기름이 부착되지 않도록 가능한 빨리 해상에 부유하는 기름을 회수하는 것과 오염되지 않은 깨끗한 곳으로 기름이 흘러들어가는 것을 방지하는 것이다. 이러한 경우 기름 회수작업이 진행되고 있는 동안에 기름이 해안에 오염되지 않도록 오일 펜스를 이용하여 기름을 봉쇄하여야 한다. 그러나 이런 전략은 환경적으로 민감한 해안에서는 적당하지 않을 수 있으며 덜 민감한 지역이나 쉽게 접근할 수 있는 곳으로 기름을 이동시키는 것이 필요할 수 있다.

일단 유출된 기름이 회수되면 남은 부유 기름이 다시 해안에 도달하는 것을 기다리면서 같은 장소에 여러 번 방제하는 것을 피하는 방안과 모래 해안과 같이 파도로 인해 기름이 침강되는 장소라도 즉시 2단계 작업을 시작하는 방안 사이에 타협점을 찾는 것이 필요하다. 종종 가장 빠르게 접근할 수 있는 지역의 가장 두터운 기름을 집중적으로 제거하는 것도 하나의 해결책이 될 수 있다.

많은 오염사고에서 보여주듯이 전체 기름 오염방제에 있어서 수거한 쓰레기의 수집과 처리는 가장 많은 비용과 시간이 드는 요소 중 하나이다. 따라서 다른 특별한 조건이 없는 한 폐기물 발생량을 최소화 할 수 있는 방제 방법을 선정하여야 한다. 이 방법은 해안의 피해 가능성을 최소화 할 뿐만 아니라 수송과 최종처리/폐기를 위한 추가적인 폐기물 저장 공간을 최소화하는 이점이 있다.

모든 종류의 해안에서 기름의 흔적을 모두 제거하기는 어렵다. 해안 또는 작업구역에 대한 방제작업을 종료할 정도로 충분히 깨끗하게 소제되었는지를 정하는 명확한 규정은 없다. 한 가지 중요한 요소는 환경적, 사회적, 경제적 요소의 상대적 중요성을 고려하는 것이다. 자연정화에 노출된 정도뿐만 아니라 해당 지역의 중요성과 민감도의 계절적 변화는 비용에 대한 고려와 마찬가지로 매우 중요한 고려사항이다. 해변에 남아있는 기름 양의 감소 정도에 따라 비용 문제가 결정되기도 한다.

왜냐하면 제거된 기름의 양에 비례하여 추가적인 방제에 대한 노력과 비용이 필요하기 때문이다. 기름의 흔적과 기름얼룩을 제거하는 마지막 단계는 일반적으로 조파가 적어서 자연방제가 어려운 지역이나 관광지와 같이 방제 정도가 높은 지역에 우선적으로 적용된다.

방제종료 기준은 일반적으로 방제에 참여하는 다양한 조직의 대표로 구성된 팀에서 토론과 합의체를 통해 결정된다. 합의를 도출하기 위해서는 적용할 수 있는 방제기술이 제한적임을 인식하고 방제작업의 목표가 명확하고 작업초기 또는 작업이 시작되기 전에 동의되어야 한다. 이상적인 것은 조사팀 구성원이 사고전체에 참여함으로써 작업의 초기 상황에서부터 적절한 조치가 될 수 있도록 하는 것이다.

Ⅱ. 방제기술

오염된 해안의 방제기술은 여러 가지가 있으며, 해당 기술은 각각의 단계별로 적용된다. 특히 2단계의 몇몇 기술은 1단계와 3단계에 적용될 수 있다. 결과적으로 방제기술은 1단계와 2단계 또는 2단계와 3단계로 그룹화 되는 것이 일반적이다.

1. 벌크기름의 제거와 기름으로 오염된 쓰레기 처리(1, 2단계)

ⅰ) 펌프, 진공 트럭 및 유회수기

차량의 접근이 가능한 해안가에 상대적으로 고요한 수면 위에 부유 중인 기름은 펌프나 진공트럭으로 회수할 수 있으며 수심의 깊이가 충분하다면 유회수기 사용도 가능하다. 진공 트럭의 효율성은 유출된 기름의 성상과 양, 펌프와 탱크의 용량에 따라 다르지만 보통 하루에 20㎥ 정도의 기름을 회수한다. 해안 인근에 오일펜스를 이용하여 기름을 모으고 흡입호스가 장착된 위어식(weir) 유회수기를 사용하면 기름회수 시 물의 양을 줄일 수 있어 효율성을 향상시킬 수 있다([그림 2-23]).

해변의 모래와 작은 자갈에 대한 오염에 대해 해안 물이 닿는 부분에 평행하게 도랑을 파서 기름이 도랑으로 모이도록 유도한다(트렌칭, 골파기). 도랑에 모여진 기름은 펌프, 진공트럭 또는 탱크 트레일러를 이용하여 제거한다. 도랑은 한 번의 조석 주기 동안 남아 있을 수 있으며, 만약 완전히 기름이 제거되지 않는다면 남아있는 기름이 저질과 섞이게 될 것이다. 도랑의 위치는 썰물 시 재사용 가능여부와 다음 단계에서 사용될 수 있는지 등을 확인하여야 한다([그림 2-24]).

만약 수면이 잔잔하다면 최고조 수위 바로 아래의 도랑을 파서 기름을 모을 수 있다. 만조 시나 바람에 의해 수위가 높아지는 경우에는 해수 끝에 모아져 있던 기름이 도랑으로 흘러들어가게 되고 수위가 낮아진 후에 도랑 안에 모인 기름은 펌프를 이용하여 회수한다.

[그림 2-23] 펌프와 유회수기로 기름 회수

[그림 2-24] 도랑으로 모아진 기름 회수

펌프와 유회수기로 회수된 기름은 드럼 또는 이동식 탱크와 같은 임시저장조로 이송을 하고 진공트럭 또는 로드 탱커로 다시 이송되다. 기름을 효율적으로 운반하고 법적 규정을 준수하기 위해 운반되기 전 기름에서 물을 제거하여야 한다.

ii) 기계적 회수

점도가 높은 기름, 끈적한 에멀젼, 또는 반고체성 기름은 굴착기 등을 이용하여 바다로부터 직접적으로 제거한다. 이는 항내에서 건설 장비를 회수작업에 동원하는 것으로, 이와 같은 작업방식은 수온이 기름의 유동점 이하로 내려가서 반고체 상태로 있기 때문에 유회수기 사용이 곤란하기 때문에 취하는 조치로 이 작업은 물 양을 최소화하기 위한 숙련된 작업이 필요하다([그림 2-25]).

만약 수중 기계작업을 할 경우에는 조석과 해저 지형도에 대한 사전 숙지가 요구되며, 이에 더해 습지 해안에서 중장비를 사용하는 것은 기름덩어리를 제거하여 다른 지역으로 이동하는 것을 방지하고자 하는 부분과 중장비 사용으로 인해 훼손된 저질 손상(damage to the substrate)은 회복에 긴 시간이 소요될 수 있는 문제에 대한 상호 균형적 검토가 필요하다.

쉽게 접근가능하고 개방된 해안 특히 모래 해안의 경우 그레이더(선별기), 지게차, 굴착기와 같은 다양한 일반적인 건설 장비를 이용하여 표착된 기름과 오염된 쓰레기를 모으고 제거할 수 있다. 예를 들면, 단단한 모래 해안의 경우 기름이 표면 아래로 조금 침투한 경우 로드그레이더(road graders)를 이용하여 회수할 수 있다. 그레이더의 날을 모래 표면 바로 아래로 조정하여 로더를 이용하여 기름을 제거하면 기름과 모래를 해안선과 평행하게 모은다. 로더(Front-end loaders) 또는 불도저 또한 유사한 방법으로 해안 기름제거가 가능하지만, 불가피하게 깨끗한 모래도 같이 제거된다. 또한 이러한 중장비로 인해 깨끗한 저질과 기름이 섞일 수 있으므로 이에 대한 추가적인 조치가 필요하다. 대체로(이 지침에 따르면) 중장비는 하루에 400~800㎥를 회수할 수 있다. 그러나 이 중 기름과 오염된 물질은 25%이며 75%는 깨끗하고 오염되지 않은 물질이다.

[그림 2-25] 건설 장비를 이용한 기름 회수작업

깨끗한 모래와 오염된 물질이 섞이게 되면 폐기물의 부피가 커지게 된다. 반면, 수작업으로는 보통 하루 1~2㎥의 오염된 모래를 수거하고 있어 상대적으로 장비로 작업하는 것에 비해 수거량은 적으나, 깨끗한 물질의 수거를 최소화 할 수 있다. 회수된 물질들 중 기름의 함유량은 매우 다양하지만 기계적으로 회수한 모래 중 기름의 함유량은 1~2%정도이며, 수작업으로 한 경우 기름의 함유량은 5~10%정도이다.

일반적으로 오염된 해변을 회복시키는데 중장비와 수작업에 의한 방법을 병행하여 사용한다. 기름으로 오염된 모래, 해초류 또는 다른 쓰레기들은 수작업으로 수거하여 일정 간격으로 놓인 저장 백(bag) 또는 저장용기 등에 모은다. 로더는 해안 상부에 있는 임시저장소로 수거된 오염물질을 운반할 수 있다. 또한 로더의 버킷(bucket)을 이용하여 직접 오염물질을 퍼 담을 수 있다. 기름이 해변에 확산되는 것을 방지하기 위하여 청정지역과 오염지역을 나누어야 하며 중장비는 깨끗한 곳부터 작업해야 한다.

iii) 수작업 수거

수작업으로 기름을 제거할 경우 오염된 물질을 선택적으로 제거하여 쓰레기의 양을 최소화 할 수 있다. 이처럼 인력을 이용한 기름 회수는 오염이 심한 모든 종류의 해변에 적용가능하고 특히 민감 지역이나 차량 접근이 불가능한 곳에서 유용하다. 또한 인력에 의한 방제작업은 기계 단독으로 이용하는 것보다 효율적이며 오염되지 않는 물질 수거를 최소화 할 수 있다. 수작업이 노동집중적인 방법일 수도 있으나, 인력에 의한 방제작업에 의해 전반적으로 빠르게 회복되는 경향이 있으며, 결과적으로 해안의 저질에 물리적인 영향을 덜 주게 된다([그림 2-26]).

[그림 2-26] 기름 수작업

iv) 플러싱(flushing)

플러싱은 압력이 낮은 다량의 물로 고인 기름이나 침하된 기름을 해안선으로부터 씻어내는 작업 과정을 말하다. 이 방법은 침전물에 갇혀 있는 기름의 제거와 민감 해안으로부터 기름을 제거하는 데에 이용된다.

플러싱 작업은 바위지역, 테트라포드, 연안 암벽 등과 같은 접근 불가능한 곳의 기름제거에 적용될 수 있으며, 육상 및 선박의 소방호수 또는 분문장치를 통하여 해상에서 수행할 수도 있다. 선박의 프로펠러는 구조물 아래로 물살은 만들어 기름을 밖으로 흘러나오게 해서 모으는데 사용된다. 보통 저압세척으로 사용되는 플러싱은 바위 사이의 기름을 제거하고 해안선 아래로 흘러나온 기름은 흡착재를 이용하여 회수한다([그림 2-27]).

[그림 2-27] 플러싱 작업(저압세척/다량의 물 사용)

ⅴ) 파도 세척(surf washing)

파도 세척은 자연정화 과정이며, 모래, 자갈, 조약돌 해안에 적용할 수 있다. 조간대(潮間帶, intertidal surf zone)[47]의 파도 에너지는 해변 오염물질을 제거하고 바다로 확산시킨다. 파도세척은 파도를 이용하여 다량의 물로 기름을 씻어내는 플러싱의 원리와 비슷하지만 파도의 자연에너지는 플러싱보다 더 큰 효과를 얻을 수 있다. 침전입자 간의 교반(agitation)과 침식(erosion)은 저질로부터 기름을 분리시키는 것을 돕고 모래와 진흙의 미세입자에 의해 안전화된 물방울로 분해되게 할 수 있는데 이러한 과정을 '점토-기름 응집' 또는 '기름-광물질 집합체'라고 한다. 이러한 응집 및 집합체는 일반적으로 부력이 있고 바다로

47) 조간대 : 만조 때의 해안선과 간조 때의 해안선 사이의 부분을 말한다(네이버검색사이트, https://www.naver.com).

넓게 확산된다. 파도 세척은 쌓여있는 모래를 파도로 세척하여 갇혀 있는 기름을 부상시키며, 기름으로 오염된 자갈을 파도 세척으로 처리한다([그림 2-28]).

[그림 2-28] 파도 세척

2. 해안방제의 후기 단계에 사용되는 기술(2, 3단계)

벌크기름과 심하게 오염된 해안쓰레기를 제거하고 나면 아래의 한 가지 또는 여러 기술을 병행하여 남아있는 오염된 지역을 정화하게 된다.

ⅰ) 고압 세척

고압 세척은 일반적으로 단단한 저질표면에 이용되지만 자연적 정화가 충분하지 않거나 다시 안정되기 까지 너무 시간이 오래 걸리는 경우 또는 시간적으로 쾌적한 환경으로 보여질 것이 요구되는 경우에 이용한다. 고온고압으로 세척을 하고자 하는 경우 온도는 70~90℃, 압력은 50~150bar 정도가 적절하다. 그리고 고압 세척에 사용되는 물은 기계장치의 부식 등을 고려하여 청수로 사용하는 것이 유용하다. 고압 세척으로 분리된 기름은 수면에서 흡착재로 회수될 수 있고 인접한 청정지역으로 기름이 이동하는 것을 최소화 할 수 있다([그림 2-29]).

[그림 2-29] 고압 세척

ii) 자갈/조약돌 세척

콘크리트 믹서 트럭 또는 자갈세척기로 자갈 및 조약돌을 세척할 수 있다. 기름 묻은 자결을 무향유, 세척제 등 용제와 함께 혼합기에 넣고 혼합한 뒤 물을 추가한다. 솔벤트와 기름 묻은 자갈의 비율은 1:50을 기준으로 하며 기름 오염 정도에 따라 달라진다. 경미하게 묻은 기름은 파도 세척에 의해 자연정화가 될 수 있다. 그리고 세척작업으로 오염된 물을 폐기하는 것 또한 고려해야 한다. 그 밖에 개방형 탱크 또는 고온수 욕조를 이용하여 오염된 자갈 및 조약돌을 세척하는 방법도 있다. 작업 과정은 유사하나 믹싱을 위해 굴삭기를 사용하게 된다. 자갈의 작은 오염 부위, 특히 접근이 어려운 지역에서 오염된 자갈은 개방형 드럼과 같은 적정한 용기를 이용하여 수작업으로 세척한다([그림 2-30]).

[그림 2-30] 자갈/조약돌 세척

iii) 갈기/써레질(Ploughing/Harrowing)

모래 또는 조약돌 해변에서 벌크 상태의 기름과 두꺼운 유층을 제거하고 나면 해면에 차량이 지나간 자리의 저질에 기름이 혼입된 지역과 같이 일부 경미한 오염이 남아 있는 곳이 있다. 이 단계에서는 농기계를 이용하여 갈기 또는 써레질을 반복적으로 시행함으로서 경미하게 오염된 침전물로부터 기름을 제거할 수 있다. 오염된 저질을 뒤집음으로서 기름을 표면으로 노출시켜 풍화작용을 촉진시키고 점토 - 기름 응집체 또는 기름-광물질 집합체를 만들어서 침전물을 공기에 접촉시킨다.

이러한 작업 과정으로 박테리아와 다른 미생물이 기름을 좀 더 빨리 분해시키게 된다. 소량의 기름은 때때로 만조 시에 분리되어 나오게 되며 이를 흡착재를 이용하여 회수할 수 있다. 이러한 작업은 하부 생물종에 영향을 줄 수 있으나, 이러한 기술은 파도세척이 불가능한 지역에 특히 유용하다([그림 2-31]).

[그림 2-31] 갈기/써레질

iv) 모래 거르기/비치 클리너 및 갯닦기

해안방제 이후에도 직경이 50mm 또는 이보다 작은 타르볼 또는 오염된 기름덩어리가 여전히 남아 있다. 비치 클리너는 덩어리진 기름과 모래가 스크린의 진동에 의하여 분리되는 원리를 사용하기 때문에 작은 타르볼 또는 점성이 낮은 기름을 회수하는 데는 효과적이지 않다([그림 2-32]).

다음으로 갯닦기는 바위나 자갈로 이루어진 해안으로 접근이 어려워 고압세척 또는 다른 장비를 사용할 수 없는 경우 손으로 기름을 제거하는 것이 유일한 방법이다. 경미한 오염에서 중간정도로 오염된 기름에 대해 갯닦기로 제거할 수 있다. 걸레는 합성흡착재보다 비용적으로 저렴하다. 사용된 걸레는 폐기를 위한 백에 보관한다. 갯닦기는 2차 오염(기름걸레 등)을 최소화하기 위해 엄격한 감독이 필요하다([그림 2-33]).

[그림 2-32] 모래 거르기/비치 클리너

[그림 2-33] 갯닦기

ⅴ) 생물정화제 및 자연방제

생물정화제는 이산화탄소, 물 및 바이오매스와 같이 기름에 포함된 단순한 화합물의 생물분해를 촉진시키는 과정으로 정의할 수 있다.

그리고 자연방제는 시간이 지남에 따라, 대부분의 해변은 기름의 풍화와 분해로 자연적으로 정화된다. 자연적 제거 과정의 핵심은 침식, 침전, 응집, 광산화 및 생물분해이다. 에너지가 높고 노출된 해안은 대부분의 기름이 3개월 이내에 제거된다. 만조선 위에 위치한 기름얼룩을 제외한 대부분의 기름은 2~3년 내에 없어진다. 그러나 침전되어 있거나 미세한 혐기성 머드와 섞여 있는 경우 "아스팔트포장도로"와 같은 경우처럼 분해속도는 매우 느리게 되고 오랜 기간 지속된다.

많은 기름오염사고에 있어서 1단계와 2단계의 방제작업 후 최종 정화단계에는 가장 효율적이고 비용면에 있어서도 효과적인 방법인 자연정화에 맡기게 된다. 특히 폭풍이 접근하는 시즌에서는 더욱 효과적이다. 겨울 또는 폭풍이 지나간 후 자연정화가 잘 이루어졌는지 또는 추가적인 방제가 필요한지를 결정하기 위해 해안조사가 필요하다.

3. 해안의 종류별 방제방법

해안 종류별 취하는 방제작업을 제시하면 다음과 같다.

i) 방파제 해안

구분	접근가능	접근불가
1단계	유회수기 / 이송펌프 진공차량, 플러싱	수작업 수작업 & 흡착재
2단계	고압세척 수동적 방제 해체(아주 드물게) / 자연방제	자연방제 갯닦기
3단계	갯닦기 자연방제	자연방제

ii) 자갈, 조약돌 해안

구분	접근가능	접근불가
1단계	유회수기 / 이송펌프 진공트럭 / 저압세척	수작업 수작업 & 흡착재
2단계	저압세척 파도/자갈 세척 기계적, 자연적 방제	자연방제 갯닦기
3단계	자연방제 파도 / 자갈 세척 모래세척(가끔)	자연방제

iii) 바위, 호박돌 해안

구분	접근가능	접근불가
1단계	유회수기 / 이송펌프 진공차량 플러싱	수작업 수작업 & 흡착재
2단계	고압세척 흡착재 자연방제	자연방제 갯닦기
3단계	자연방제 고압세척 모래세척(가끔)	자연방제

iv) 모래 해수욕장

구분	접근가능	접근불가
1단계	유회수기 / 이송펌프 진공차량 수작업 / 기계작업 골파기 플러싱	수작업 수작업 & 흡착재
2단계	플러싱 파도세척 수작업 / 기계작업	자연방제 수작업
3단계	자연방제 파도세척 갈기 / 써레질 비치클리너 모래(체로) 거르기	자연방제

v) 진흙, 갯벌 해안가

구분	접근가능	접근불가
1단계	유회수기 / 이송펌프 진공차량 플러싱	수작업 수작업 & 흡착재
2단계	플러싱 수작업	자연방제 수작업
3단계	자연방제	자연방제

Ⅲ. 긴급계획

해안방제를 위한 긴급계획은 높은 수준의 지식을 가지고 있어야 하므로 지리적 범위는 그 해안을 관할 구역으로 하는 단일 지방자치단체의 범위 내로 한정된다. 긴급계획은 당해 구역에 대한 해안방제에 책임이 있는 주정부 및 조직에 의해 마련되는 것이 중요하다. 이러한 조직의 인원은 지방 조직과 비슷할

뿐만 아니라 긴급계획을 현실적으로 실행가능하게 하도록 해준다. 해안 전문가는 그 지방의 사람이며 그 해안에 대한 익숙한 사람으로 하는 것이 유리하나, 그런 사람에게도 해안방제기술, 작업장 관리 및 안전에 대한 교육이 필요하다. 경찰 또는 공공기관에서는 오염된 지역에 대한 접근을 통제하여 작업이 원활히 되도록 지원해야 한다.

방제작업을 관리하기 위한 지휘소를 지정하여야 하며, 여기에서는 관리팀의 숙식과 통신시설을 설치하기에 적합하여야 한다. 그리고 관리팀과 각 해안에 배치된 감독관 간의 적절한 통신시스템을 구축하여 예상되는 시나리오에 대한 적절한 대응이 필요하다.

기름으로 오염된 폐기물의 임시저장, 운송 및 최종정리는 방제효율이 매우 큰 영향을 미치기 때문에 비상계획 수립 시 고려되어야하고, 인력, 장비, 자재에 대한 동원방법과 세부계약 조건 등이 비상 계획에 포함되어야 한다. 긴급계획상에는 진공트럭, 로우더, 쓰레기수거통, 임시저장용기, 고온세척 시스템, 다른 장비를 제공할 수 있는 계약자를 확인하고 가능하다면 계약조건을 사전에 합의해 두는 것을 고려해야 한다.

해안 민감지도는 유출사고 초기 특히 유용하므로 지리정보시스템에 긴급계획의 한 부분으로 준비해 두는 것이 필요하다. 이러한 지도에는 환경적으로 민감한 자원에 대한 위치, 방제 우선지역 등을 표시하여야 한다. 해안선 형태, 차량 접근지점, 중장비를 이용할 수 있는 해수욕장, 유처리제를 사용할 수 있는 해안에 대한 영역도 표시하여야 한다.

그 밖에 긴급계획에 대해 주기적인 훈련을 실시하여야 하며, 조직적인 측면뿐만 아니라 긴급계획상의 장비가 실제 동원 가능한지에 대해서도 점검하여야 한다.

참고로 ITOPF의 『방제기술정보문서』 TIP 7에 해당하는 '해안방제지침'에서 중요하게 다루고 있는 내용을 요약하면 다음과 같다.

i) 성공적 해안 방제는 인력, 장비, 자재의 적절한 동원과 방제조치를 수행하고 관리하는 조직의 능력에 달려있다.

ii) 해안 방제의 목적과 종료 시점에 대해 방제 작업을 시작하기 전에 정의하고 합의하는 것이 가장 좋다.

iii) 폐기물 저장, 이송, 최종처분 등 방제조치에 큰 영향을 주는 요소는 사전에 고려되어야 한다.

iv) 해안선의 형태에 따라 가장 적절한 방제 방법을 결정한다.

v) 기름은 다른 곳으로 이동하기 전에 가능한 빨리 회수되어야 한다.

vi) 중장비는 해안을 신속하게 방제할 수는 있지만 깨끗한 저질을 제거하여, 이송·처분 및 잠재적인 침식 문제를 야기시킬 수 있다.

vii) 습지, 갯벌, 맹그로브나, 산호 같은 민감 지역은 자연적 정화 과정이 일어나도록 방치하는 것이 최상일 경우가 있다.

viii) 경제적으로 이용이 없는 지역은 1단계, 2단계의 방제작업 후 남아있는 기름은 자연적인 풍화나 분해가 일어나도록 방치한다.

ix) 지역 긴급계획에는 방제인력과 장비의 동원에 관한 내용을 포함하고 있어야 하며 긴급계획의 효율성 검증을 위해 주기적인 훈련이 필요하다.

제3장

Measures Guide for Responding to Marine Pollution

해양오염방제를 위한 자재 및 약제

제1절 오일펜스48)

오일펜스(booms)는 일반적으로 해상에 유출된 기름을 포위 및 포집하고 민감 자원으로부터 분리시키거나 회수지점으로 유도하기 위해 사용한다. 오일펜스의 사용효과는 부유기름의 신속한 확산, 조류, 조수, 바람, 파도 등의 영향에 의해 제한된다. 이러한 문제는 효과적인 오일펜스 사용과 적절한 방제 계획 및 작업조율을 통해 경감시킬 수 있다.

Ⅰ. 설계(제작)의 원칙

오일펜스는 다음의 기능을 수행하기 위해 설계된 부유장벽을 말한다.

■ 기름의 포집 : 부유기름을 포위함으로써 확산을 방지하고 회수를 용이하게 하기 위해 두껍게 만든다.

■ 유도전장 : 해안가에 위치한 적절한 회수 지점으로 기름을 유도한 후 진공트럭, 펌프, 기타 회수방식 등을 통해 제거할 수 있게 한다.

48) 여기에서 언급하고 있는 '오일펜스'는 국제유조선선주오염연맹(ITOPF)에서 내놓고 있는 『방제기술정보문서』 TIP 3(기름오염방제 시 오일펜스 사용지침)에서 발췌하여 작성하였다.

■ 보호 : 항만 입구, 발전소 취수구, 양식 시설, 자연보호 구역 등 경제적으로 중요하거나 생물학적으로 민감한 장소에서 기름이 분리되도록 유도한다.

오일펜스는 상황별, 환경별 요구에 부합할 수 있도록 다양한 크기, 소재 및 설계로 제작된다. 항만에서는 수작업으로 설치할 수 있고 가격이 저렴한 경량의 소형 제품에서부터, 외해에서 작업하기 위해 릴, 크레인, 대형 선박 등을 필요로 하는 고가의 튼튼한 (대형) 제품에 이르기까지 종류가 다양하다. 오일펜스는 전체 길이를 원하는 만큼 연장할 수 있는 접속부가 있는데, 이러한 접속부는 예인 및 앵커 설치도 가능하도록 설계되어 있다.

보조장비로는 릴 외에도 예인로프, 공기주입기, 앵커 등 다양한 종류가 있다. 오일펜스의 가장 중요한 특성은 기름의 포집 및 유도능력으로서 이는 오일펜스 자체의 성능과 해수 작용과의 관계에 의해 결정되며, 성능 향상을 위한 다음과 같은 구조적 특징을 가진다.

i) 기름의 넘침을 방지하거나 감소시키기 위한 건현(freeboard)
ii) 기름이 오일펜스 밑으로 빠져나가는 것을 방지하거나 감소시키기 위해 수면 하에 위치하는 스커트
iii) 공기, 발포성 고체 또는 그 밖의 부력 물질로 채워진 부력제
iv) 바람, 파도, 조류 등에 견딜 수 있도록 세로 방향으로 되어 있는 보강재인 장력체(체인 또는 와이어)
v) 오일펜스를 수직으로 유지시켜 주는 밸러스트

그리고 대부분의 오일펜스는 다음과 같은 두 범주로 나뉜다.

■ 커튼형 오일펜스 : 연속적인 수면 하 스커트 또는 유연한 스크린을 갖추고 있으며, 일반적으로 단면이 원형인 격실에 공기 또는 고형물이 채워져

있는 형식이다([그림 3-1], [그림 3-2]).

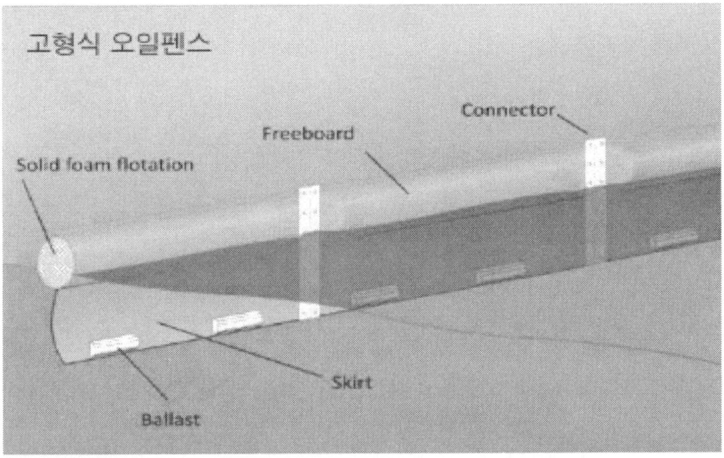

[그림 3-1] 고형식 오일펜스(외장형 밸러스트와 고체 부유 물질을 갖춘 커튼형 오일펜스)

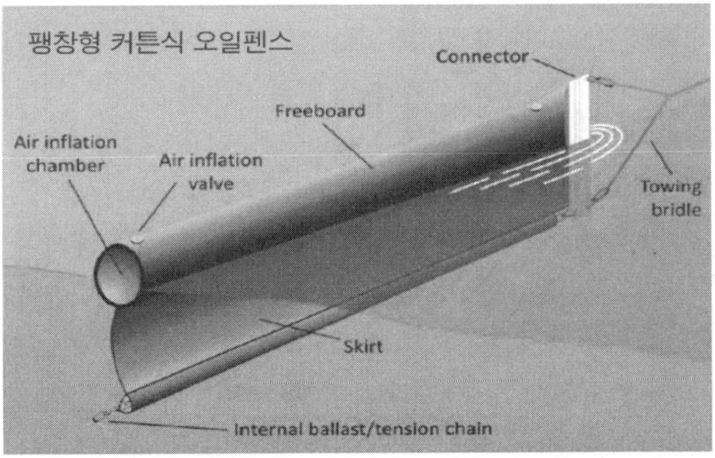

[그림 3-2] 팽창식 커튼형 오일펜스(스커트 밑 부분에 있는 포켓에 밸러스트와 장력 체인이 통합)

■ 펜스형 오일펜스 : 일반적으로 단면이 납작한 형태이고, 일체형 또는 외장형 부력체, 밸러스트, 버팀기둥 등으로 이루어져 있다([그림 3-3]).

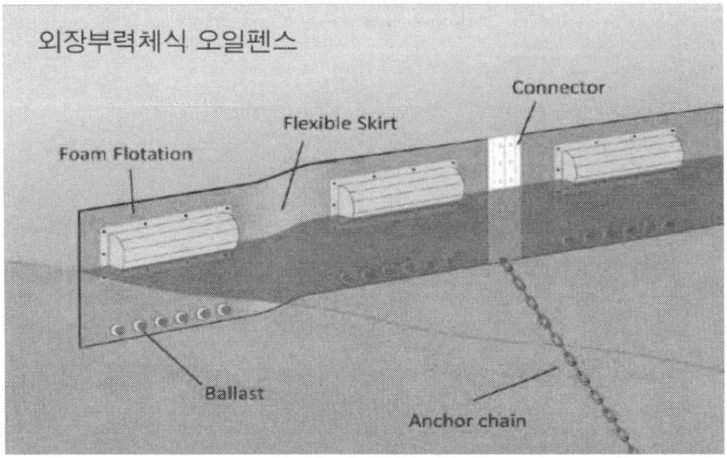

[그림 3-3] 외장부력체식 오일펜스(부유 물질과 밸러스트를 갖춘 펜스형 오일펜스, 계류지점은 아래쪽 길이를 따라 간격을 두고 설정)

그 밖에 물을 채운 격실이 스커트 부분을 대신함으로써 간조 때 해안가에도 고정설치 될 수 있는 형태를 가지는 해안보호용 오일펜스 등이 있다.

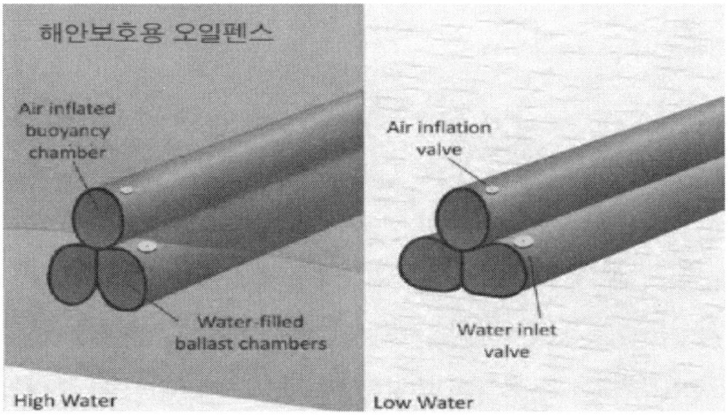

[그림 3-4] 해안보호용 오일펜스(상단은 공기가 주입되어 물에 뜨고 하단은 물이 채워져 있어 밸러스트 역할을 함으로써 간조 때 효과적인 기름차단 효과를 보임)

한편 내화용 오일펜스는 연소 중인 기름에서 생성되는 고온을 견딜 수 있도록 특별히 설계된 것으로서, 기름 포집 능력 및 한계를 감안하여 펜스형 또는 커튼형을 적용할 수 있다. 오일펜스는 파도의 작용에 적응할 수 있을 정도로 유연하면서도 최대한 많은 기름을 포집할 수 있을 만큼 견고해야 한다. 펜스형 오일펜스와 고형식 커튼형 오일펜스 중 일부 종류는 파도의 작용에 잘 적응하지 못하기 때문에 파도가 지나갈 때 건현이 수면 아래로 가라앉거나 스커트가 수면위로 올라오면서 기름이 빠져나가게 된다. 따라서 이들 유형은 잔잔한 해역에서 사용하도록 제한되어야 한다. 오일펜스 시스템은 유속이 빠른 곳에서 사용하거나 고속으로 예인할 수 있도록 개발되었으나, 대부분의 오일펜스는 직각방향의 유속이 0.5m/s(1노트)를 초과하는 경우에 기름을 포집할 수 없다. 실제로 이들 오일펜스에 적용할 수 있는 유실속도는 스커트의 깊이와 무관하게 035m/s(0.7노트) 정도이다. 오일펜스의 종류와 더불어 기름의 유형은 기름의 유실 방식 및 유속과의 관계에 영향을 미친다.

저점도 기름은 고점도 기름과 달리 느린 속도에서도 유실된다. 저점도 기름의 경우, 빠른 조류로 인한 선두파(headwave)에서 난류가 발생하여 유막의 아래쪽에서 작은 기름방울들이 떨어져 나와 오일펜스 밑으로 유실되는데, 이러한 과정을 '흐름상실'이라고 한다([그림 3-5]). 또한 저점도 기름은 '깊이상실'([그림 3-6])에도 취약한데, 이것은 오일펜스의 안쪽에 축적된 기름이 빠른 조류로 인해 잘게 떨어져 나와 수직 하강하여 스커트 아래로 유실되는 현상을 말한다.

점성이 비교적 높은 기름은 깊이상실이 발생할 가능성이 적고, 오일펜스 안쪽에서 더 두꺼운 유막을 형성할 수 있다. 그러나 기름의 두께 축적이 과다해지면 기름이 오일펜스 아래로 유실된다([그림 3-7]). 하천류와 조류 외에도 바람과 파도로 인해 유속이 탈출속도(脫出速度, escape velocity)를 초과하여 포집 기름의 '넘침상실'이 발생할 수 있다([그림 3-8]). 또한 매우 빠른 조류로 인해, 특히 부유체가 불충분하게 설치되어 있는 경우에 오인펜스가 잠기거나([그림 3-9]), 기울어짐으로써([그림 3-10]) 기름이 유실될 수 있다. 또한 기름 유실은 오일펜스 주위의 난류로 인해 발생할 수 있으므로 오일펜스의 외형은 돌출부가 없이 고른 형태를 사용하는 것이 바람직하다.

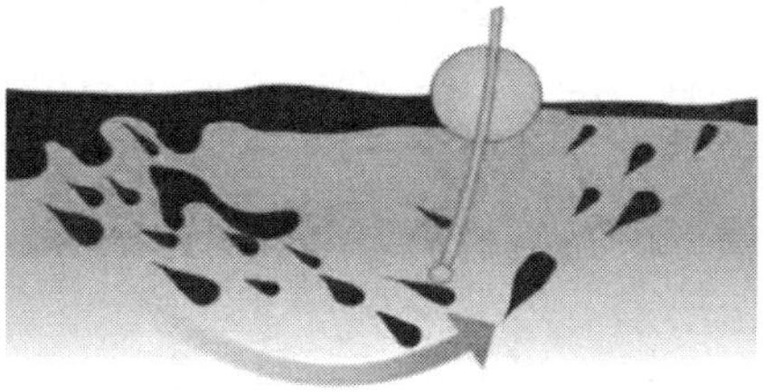

[그림 3-5] 흐름상실

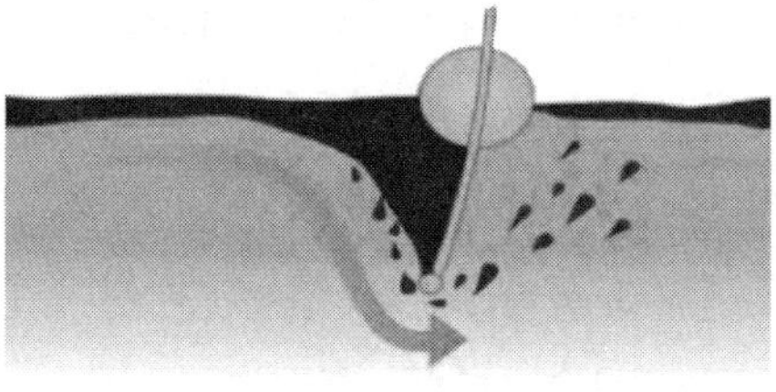

[그림 3-6] 깊이상실

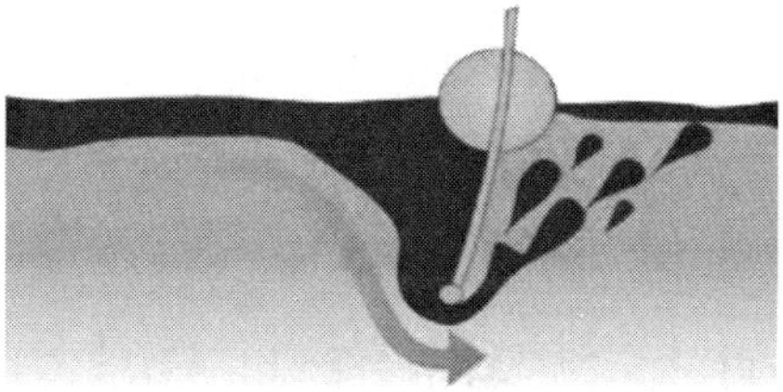

[그림 3-7] 축적상실

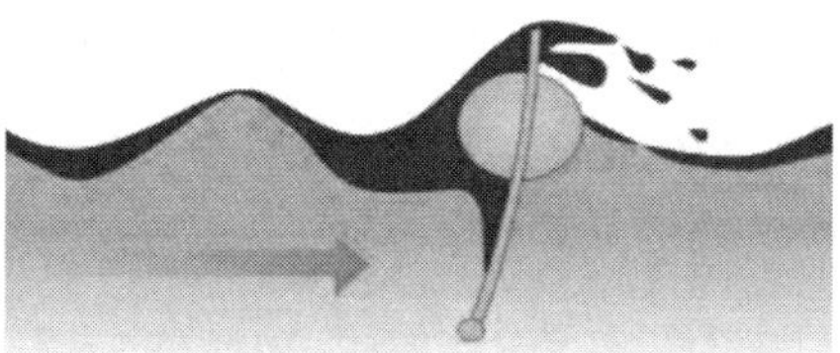

[그림 3-8] 넘침상실

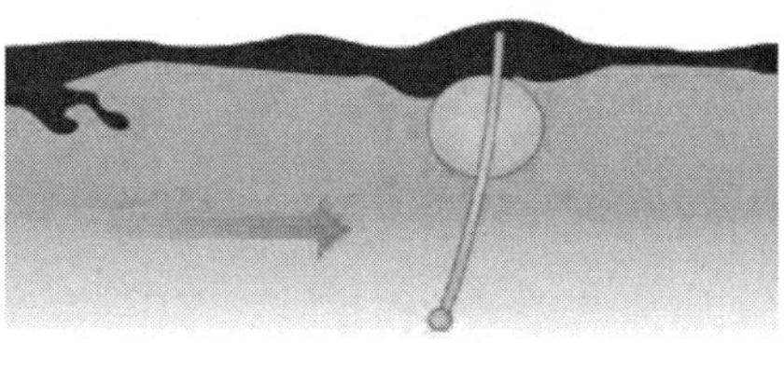

[그림 3-9] 잠김상실

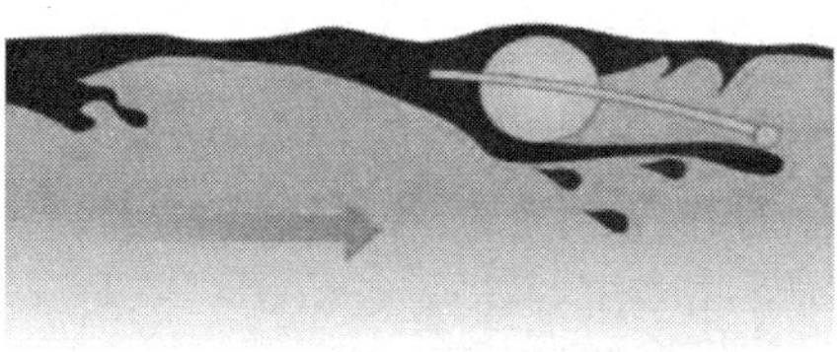

[그림 3-10] 기울임상실

한편, 오일펜스를 선택하는데 있어 그 크기와 길이는 중요한 고려사항이다. 최적의 크기는 설치될 바다의 상태와 주로 관련이 있다. 일반적으로 넘침상실을 방지할 수 있는 최소 높이의 건현을 선택해야 한다. 스커트의 깊이도 비슷한 정도여야 한다. 건현이 너무 높으면 돛처럼 작용하여 풍압문제가 발생한다. 한편 스커트의 깊이가 증가하면 오일펜스 아래를 지나는 물의 속도가 증가함으로써 깊이상실이 발생하기 쉽다. 작은 섹션들로 이루어진 오일펜스는 취급하기가 비교적 용이하고 하나의 섹션에 문제가 생기더라도 오일펜스 전체의 무결성(integrity)을 보호할 수 있으나, 각 섹션을 효과적으로 연결하기가 불편하다는 점도 함께 고려해야 한다. 접속부 연결은 오일펜스의 외형 유지를 방해하므로 가능한 경우 기름이 가장 많이 모여 있는 부분을 피해야 한다. 접속부는 오일펜스를 해상에 설치하여 사용할 때 탈부착이 용이한 방식이어야 한다. 일반적인 오일펜스 유형의 특징은 다음과 같다.

〈표 3-1〉 오일펜스 유형별 특징

구분	부유방식	파도 적응성	계류/예인	세척 용이성	상대적 비용	용도
커튼형	팽창식	양호	계류/예인	단순	고비용	연안/외해
	고형 부력체	큰무리 없음	계류	용이/단순	중간 저비용	차폐된 연안 (예 : 항만)
펜스형	외부발포성 부력체	열악	계류	어려움	저비용	차폐된 지역 (예 : 항구, 정박지)
해안용	팽창식 물주입	양호	계류	중간	고비용	차폐된 조간대/해안

Ⅱ. 오일펜스에 미치는 힘

면적이 A(㎡)가 수면 하에서 유속이 V(m/s)인 조류에 의해 오일펜스에 가해지는 힘 F(kg)을 대략적으로 계산하면 다음과 같다.

$$F = 100 \times A \times V^2$$

따라서 유속이 0.25m/s(0.5노트)인 상태에서 스커트의 깊이가 0.6m이고 길이가 100m인 오일펜스가 받는 힘의 근삿값은 다음과 같이 나타난다.

$$F = 100 \times (0.6 \times 100) \times (0.25)^2 \fallingdotseq 375\text{kg}$$

[그림 3-11]에 제시된 그래프는 유속이 2배 증가하면 부하가 4배 증가함을 보여준다(조류 속도가 증가하면서 기하급수적으로 상승함). 오일펜스의 건현에 직접적으로 가해지는 풍압도 상당한 정도이다. 이러한 풍압의 근삿값을 계산하려면, 유속과 같은 정도의 힘을 내기 위해 40배의 풍속이 필요하다는 사실을 바탕으로 위의 공식을 활용하면 된다. 예컨대, 풍속이 7.5m/s(15노트)인 상태에서 건현의 높이가 0.5m이고 길이가 100m인 오일펜스가 받는 힘의 근삿값은 다음과 같다.

$$F = 100 \times (0.5 \times 100) \times (7.5/40)^2 \fallingdotseq 175\text{kg}$$

위의 예에서, 바람과 조류가 경질 장벽을 향해 모두 같은 방향으로 작용한다면 이러한 합성력의 근삿값은 550kg이 된다. 실제로 오일장벽은 흐름의 방향에 대해 곡선을 그리는 각도로 설치될 것이므로 힘의 크기와 방향이 수정된다. 그러나 이러한 계산 공식은 바람과 조류의 힘에 대한 참고 정보를 제공할 수 있고, 계류 시설 및 예인선을 선택할 때 도움이 된다. 오일펜스를 예인할 때 수중에서의 속도는 위의 공식에서 V를 사용한다.

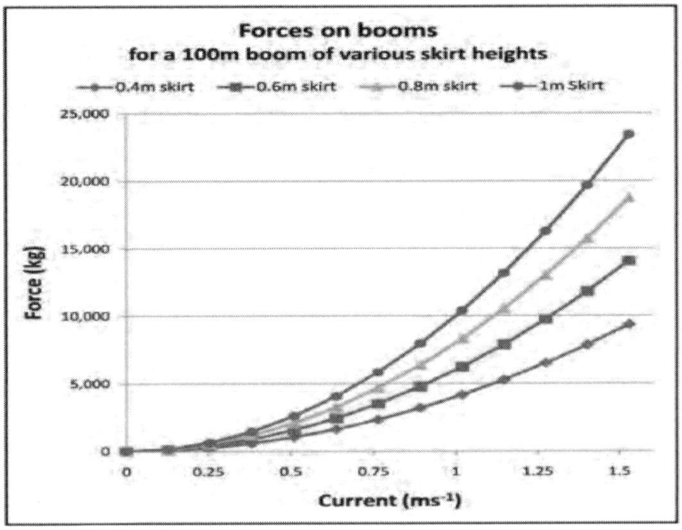

[그림 3-11] 길이가 100m인 오일펜스에 미치는 힘(스커트 깊이별/유속별)

Ⅲ. 오일펜스의 설치

오일펜스의 설치는 어렵고 위험한 작업이 될 수 있다. 악천후와 거친 바다는 작업에 제약을 가하며, 물과 기름에 젖은 장비가 선박에서 내던져지고 굴러다니는 경우에 해당 장비를 취급하는 일은 부담이 많이 가며 작업자를 위험에 빠뜨릴 수 있다. 이상적이고 잔잔한 상태에서도 이러한 위험과 오일펜스 손상을 최소화하기 위해 작업을 세심하게 계획하고 통제해야 한다. 방제 계획 프로세스의 일환으로 적절한 전략을 수립해야 한다. 현지의 상태, 설치 장소, 오일펜스의 유형과 길이, 적절한 오일펜스 배치 형태, 작업용 소형 선박 및 기타 자원의 가용성 등을 완벽하게 고려하여 사고를 미연에 방지해야 한다. 또한 적절한 경우, 오일펜스의 계류점을 고려하고 해당 위치를 방제계획서에 기재해 두어야 한다. 또한 방제 인력이 작업 절차를 충분히 숙지할 수 있도록 정기적인 오일펜스 설치 훈련이 실시되어야 한다.

1. 오일펜스의 예인

유회수기의 조우율(encounter rate)[49] 극대화를 위해 기름의 확산을 방지하고 포집하려는 노력의 일환으로 선박 두 척을 사용하여 U자형, V자형 또는 J자형으로 오일펜스를 예인할 수 있다([그림 3-12], [그림 3-13]). 예컨대, 길이가 300m인 오일펜스를 예인하면 폭 100m까지의 범위로 포집이 가능하다.

[그림 3-12] 오일펜스 U자형 예인

[그림 3-13] 오일펜스 V자형 예인

오일펜스의 성능은 관찰을 통해 효과적으로 판단할 수 있으며, 오일펜스 밑에서 유실된 기름은 작은 기름방울로 떠오른다. 한편, 오일펜스의 성능이 양호하더라도 엷은 유막이 존재할 수밖에 없으며, 오일펜스 뒤편에서 와류가 형성되는 것은 예인속도가 지나치게 빠르다는 것을 의미한다. 성능의 극대화를 위해 예인선들은 오일펜스의 구성 형태를 올바르게 유지하고 탈출속도 미만의 저속으로 이동해야 한다. 이는 기름 포집량에 따른 최대 속도로 오일펜스를 예인하는데 필요한 총 동력의 최소한 절반을 각각의 예인선이 보유하면서 충분한 저속으로 기동해야 한다는 것을 의미한다. 한편, 이상적인 예인 지점은 실험을 통해 확인하고 경로와 풍향에 따라 수정할 필요가 있다.

---

49) 조우율은 수면에 흩어져 있는 유출된 기름 중 유회수기가 접할 수 있는 양의 비율을 말한다(네이버검색사이트, https://www.naver.com).

2. 오일펜스의 고정(계류)

오염 발생원 근처에서 유출유를 포집하기 위해 오일펜스를 앵커로 고정하는 방식이 적절할 수 있다. 그러나 바다가 지나치게 노출되어 있고 조류가 너무 강한 경우에는 오일펜스가 효과를 발휘하지 못할 수 있으며, 수심이 깊은 지역에서는 오일펜스를 앵커로 고정하는 것은 현실적 어려움이 있다. 물결이 잔잔한 상태에서도 순식간에 대량의 기름이 유출되면 오일펜스가 가라앉으면서 효과를 거두지 못할 수 있다. 이와 같은 현상은 특히 경질유 유출 현장에서 볼 수 있으며, 일반적으로 경질유는 오인펜스를 사용하지 않고도 자연적으로 분해된다.

오일펜스는 하구, 습지, 맹그로브 숲, 위락지, 취수구 등 민감 지역을 보호하기 위해 해안 등의 근처에 고정시키는 경우가 많다. 실제로 해당 지역 모두를 보호할 수 없으므로 효과를 거둘 수 있는 지역들을 식별한 뒤 우선순위를 정할 수 있도록 신중히 고려하여야 한다.

오일펜스의 고정(계류)은 ⅰ) 침수 선박에서 새어 나올 수 있는 벙커류를 포집(선박 주위에 팽창식 오일펜서를 계류)([그림 3-14]), ⅱ) 발전소 취수구 앞(커튼형 오일펜스)([그림 3-15]), ⅲ) 회수를 위해 기름을 해안 쪽으로 유도([그림 3-16])하기 위해 사용되며, 일반적인 오일펜스의 계류 구조 형태는 [그림 3-17]과 같다.

[그림 3-14] 팽창식 오일펜서 계류

[그림 3-15] 커튼형 오일펜스 계류

[그림 3-16] 기름 유도 오일펜스

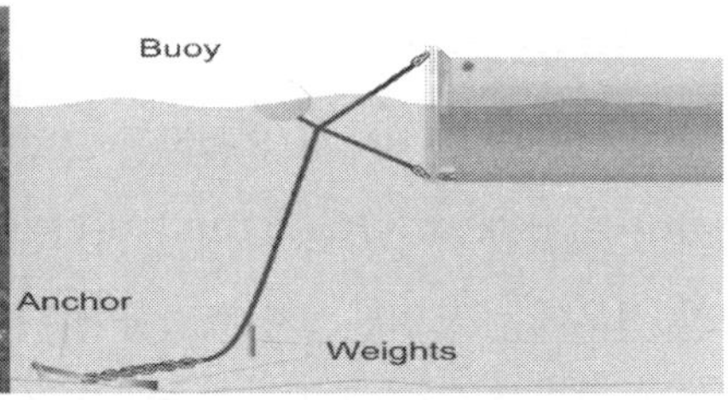

[그림 3-17] 오일펜스 계류 구조

접근 지점을 포함하여 오일펜스 사용에 적합한 지역을 식별하려는 과정에서 항공측량은 유용하게 활용될 수 있다. 오일펜스의 설치 위치와 방법을 선택하기 위해서는 여러 상충하는 요구사항들을 조정해야 하는 경우도 있다.

예컨대, 강 전체를 보호하는데 있어 하구가 너무 넓거나 물살이 지나치게 강한 경우, 특히 조수의 영향이 상당한 경우 등을 들 수 있다. 강이나 하구로부터 흘러나오는 물살이 강하다면 바다로부터 접근하는 기름을 막기 위해 오일펜스를 설치할 필요가 없다.

물결이 비교적 잔잔한 경우에는 기름의 포집보다는 회수를 위한 유도의 목적으로 오일펜스를 사용하는 편이 효과적인 경우가 많다. 〈표 3-2〉에서 제시하는 바와 같이 유속이 1.5m/s(3노트)인 지점에서도 부유 기름을 유도할 수 있는 반면, 조류와 직각인 방향으로 설치되어 있는 오일펜스는 기름을 포집하지 못할 것이다. 이러한 원칙에 따라 강물의 흐름과 경사진 방향으로 오일펜스를 설치하면 강을 보호할 수 있다.

선박이 운항할 수 있는 경로를 유지하기 위해, 또는 맞은편 강안으로 기름을 유도하여 회수를 용이하게 하기 위해, 조류의 역흐름을 고려하여 강의 한쪽에서 다른 쪽으로 두 개의 오일펜스를 좌우 갈지자형으로 설치할 수 있다. 유속에 맞는 적정 유도 각도를 유지하는 것이 중요하기 때문에 오일펜스의 계류는 정확하게 이루어져야 한다.

이러한 각도를 유지하고 오일펜스에서 기름이 갇히는 고립 공간을 방지하려면 간격이 짧은 앵커링 지점들이 필요할 수 있다. 그러나 긴급한 상황에서는 복수의 계류시스템이 비실용적일 것이다. 오일펜스에 미치는 힘을 계산하기 위해 앞서 언급한 공식과 〈표 3-2〉, 〈표 3-3〉은 알려져 있는 유속과 바람이 최대한 미칠 수 있는 영향을 고려하여 오일펜스의 지탱에 필요한 계류시스템의 최소 규모와 수를 파악하는데 도움이 될 수 있다.

〈표 3-2〉 유속별 오일펜스 최대 설치각도

유속		최대각도
(노트)	(m/s)	(도)
0.7	0.35	90
1.0	0.5	45
1.5	0.75	28
2.0	1.0	20
2.5	1.25	16
3.0	1.5	13

〈표 3-3〉 Danforth형 앵커 중량별 파지력(유지력)

앵커 중량 (kg)	파지력(유지력) kg force		
	진흙	모래	찰흙
15	200	250	300
25	350	400	500
35	600	700	700

Ⅳ. 기타 시스템

발포 장벽(bubble barriers)은 유속이 비교적 느리고 부유형 오일펜스가 선박의 움직임을 방해할 수 있는 항만을 보호하기 위해 영구적으로 설치하는 경우가 있다. 해저에 설치된 다공관을 통해 공기가 주입되면 공기 커튼이 떠오르게 된다. 공기 버블은 수면에서 반류(counter current)를 생성하는데, 최대 0.35m/s(0.7노트)의 유속까지 기름을 포집할 수 있다. 그러나 버블 장벽의 효과는 유막이 엷거나 바다의 상태가 잔잔한 경우로 제한된다. 약간의 바람만 불어도 기름이 유실된다. 또한 아무리 단순한 시스템이라도 공기를 충분히 주입하기 위해 상당 규모의 공기압축기가 요구된다. 다공관의 공기구멍이 토사나 해양생물로 인해 막히지 않도록 정기적인 시스템 점검이 필수적이다.

참고로 ITOPF의 『방제기술정보문서』 TIP 3에 해당하는 '기름오염방제 시 오일펜스 사용지침'에서 중요하게 다루고 있는 내용을 요약하면 다음과 같다.

i) 오일펜스 사용효과의 극대화를 위해 보호 대상의 우선순위를 결정한다.
ii) 선택된 지역이 오일펜스의 예인 또는 계류를 통해 보호 가능한지 판단한다.
iii) 조류, 조수, 바람 등에 대한 정보를 최대한 많이 확보한다.
iv) 오일펜스에 미칠 수 있는 힘을 계산한다.
v) 사용 가능한 오일펜스 종류를 검토하고 최고의 효과를 발휘할 수 있는 종류를 선택한다.
vi) 신뢰성, 사용 용이성, 설치 속도, 그리고 적절한 보관, 유지관리 및 보수 준비사항을 고려한다.
vii) 적절한 예인선을 선택하고, 해상 작업의 지원에 필요한 물자 운용시스템을 검토한다.
viii) 오일펜스의 성공적인 설치를 위한 장소를 식별하고, 오일펜스 사용 계획을 개발 및 검증하여 국가 및 현지 방제 계획에 포함시킨다.
ix) 담당 인력을 대상으로 철저한 훈련을 실시하고 실질적인 연습을 통해 기술을 유지한다.
x) 오일펜스의 기름 포집 능력 한계를 파악하고, 필요 시 즉석에서 시스템을 구축해야 할 필요성을 인식한다.

제2절 유회수기[50)]

해상기름유출을 방제할 수 있는 방법은 다양하다. 여러 국가에서 1차적으로 채택하는 기법은 해수면에서 기름을 기계적으로 회수하는 방식이다. 이는 일반적인 오일펜스를 통해 유출유를 모으고, 유회수기(skimmer)로 기름을 선별적으로 회수하여 저장탱크로 펌핑하는 작업으로 구성되어 있다. 작업 규모, 기름 유형 및 환경적 조건에 따라 최적화된 다양한 종류의 유회수기가 존재한다.

Ⅰ. 유회수기의 작업 개요

유출유 회수작업의 궁극적인 목적은 최대한 합리적이고 경제적인 방식으로 기름을 포집하는 것이다. 회수 시스템이 효과를 거두기 위해서는 대량의 유출유와의 조우(encountering) 및 그러한 유출유의 포집, 집중, 회수, 펌핑 및 저장과 관련한 문제들을 해결할 수 있어야 한다. 회수 및 펌핑 기능은 일반적으로 유회수기에 결합되어 있는 경우가 많다. 모든 유회수기는 물보다는 기름을 회수하도록 설계되어있지만, 해상, 차폐지역(遮蔽地域, in sheltered waters), 연안 등의 용도에 따라 그 설계 방식이 매우 다양하다. 해상에서 사용하기 위한 유회수기는 모종의 부유체 또는 지지 부위로 이루어져 있으며, 더욱 복잡한 제품은 자체추진형이면서 복수위 회수장치, 통합형 저장탱크, 기름/물 분리장치 등을 갖추고 있다.

유회수기를 선택할 때에는 여러 요소를 고려해야 한다. 그 중 가장 중요한 요소는 유출유의 점성도 및 흡착력(시간이 지나 '풍화' 작용이 발생하면서 그러한 성질이 변화하는 것 포함), 그리고 바다 상태 및 해상 쓰레기의 상태이다.

50) 여기에서 언급하고 있는 '유회수기'는 국제유조선선주오염연맹(ITOPF)에서 내놓고 있는 『방제기술정보문서』 TIP 5(기름오염방제 시 유회수기 사용지침)에서 발췌하여 작성하였다.

선박 터미널이나 정유소와 같은 고정 시설에서처럼 상대적으로 예측하기 쉬운 상황에서는 처리할 기름의 유형이 알려져 있기 때문에 이에 맞는 유회수기를 선택할 수 있다. 반면, 다양한 상황과 기름에 대처할 수 있는 다목적 유회수기는 예컨대, 국가 비축물로 관리하기 위한 목적으로 선호될 수 있다. 그러나 어떤 유회수기도 기름유출 사고의 모든 상황에 대처할 수는 없으므로, 특히 기름이 풍화되는 상황에서는 특정 종류의 유회수기를 선택해야 한다.

다음 단계로는 유회수기의 예상되는 용도와 작업 조건을 확인한다. 예컨대, 선박에 설치되는 외해용 회수시스템의 일부를 구성할 것인가, 아니면 항구나 해안가에서 수작업으로 설치할 것인가 등을 고려한다. 해당 사항이 확인되면 크기, 내구성(robustness)과 작업 용이성, 취급 및 유지 관리 등과 관련한 기준을 평가해야 한다.

Ⅱ. 기름 회수 메커니즘 및 유회수기의 설계

유회수기의 기름 회수 장치는 해수면에서 기름을 걷어 내어 펌핑 시스템을 통해 저장탱크로 보낸다. 수면에서 기름이 제거되는 메커니즘은 이동 중인 표면에 기름이 부착되는 것을 활용하는 친유성 시스템, 흡입 시스템, 중력에 의존하는 위어 시스템, 그리고 기계적 뜰채(scoop), 벨트, 그래브(grab) 등을 통해 기름을 물리적으로 퍼올리는 시스템이 포함된다.

1. 친유성 유회수기(Oleophilic skimmers)

친유성 유회수기는 물보다 기름에 대한 친화력이 있는 소재를 채택한다. 기름은 일반적으로 디스크, 드럼, 벨트, 브러시 또는 로프 몹(mop) 형태의 소재에 부착되는데, 이들 소재가 회전하면서 기름을 수면으로부터 퍼올리게 된다([그림 3-18]~[그림 3-22]).

i) 친유성 디스크식 유회수기 : 중점도 기름에 적합하며, 회전하는 디스크에 부착된 기름을 긁어내어 기름통으로 보낸 뒤 저장탱크로 펌핑한다. 그리고 이는 적절한 펌프와 수압식 전원공급 장치를 필요로 한다([그림 3-18]).

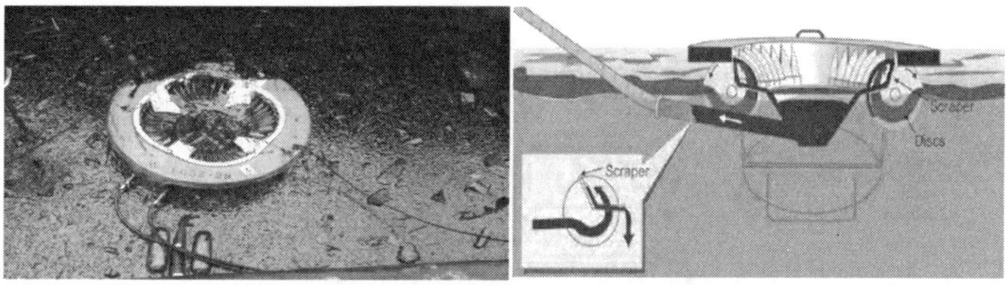

[그림 3-18] 소형 친유성 디스크식 유회수기

ii) 친유성 드럼식 유회수기 및 자유 부양형 브러시식 유회수기 : 친유성 드럼식 유회수기는 중점도 기름에 적합하며, 회전하는 드럼에 부착된 기름을 긁어내어 기름통으로 보낸 뒤 저장탱크로 이동한다는 점에서 디스크식 유회수기와 흡사하다. 다음으로 자유 부양형 브러시식 유회수기는 회전하는 브러시세트에 부착된 기름이 수면 위로 들어 올려진다. 빗 모양의 장치가 브러시에 달라붙은 기름을 제거하여 저장탱크로 보낸다. 브러시 뒤에 위치한 프로펠러는 유회수기 쪽으로 부유 기름을 유인함으로써 조우율과 처리량을 향상시킨다([그림 3-19]~[그림 3-20]).

[그림 3-19] 친유성 드럼식 유회수기

[그림 3-20] 자유 부양형 브러시식 유회수기

iii) 수평 및 수직 친유성 로프식 유회수기 : 서로 엮인 흡착 루프가 하나의 연속적인 몹에 구성하면서 수면에서 기름이 부착된다. 롤러로 끌어올린 몹에서 짜낸 기름은 저장탱크로 이송된다. 로프 몹 유회수기는 쓰레기, 얼음, 기타 장애물과 기름을 분리하여 회수하려는 경우에 유용하다([그림 3-21]).

[그림 3-21] 수평 및 수직 친유성 로프식 유회수기

친유성 소재에 부착된 기름을 긁어내거나 짜내어 기름통으로 보내진 뒤 저장탱크로 펌핑된다. 친유성 유회수기는 분리수(free water) 또는 동반 유입수(entrained water)에 비해 기름이 회수되는 비율, 다시 말해 회수 효율이 가장 높다. 친유성 유회수기는 100~2,000센티스토크(cSt)의 중점도 기름에서 최고의 효과를 발휘한다.

디젤유나 등유와 같은 저점도 기름은 일반적으로 친유성 표면에서 충분히 두껍게 축적되지 않기 때문에 회수율이 높지 않다. 또한 벙커유와 같은 고점도 기름은 점성도가 지나치게 높기 때문에 제거가 어렵다. 반면, 유중수형 에멀젼(Water in Oil)은 부착성이 거의 없기 때문에 일부 친유성 유회수기 제품으로는 회수가 어렵다. 예컨대, 유회수기를 사용하면 기름이 회수되지 않고 에멀젼이 갈라져 버린다. 일반적으로 친유성 소재는 모종의 폴리머(polymer)로 제작되지만, 금속 표면도 효과가 있는 것으로 알려져 있다. 표면에 홈이 파인 디스크 및 드럼은 부드러운 표면보다 회수율이 높은 것으로 알려져 있다.

2. 흡입식 유회수기(Suction skimmers)

이론적인 측면에서 볼 때 흡입 장치는 가장 단순히 설계된 것으로 볼 수 있다. 이것은 펌프나 공기 흡입 시스템을 통해 수면에서 기름을 직접 회수하는 방식이다. 특히 회수, 저장, 이송 및 기름/물 분리 장치를 갖춘 진공 트럭 또는 트레일러는 현지에서 구매하거나 지자체 또는 농업 관련 기관을 통해 유출 현장에서 즉각적으로 사용할 수 있으며, 해안가 또는 근처에서 기름을 회수하는 데 이상적이다. 규모가 더 작고 이동성이 높은 장치들도 이용할 수 있다. 부유 기름 또는 표착유에 흡입 호스를 직접 설치하고 망사 스크린으로 쓰레기 진입을 막으면 가장 간단한 방식의 회수시스템이 구성된다([그림 3-22]).

그러나 이러한 작업은 무차별적으로 이루어지는 경우가 많기 때문에 회수되는 물의 양이 굉장히 많아지게 된다. 관련 법규가 허용하고 필요장비가 사용 가능한 경우, 이렇듯 과도하게 유입된 물은 다른 곳으로 옮김으로써 기름의 저장 용량을 극대화해야 한다.

[그림 3-22] 흡입식 유회수기

3. 위어식 유회수기(Weir skimmers)

위어라는 장치를 흡입 호스에 부착하면 더 많은 양의 기름을 선별할 수 있다. 위어식 유회수기는 수면에서 기름을 선별적으로 회수하기 위해 중력을 이용한다. 부유 기름과 물 사이의 계면 또는 그 약간 아래로 위어의 주둥이 부분을 위치시키면 기름이 위어를 통해 선별적으로 회수되고 최소량의 물이 유입된다. 고급형 제품은 조절식 위어가 부착되어 있으며, 자체 수평성 장치를 통해 위어를 정확히 수직으로 위치시킬 수 있다. 그 밖에도 매우 단순하고 기본적인 위어식 유회수기도 있는데, 동반 유입수가 많을 수 있다. 일반적으로 너울성 파도만으로 유회수기의 작동이 방해받는 것은 아니지만, 파도가 심한 곳에서는 어떤 위어식 유회수기도 효과적이지 못하다.

이송 호스에서의 마찰 손실문제를 해결하기 위해 일부 위어식 유회수기는 자체 펌프가 설치되어 있어서 단순히 흡입에 의존하기 보다는 호스를 따라 회수 기름을 펌핑할 수 있다([그림 3-23]).

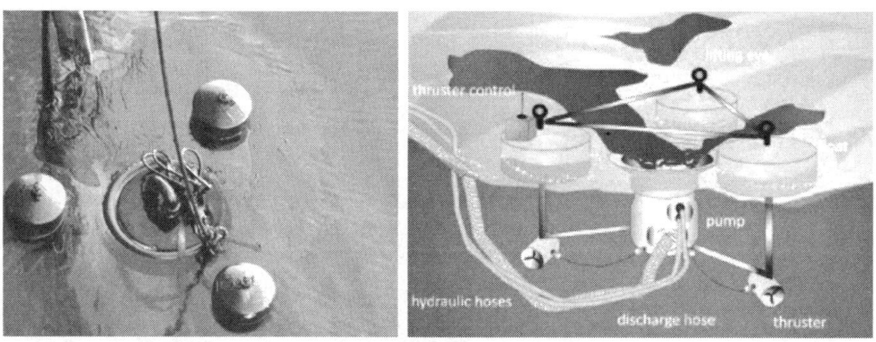

[그림 3-23] 위어식 유회수기

Ⅲ. 기름 회수작업의 한계

다른 많은 방제 방법과 마찬가지로, 성공적인 기계적 회수작업은 악천후, 기름의 점도 및 조류와 파도의 영향과 같은 요인들에 의해 제약을 받는다. 유막의 확산 및 파편화는 주어진 시간 내에 회수 가능한 기름의 양, 다시 말해서 조우율을 감소시킨다. 마찬가지로 어떤 시스템이 기름을 선별적으로 회수할 수 있는 능력은 저장용량이 제한되어 있는 경우 대단히 중요한 고려사항이다.

그 밖의 제약요인으로는 기름이 저장탱크로 이동할 수 있는 거리에 영향을 미치는 펌핑 능력을 들 수 있다. 기름 회수 시스템의 잠재적 성능은 처리 효율, 회수 효율 및 기름 회수율 등의 테스트 성능기준으로 표시할 수 있지만, 이러한 각각의 기준은 근본적으로 조우율의 제약을 받는다.

1. 조우율

조우율은 회수 시스템이 휩쓸고 지나가는 해수면 부분(기름 회수 폭 및 회수 시스템 전진 속도)과, 유막의 확산 및 파편화 정도라는 두 가지 요소로 구성되어 있다. 해상에서 갓 유출된 기름은 충분히 두껍고 응집력이 있으며 균일한 상태를 유지한다면 포집할 필요 없이 적절한 상태로 회수할 수 있다. 이 경우 유회수기의 능력은 회수 능력과 적정 저장 용량의 제한만 받게 된다. 따라서 기름이 갓 유출된 상황에서는 신속한 자원 동원이 유회수기의 효과적 작업을 위해 중요하다.

유회수기 제조업자들이 발표하는 회수율을 입수할 수 없는 경우가 많은 1차적 이유는 유출된 기름이 확산, 파편화 및 풍화되는 경향이 있기 때문이다. 다양한 유출 사고를 통해 얻은 경험에 따르면 시험 상황에서의 회수율을 유지할 정도로 기름이 포집되지 않는다. 따라서 시험 결과는 오류의 가능성이 있으므로 비교 목적으로만 사용해야 한다.

기름이 확산되고 나면 회수 시스템의 효과는 기름의 조우율에 더욱 의존하게 된다. 회수선의 속도, 유효 회수 폭, 유막의 두께 및 기름의 분산 정도 등이 조우율을 결정한다. 유막의 두께와 기름의 분산 정도는 확산 비율, 경과 시간, 기후 상태, 기름 유형 및 에멀젼화의 정도가 결정하는데, 이들 요소에 대한 통제는 거의 불가능하다. 그러나 특정 요인으로 인해 회수 폭과 작업 속도는 달라질 수 있다. 예컨대, 오일펜스를 사용하여 부유기름을 포집하면 회수 폭이 넓어진다. 따라서 오일펜스의 설치 방식은 유회수기의 작업 방식에 커다란 영향을 미치게 된다.

특히 해수의 움직임에 비해 회수 시스템이 정적으로 설치되어 있는 경우, 대부분의 유회수기는 0.35~0.5m/s(0.7~1노트)를 초과하는 조류에서 부유 기름이 오일펜스를 탈출하기 때문에 성능이 약화된다. 이러한 제약 조건은 자체추진형 유회수기를 통해 부분적으로 해결할 수 있다. 일반적으로 쌍동선의 선체사이에서 벨트나 흡착 몹 어레이가 회전하면서 항행 시 부유 기름 대비 속도가 효과적으로 감소하거나 0이 되는 방식이다. 또한 이러한 방식은 부유 기름의 난류를 최소화함으로써 에멀젼화의 가능성을 감소시키는 장점이 있다.

부유기름이 해상에서 바람의 방향을 따라 집중되면서 기름띠가 형성되면 일반적으로 회수 폭이 넓지 않아도 된다. 이러한 기름띠는 회수 폭이 상대적으로 좁은 회수장치로 회수할 수 있으며, 이때 항공기의 인도를 받는 것이 이상적이다. 기름띠가 형성되면서 기름의 집중도와 유막의 두께가 증가하고 기름띠 사이에 위치한 해수에는 기름이 상대적으로 적기 때문에 훨씬 넓은 회수 폭을 가진 장치를 사용한 것과 같은 성과를 거둘 수 있다.

항구, 계선지, 내륙 수로, 해안 근처 등과 같이 협소한 지역에서는 선체, 말뚝 및 기타 항구 시설, 바위 또는 쓰레기, 천해로 유입된 기름 또는 연안 표착유 등으로 인해 조유율이 영향을 받게 된다. 방파제나 그 밖에 해안가에 위치한 장애물로 인해 충분히 두꺼워진 기름은 쉽게 회수할 수 있지만, 기름이 주변을 이동하는 경우에는 회수기의 작업 능력이 제한된다.

증발, 분산 또는 기타 풍화작용으로 인해 해수면에 잔존하는 기름의 양이 감소하거나 대부분이 회수되어 잔존유의 양이 감소한 경우에는 조우율 역시 유사한 정도로 감소하며, 이에 따라 회수 인력과 장비의 철수를 결정해야 할 시점이 도래하게 된다.

2. 성능 기준

시스템의 전반적인 성능을 결정하는 중요한 요소는 회수 효율이다. 회수 효율은 물 대신 기름을 회수하는 선별성을 측정하는 자료로서, 포집된 물과 기름의 총량 중에서 회수유가 차지하는 비율로 표시된다. 처리 효율은 조우한 기름의 양과 회수유의 양을 비교한 것으로서 포집 장벽과 회수 장치에서 발생한 손실이 부각된다, 작업 속도가 증가하고 해상 상태가 악화되는 상황, 특히 파고는 증가하나 파장은 줄어들면서 작은 파도가 거칠게 이는 바다에서는 처리 효율이 감소한다. 다시 말해서 속도가 증가하면 처리 효율은 줄어드는 반면, 조우율이 증가한다는 트레이드오프(trade-off)가 발생한다.

파도는 오일펜스가 포집한 기름의 손실을 초래한다. 이는 넘침상실이 발생하거나 해수의 작용에 제대로 적응하지 못하면서 물마루(crests) 사이에 브리징(bridging) 현상이 생기기 때문이다. 마찬가지로 회수 장치, 특히 위어식 유회수기가 기름/물 계면의 최적 위치에 머물지 못하면 대량의 물이 유입되는 경우가 많다. 또한 파도에 비례하여 유회수기에 의해 발생하는 난류는 유회수기 아래의 기름 손실을 초래한다. 이상적인 회수 장치는 질량과 크기가 작아서 파도의 작용에 효과적으로 적응해야 한다.

선박에 견고하게 부착되거나 내장되어 있어서 독립적으로 움직일 수 없는 장치는 바다상태가 악화되는 경우 해수면이 달라지기 때문에 효과가 감소한다. 반면, 심한 너울성 파도라도 파장이 충분히 길면 작업에 크게 영향을 미치지 않는다. 또 다른 성능 기준으로는 기름 회수율을 들 수 있다. 기름 회수율은 단위 시간당 유회수기가 회수하는 기름의 양으로서 m^3/h 등으로 표시한다.

기름 회수율은 모든 시스템 장치(특히 펌프와 저장탱크)가 특정 회수율을 처리할 수 있는 경우, 조우율과 처리 효율에 의해 결정된다. 전형적인 기름 점성도와 수두 손실(head loss)을 감안해 조정된 최대 펌프용량은 보통 유회수기의 용량을 가리키는 단독 지표로 간주되며, '네임플레이트 비율(nameplate rate)'로 알려져 있다. 이는 분명 중요한 고려사항이지만, 시스템이 회수하지 못한 기름의 양 및 기름과 함께 회수된 물의 양 역시 고려해야 한다. 시스템의 전반적인 성능은 펌프 용량, 기름 회수율 및 회수효율을 모두 고려하여 판단해야 하며, 이들 세 요소는 기름이 회수되는 비율과 자유수가 회수되는 양을 결정하게 된다.

3. 기름의 점성도

기름의 점성도는 대다수 회수 장치의 효율성에 1차적인 제약을 가한다. 일부 고점도 원유 및 연료유와 같이 유동점이 높은 기름은 일반적으로 쉽게 흐르지 않는다. 주위 온도가 유동점 이하인 경우, 이들 기름은 반고체 상태가 되어 유회수기 쪽으로 잘 유입되지 않기 때문에 회수하기가 어려워진다. 점성도는 여러 종류의 기름이 W/O(Water in Oil) 에멀젼을 형성하려는 경향 때문에 영향을 받기도 한다. 이러한 에멀젼은 오염물의 전체 부피를 3~4배 정도 증가시킨다. 에멀젼이 형성되면서 점성도 역시 일반적으로 100,000cSt 이상으로 현저하게 증가한다. 어떤 경우에는 이러한 문제를 해결하기 위해 유탁제 또는 화학적 유화 파괴제를 골고루 섞어 토출함으로써 펌핑을 촉진하고 저장 용량을 최소화하기도 한다.

시간이 지남에 따라 기름의 풍화로 인해 점성도가 증가하기 때문에, 가장 적절한 유회수기 및 펌핑 장치의 사용 등 방제 전략의 지속적인 재평가가 필요하다. 고점도 및 반고체 기름의 회수를 위한 가장 단순하고 효과적인 접근법 중 하나는 소형선박을 이용해서 뜰채로 회수(수작업)하는 것이다. 뜰채에 뚫린 구멍으로 물이 빠져나가게 되며, 회수된 기름은 선상에 있는 드럼이나 1톤 백으로 이송된다.

4. 펌프, 호스 및 전원공급 장치

펌핑 단계는 유회수기의 전반적인 성능을 결정하는 경우가 많다. 이는 기름의 점성도가 증가하면서 모든 펌프가 비록 정도의 차이는 있지만 효율성을 잃기 때문이다. 일반적으로 회수유의 차리는 정변위 펌프(positive displacement pump)가 더욱 적합하다. 원심펌프(centrifugal pupm)는 처리할 수 있는 기름의 점성도에 제약을 받으며 W/O 에멀젼의 형성을 촉진하는 경향이 있다. 콘크리트나 슬러리(slurry)[51]의 펌핑을 위해 설계된 제품이나 나사 펌프를 포함한 전문적인 제품들은 매우 높은 점성도에도 견딜 수 있으나, 토출 호스의 내부 저항이 제약 조건으로 작용할 수 있다.

일반적으로 기름과 함께 회수되는 물의 양은 저장의 최적화 및 처리 비용의 절감을 위해 최소한으로 유지되어야 한다. 그러나 고점도 기름의 경우, 자유수 또는 동반 유입수의 회수는 펌핑 시 기름의 저항으로부터 발생하는 배압(back pressure, 유체가 배출될 때 유체가 갖는 압력) 및 특정 거리로 펌핑하기 위한 동력을 절감시킬 수 있다는 초기 장점이 있다. 또한 이에 따라 구성 부품의 마모와 손상을 줄일 수 있다. 관련해서, 펌프의 입구와 출구에 물분사 장치를 설치하면 펌핑능력이 향상되며, 구체적으로 토출압력은 95% 감소하고 유량은 10배 정도 증가한다(펌프(토출압력 181psi, 유량 4.5~5.9㎥/hr)에 물분사 장치를 설치하면 토출압력은 7~9psi, 유량은 46.7~58.2㎥/hr 정도가 된다).

이송 호스와 고압 호스는 부유 장치에 잘 들어맞아야 하고 유회수기가 당겨지지 않아야 한다. 그렇지 않으며 유회수기가 잘못 된 위치에 뜨게 된다. 또한 부유 장치는 호스의 가시성이 높도록 설치하여 막힘을 최소화하고 선박의 프로펠러와 얽히지 않도록 해야 한다. 고압 호스를 포함한 모든 호스는 기름이 묻었을 경우 취급하기가 까다로워진다. 아울러 이들 호스는 단순하지만 효과

51) 슬러리 : 고동도의 현탁 물질을 함유한 유동성이 적은 액체 상태를 말한다(네이버검색사이트, https://www.naver.com).

적인 성능을 발휘하는 커플링(coupling)에 잘 들어맞아야 한다. 직경이 다른 호스를 서로연결하거나 상이한 종류의 커넥터를 연결할 때에는 적절한 어댑터를 사용한 것이 유용하다.

여러 유회수기 제품은 펌핑 및 (필요시) 기름 회수를 위한 전용파워 팩이 장착되어 있다. 예컨대, 디젤 파워 팩은 직접적으로 사용하거나 전기, 유압 또는 공기압시스템을 유도하기 위해 사용할 수 있다. 화재 또는 폭발의 위험이 있는 정유소, 석유 탱크 집합 지역, 기타 제한 지역에서 적용되는 안전 규제 요건을 준수하는 파워 팩을(가솔린 엔진은 제외) 설치할 수 있다. 고점도 기름을 펌핑할 때에는 파워 팩을 최대 용량으로 작동시켜야 하는 경우도 있으므로 펌프 용량을 충족시킬 수 있는 전원공급 장치를 선택하는 것이 중요하다.

5. 저장탱크

회수된 기름과 기름수의 저장 문제는 전체 작업을 심각하게 제약하는 요소인 경우가 많다. 여러 선박, 특히 방제정(Vessel of Opportunity, VOO)의 경우, 선상 저장탱크의 용량이 제한되어 있어서 대량의 기름과 조우하는 시스템인 경우에는 급속히 차오르게 된다([그림 3-24]).

[그림 3-24] 회수유 저장탱크 설치 선박
(공간 제약이 있는 회수유 저장탱크가 갑판에 설치된 선박)

이때 기름/물 분리 장치를 사용하면 회수유의 농도를 높이고 제한된 공간의 사용을 극대화 할 수 있다. 대용량 저장탱크 또는 적절한 기름/물 분리 시설을 갖춘 선박은 해상에서 더 오랫동안 기름을 회수할 수 있지만, 규모가 상대적으로 크기 때문에 특히 해안과 근접한 경우와 같이 다양한 상황에서 기동력을 충분히 발휘하지 못할 수 있다.

회수작업의 물류 운용은 해상에서 회수된 기름을 저장할 수 있는 전용 바지선이나 탱커를 통해 향상될 수 있다. 그 밖에도 팽창식 바지선과 같이 특정 목적을 위해 임시로 설치된 부유 저장탱크를 활용할 수도 있다([그림 3-25]).

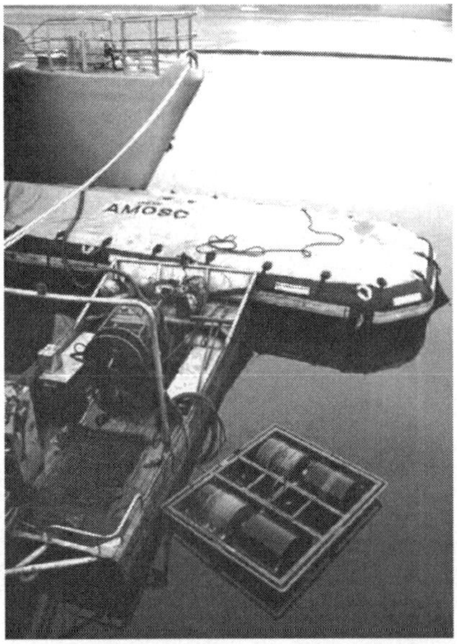

[그림 3-25] 팽창식 저장바지선으로 기름을 회수하고 있는 드럼식 유회수기

그러나 이러한 장치는 거친 바다에서 파도에 휘말릴 가능성을 고려해야 한다. 드래콘(dracone)[52], 블래더(bladder) 및 그 밖의 밀폐형 저장탱크는 사용 후

52) 트래콘 : 액체를 수송하기 위해 해면을 예항(曳航)할 수 있게 된 유연한 대형 용기를 말한다

내용물을 비우고 세척하기가 어려울 수 있기 때문에 신중하게 고려해야 한다.

궁극적으로 회수유는 해안에 토출해야 하므로 적절한 적하 장비를 갖춘 부두 근처의 탱크나 기타 저장 장치를 식별해야 한다. 저장탱크에 가열 장치가 없는 선박의 경우, 이동식 히팅 코일을 사용하면 파이프와 호스를 통해 기름이 흐르는 것을 촉진함으로써 해당 선박이 해상으로 돌아가 회수작업을 재개하는 시간을 줄일 수 있다.

해안 또는 근해에서 회수한 기름의 현지 저장 문제는 하나의 제약 요소로 작용할 수 있으므로, 지속적인 운송을 위해 탱크로리로 직접 이송하는 방식이 선호되는 경우가 많다.

앞서 언급한 바와 같이, 산업용 또는 농업용 진공 탱커는 기름 회수작업을 위한 여러 요소들을 하나로 결합하는데 유용하게 사용될 수 있다. 그 밖에도 이동식 저장탱크, 스킵(skip), 선형 피트(pit) 등을 최고수위선 위에 설치하면 문제가 어느 정도 해결된다.

특히 선형 피트의 경우에는 구축하기 전에 현지 당국의 허가를 받아야 한다. 아울러 현장 계획은 분리수의 배출 능력을 반영하여 수립되어야 한다([그림 3-26]).

[그림 3-26] 에멀전화 한 연료유 임시 저장탱크로 펌핑

(네이버검색사이트, https://www.naver.com).

Ⅳ. 유회수기의 설치

1. 해상 회수작업

방제 계획에서는 해상 회수작업에 필요한 일체의 물류 요건을 고려해야 한다. 가장 두꺼운 기름층의 위치를 파악하고 회수선이 최적의 효과를 발휘할 수 있도록 유도하기 위해서는 정찰기가 필요하다. 또한 기름이 확산하여 회수가 불가능할 정도로 분산되기 전에 오일펜스 및 유회수기를 설치할 적절한 선박을 최대한 신속히 확보하여야 한다. 공중으로부터의 조율작업은 공중과 바다 간의 커뮤니케이션 장치를 갖춘 항공기가 회수선과 직접 연락을 취함으로써 변화하는 상황에 신속히 대처하는 방식이다. 예상되는 회수율에 맞추기 위해 충분한 저장 용량이 해상에 확보되어야 하며, 앞서 논의한 바와 같이 해안에서는 회수 기름을 모을 수 있는 설비가 갖추어져 있어야 한다. 그러나 이러한 요건 모두를 신속히 충족시키기는 어렵다. 여러 유출사고에서 상당수의 방제선이 투입됨에도 불구하고 유출유의 약 10% 이상만 회수되며, 보통은 그보다 더 낮은 비율로 회수되기 때문이다.

해상에서 부유하는 기름을 모으기 위해서는 일반적으로 두 척의 선박을 이용하여 U자형, V자형 또는 J자형으로 오일펜스를 예인하는 방법을 취할 수 있다. 회수 장치는 하나의 선박에서 배치되거나 오일펜스 구성 형태의 일부로서 예인될 수 있다. 유회수기는 가장 두꺼운 유막에 위치해야 하지만, 오일펜스의 마멸 또는 기타 손상을 방지하기 위해 유회수기와 오일펜스가 서로 접촉하지 않아야 한다.

대형 유회수기에 부딪히는 파도는 기름이 회수부로 흐르는 것을 방해한다. 이에 따라 장비를 요령 있게 운용해야 하며, 상황 변화에 따라 지속적인 조정 작업을 실시해야 한다. 요구되는 저속으로 오일펜스를 예인할 수 있는 전문성은 유출사고 훈련 및 정기적인 훈련을 통해 확보할 수 있다. 여러 선박이 참여하는 회수 시스템의 유지 관리는 일차적으로 각 선박 간 조율이 어렵기 때문에 까다로운 작업이다. 이에 따라 유연성이 있는 또는 견고한 스위핑 장치를 통해 기름 포집, 회수 및 저장 기능을 선박 한 척으로 수행할 수 있는 해결책을 고려할 수 있다.

유연성 있는 시스템에서는 아웃리거(outrigger, 현외)에 부착된 오일펜스를 사용하며 이 경우에는 건현이 높기 때문에 잔잔한 바다에서 바람 부는 배치가 가능하다([그림 3-27]).

[그림 3-27] 아웃리거에 부착된 팽창식 오일 붐

그러나 회수 폭이 너무 넓으면 거친 바다나 커다란 너울성 파도로 인해 장치가 손상을 입을 수 있고 기동성이 제약을 받음으로써 선박의 운용에 심각한 영향을 미친다. 이러한 시스템에서는 기름이 가장 많이 집중되어 있는 오일펜스 정점(at the apex of the boom)에 유회수기가 위치하며, 자유롭게 떠 있거나 선박의 측면에 설치되어 적절한 입구를 통해 기름이 유입될 수 있도록 한다([그림 3-28]). 견고한 시스템은 고형 부유 장벽 또는 스위핑 암이 크레인이나 수압식 암을 통해 선박으로부터 배치된다([그림 3-29]).

[그림 3-28] 내장형 단일선박 회수 시스템

[그림 3-29] 회수선 유연성 스위핑 암

유회수기는 회수기름의 종류에 따라 일반적으로 위어식 또는 브러시식으로 되어 있으며, 회수를 촉진하기 위해 선박 근처에 있는 암에 설치된다. 견고한 스위핑 시스템은 배치하기가 상대적으로 용이하고 설계가 간단명료하다는 장점이 있다.

유연성을 가진 또는 견고한 시스템을 특별히 설계된 선박이나 적절한 설비를 갖춘 방제정에서 사용할 수 있다. 작업 플랫폼을 갖춘 선박이 적절한 핸들링 기어와 충분한 기동성을 갖춤으로써 회수 위치를 바람과 조류에 맞서 유지할 수 있는 것이 이상적이다. 해양예인특수선(Anchor Handling Tug Supply, AHTS) 또는 해양작업지원선(Platform Supply Vessel, PSV)의 대형 개방형 갑판은 장비의 보급, 취급, 배치, 유지 관리 및 세척에 용이하다. 그러나 개방된 갑판은 거친 바다에서 작업자들에게 위험할 수 있다.

일부 선박 유형은 특히 다량의 부유 기름을 회수하는데 효과적인 것으로 입증되고 있다. 특히 저장 용량이 큰 준설선, 연안에서 운항하는 유조선(coastal tanker), 유출유회수부선(spilled oil recovery) 등은 배출 작업에 앞서 더 오랫동안 해상에 머물 수 있다. 이들 선박과 아울러 건현이 상대적으로 높은 그 밖의 선박들은 바람이 부는 쪽으로 회수하는데 도움이 되지만, 높은 곳에서 장비를 배치하면 풍손(windage)이 발생할 수 있다. 회수된 기름의 취급은 그러한 종류의 선박들에 일반적으로 설치되어 있는 고용량 펌프 및 히팅 코일 내장형 저장 탱크의 도움을 받게 된다. 준설선의 경우, 제한된 상황에서는 준설관 또는 버킷을 기름에 직접 사용하는 것이 가능할 수 있으며, 이들 시스템은 비선별적이고 파이프 직경이 크기 때문에 쓰레기나 고도로 에멀젼화 된 기름에 막힐 가능성을 감소시킬 수 있다.

2. 연안 및 해안에서의 회수작업

자체 추진형 유회수기는 잔잔한 해상일 경우 항구, 항만, 차폐지역(바위로 이루어진 곳 등) 등에서 효과적으로 사용이 가능하다. 예컨대, 쓰레기 수집기와 같은 2차적 기능도 일부 수행할 수 있다. 이들 선박은 오염 위험 및 기름의 유형이 알려져 있고 방제 계획이 상대적으로 단순 명료한 유류 터미널이나 정유소를 위한 방제 계획의 일환으로 활용되는 경우가 많다. 특수 목적을 위해 제작된 자체 추진형 유회수기는 비교적 고가의 장비이나, 사방이 막힌 지역, 특히 해안으로부터의 접근이 용이하지 않는 경우에 효과적이다([그림 3-30]).

[그림 3-30] 자체 추진형 위어식 유회수기

이동식 유회수기의 경우에는 천흘수선(shallow-draught vessels)이 해안 근처(흘수가 낮은 회수선은 해안 근처에서 작업이 가능하다)에서 최적의 작업 플랫폼을 제공할 수 있다. 이 경우, 이동식 저장탱크 또는 위험물운반용기(Intermediate Bulk Container, IBC)를 선상에 설치하여 기름을 저장할 수 있다. 그러나 저장 기름의 양과 파워 팩 기타 장비가 선박의 안전성을 저해하지 않도록 주의해야 한다.

기타 부유 물질과 마찬가지로 기름은 바람과 물의 영향을 받아 해안을 따라 특정 위치에서 축적된다. 이렇듯 자연적으로 집중되어 있는 특정구역은 일반적으로 쓰레기가 대량으로 존재하는데, 만약 쓰레기를 처리할 수 있다면 이 구역은 유회수기가 기름을 회수하는 작업에 도움을 주는 지점이다. 다른 유회수기에 비해 쓰레기의 제약을 덜 받는 친유성 로프 몹 유회수기는 최고의 효과를 발휘할 수 있다. 회수작업은 오일펜스를 활용하여 기름을 포집하고 바람 또는 조류의 변화에 따른 이동 가능성을 감소시킴으로써 향상될 수 있다.

또한 로프 몹 유회수기는 오일펜스의 안쪽에 설치되어 오일펜스를 따라 부유하는 소량의 기름을 효과적으로 회수할 수 있다. 가능하면, 해안으로부터 유회수기를 작동시키는 편이 일반적으로 더욱 용이하다. 이는 특히 기름 회수 지점과 가까운 곳에 연결 도로가 위치하고 있거나, 포장 주차장 또는 편평한 작업 구역이 있는 경우에 그러하다. 유회수기는 안벽 또는 방파제에 설치된 크레인을 이용하여 기름유출 부위에 놓고 작동시키거나, 유막이 두꺼운 경우에는 펌프를 기름에 직접 댈 수도 있다.

작업 현장이 식별되면 간단한 현장 계획을 수립함으로써 회수유의 취급을 간소화하고 작업 위험을 줄일 수 있다. 작업자들에게 제공하는 연료, 숙식 및 사고 통제센터와의 커뮤니케이션과 같은 물류 운용은 신중하게 이루어져야 한다.

기름이 진흙 또는 모래 해변에 걸려 있는 경우, 상황에 따라 구덩이에 집중되어 있는 기름을 회수할 수 있는데, 이 때 일반적으로 진공 장비를 사용한다. 바위나 땅의 틈에 고인 기름도 비슷한 방식으로 회수할 수 있다. 단단한 모래

사장에서는 트랙터에 장착한 친유성 드럼이나 기타 장치를 통해 타르볼을 회수함으로써 작업을 가속화할 수 있다. 기타 특화된 유회수기는 상황별로 해안에서 효과적으로 사용될 수 있으나, 수작업에 의한 회수 등의 기법이 더욱 적절한 경우가 대부분이다.

강과 호수에서의 기름 회수는 앞서 언급한 바와 같이 비슷한 종류의 제약, 특히 접근성과 조류의 영향을 받게 된다. 그러나 얼음에 유출된 기름의 회수는 별도의 문제가 다수 발생한다. 특히 기름이 얼음 속에 갇힐 가능성이 있다. 회수가 가능하도록 얼음을 분쇄하는 장치는 아직 연구 중이다. 이러한 접근법에 내재하는 근본적인 문제점은 회수된 기름 얼음의 기름 농도가 일반적으로 매우 낮다는 점이며, 이에 따라 해빙기가 지나야 더 나은 회수율을 달성할 수 있다. 로프 몹 유회수기를 사용하면 유빙 사이에는 부유하는 기름을 회수할 수 있으나, 저온 때문에 기계가 작동을 멈출 위험이 있다.

참고로 ITOPF의 『방제기술정보문서』 TIP 5에 해당하는 '기름오염방제 시 유회수기 사용지침'에서 중요하게 다루고 있는 내용을 요약하면 다음과 같다.

i) 해상 및 해안에서의 회수작업이 지니는 장점은 바다 상태, 바람, 조류, 민감 지역의 위치 등과 같은 조건을 고려하여 평가해야 한다,

ii) 회수유의 유형, 주위 온도에서의 점성도, 시간 흐름에 따른 특성 변화 등은 가장 효과적인 유회수기를 선택할 때 대단히 중요한 고려사항이다.

iii) 용량, 신뢰성, 강건성, 현장 성능, 중량, 취급방식, 다용도성, 전원, 유지관리, 비용 등에 대한 기준은 가장 적절한 유회수기를 선택할 때 고려해야 하는 사항이다.

iv) 진공 트럭 및 기타 흡입 시스템은 해상 또는 해안의 두꺼운 유막 흡수에 사용하기 편리한 경우가 많다.

v) 기름 회수작업의 효과적 조율은 항공기를 활용하여 유출유 및 정화 과정을 모니터링하고 최적의 효과를 위해 가장 두꺼운 유막으로 회수선을 인

도함으로써 향상될 수 있다.

vi) 유회수기의 성능은 최적의 효율을 위해 지속적으로 모니터링해야 한다.

vii) 회수지연을 최소화하기 위해 회수기름의 펌핑, 저장 및 처리에 대한 물류 운용사항이 다루어져야 한다.

viii) 작업 인원의 교육훈련 기준을 유지하고 장비에 발생하는 문제를 해결하기 위해 정기적인 장비검사 및 시험이 계획되어야 한다.

제3절 유흡착재[53)]

유흡착재(sorbent materials)는 여타의 방제 기법이 부적합한 상황에서 기름을 회수함으로써 기름유출 방제 과정에서 유용한 수단으로 활용될 수 있다. 그러나 유흡착재는 과도한 폐기물 생성에 따른 방제 비용을 현저히 증가시키는 등의 2차적 문제를 최소화할 수 있는 방식으로 적절히 사용되어야 한다.

Ⅰ. 유흡착재의 작업 개요

유흡착재는 물보다 기름을 회수하기 위해 설계된 다양한 종류의 유기물질, 무기물질로 만들어진 제품들로 이루어져 있다. 유흡착재의 구성과 성분은 사용된 소재 및 방제작업에서 의도된 용도에 따라 다르다.

유흡착재는 기름유출 방제를 위해 광범위하게 사용되는 수단이지만, 부적절하고 과도한 사용을 최소화하기 위해 주의를 기울여야 한다. 그렇지 않으면 2차적 오염, 회수, 보관 및 처리와 관련된 물류상의 주요 문제가 발생하는데, 이

53) 여기에서 언급하고 있는 '유흡착재'는 국제유조선선주오염연맹(ITOPF)에서 내놓고 있는 『방제기술정보문서』 TIP 8(기름오염방제시 유흡착재 사용지침)에서 발췌하여 작성하였다.

와 같은 문제는 전반적인 방제 비용을 현저히 상승시킨다.

특히 합성물질로 만들어진 유흡착재는 과하지 않게 적절히 사용해야 하며, 추후 폐기물 처리 문제를 최소화하기 위해 사용능력이 다될 때까지 사용해야 한다.

일반적으로 유흡착재는 해안가 정화 작업의 마지막 단계에서, 그리고 여타의 정화기법으로는 쉽게 회수할 수 없는 작은 기름 덩어리들을 회수할 때 가장 효과적으로 사용된다. 유흡착재는 외해에서 사용하기에는 부적절하며, 고점도 연료유처럼 점성도가 높은 기름과 풍화된 기름 및 에멀젼에는 일반적으로 효과가 덜하지만, 점성도가 높은 기름을 처리하기 위해 특별히 설계된 제품도 있다.

Ⅱ. 유흡착재의 작용 원리

어떤 소재가 유흡착재로 작용하려면 물은 배제하고 기름을 끌어당기는 성질, 다시 말해서 친유성(oleophilic)이면서 소수성(hydrophobicity, 물분자와 쉽게 결합하지 않는 성질)이어야 한다. 유흡착재는 흡착형 또는 흡수형으로 나눌 수 있다. 흡착형 물질은 우선적으로 기름을 소재 표면으로 끌어당겨지는 반면, 흡수형 물질은 기름 또는 기타 회수물을 소재의 내부로 포함시킨다. 실제 현장에서 사용되고 있는 기름유출 방제를 위한 제품의 대다수는 흡착형이다.

1. 흡수제

액체는 모세관 작용과 유사한 과정을 통해 고체 흡수 물질의 내부에서 확산되어 흡수 물질을 부풀게 하며, 밖으로 새거나 압착되지 않는 방식으로 해당 물질과 결합한다. 오염방제를 위한 흡수형 제품은 흡수를 촉진하기 위해 표면적이 넓은 폴리머(polymers)[54] 소재로 제조된다. 흡수제는 액체의 표면적을 감

54) 폴리머는 한 종류 또는 수 종류의 구성단위가 서로에게 많은 수의 화학결합으로 중합 연결된 분자 형태의 화합물이다(네이버검색사이트, https://www.naver.com).

소시킬 수 있기 때문에 휘발성 물질과 함께 사용할 수 있다. 이론적으로 흡수제는 저점도 연료유 및 일부 원유를 회수할 수 있으나, 흡수에 필요한 시간이 오래 걸리기 때문에 점성도가 낮은 액체 및 유출 화학물질, 특히 위험하고 유해한 물질의 회수에 더욱 적합하다. 흡수형 제품은 흡착형에 비해 기름유출 방제에 사용되는 경우가 상대적으로 드물다.

2. 유흡착재

i) 습윤성

유흡착재는 습윤성, 즉 유흡착재의 고체표면이 액체와 접속하여 액체를 빨아들이는 것으로 성공적인 흡착을 위해서는 기름이 유흡착재 소재를 적셔 표면으로 퍼지면서 물을 배제시켜야 한다. 액체는 표면장력이 고체의 임계표면장력(γc)보다 낮으면 고체를 적시게 된다. 따라서 어떤 유흡착재가 필요 기준을 충족하려면 γc값이 물보다는 낮고 기름보다는 높아야 한다. 해수의 표면장력은 대략 60~65mN/m이다. 기름의 표면장력은 구성 성분별로 다양하지만, 일반적으로 20mN/m 정도이다. 따라서 예컨대, γc값이 18mN/m인 PTFE(폴리테트라플루오로에틸렌)에는 기름과 물 모두 흡착하지 않으나, γc값이 29mN/m인 폴리프로필렌은 이상적인 유흡착재이다.

다수의 자연 소재 및 합성 소재로 된 고체는 적정 γc값을 가지고 있다. 요구되는 값을 가지고 있지 않은 고체 무기물질은 가열을 포함한 다양한 표면 처리를 통해 원하는 조건으로 바꿀 수 있다. 그러한 예 중 하나가 박리 질석(蛭石)(exfoliated vermiculite)이다. 여러 소재, 특히 발포성 흡착재 및 섬유 가닥은 기름에 최초로 적셔지거나 프라이밍(priming)된 후에는 친유성이 향상될 수 있다.

ii) 모세관 작용

어떤 물질은 흡착이 모세관 작용에 의해 이루어진다. 이것 역시 고체와 액체의 상대적 표면장력이 좌우하지만, 기름의 점성도는 유흡착재 구조로 침투하는 속도에 중요한 영향을 미친다. 기름의 침투율은 경질 원유와 같은 저점도 기름의 경우 몇 초 이내로 빠르게 작용하고, 중질 연료유나 풍화된 기름과 같은 고점도 기름의 경우에는 몇 시간씩 소요되거나 무시할 만한 수준으로 느리게 작용한다.

모세관 작용은 발포성 흡착재와 관련하여 특히 중요하다. 미세한 구멍들이나 있는 발포성 소재는 저점도 기름을 쉽게 회수하지만, 더 두꺼운 기름으로 인해 구멍들이 급속히 막히게 된다. 반대로 거친 셀 구조로 되어 있는 발포성 소재는 점성도가 높은 기름에 효과적이지만 저점도 기름은 효과적으로 흡수하지 못한다.

iii) 응집력/접착력

응집력(cohesion)은 어떤 물질이 스스로를 끌어당김으로써 단단한 표면에서 퍼지는 것을 막는 힘인 반면, 접착력(adhesion)은 어떤 물질이 다른 물질을 끌어당기는 힘을 말한다. 유흡착재는 기름이 유흡착재 표면에 달라붙는 접착력과 더 많은 양의 기름을 유흡착재가 보유하도록 하는 응집력 모두에 의존한다. 유흡착재가 섬유 가닥들로 이루어진 타래 형태인 경우, 유흡착재의 구성 분자 사이에 있는 기름은 응집력에 의해 엉기면서 기름이 퍼지는 것을 지연시키기 때문에 기름과 유흡착재 혼합물을 회수하기가 더욱 쉬워진다. 응집력은 기름의 점성도가 높을수록 커진다.

iv) 표면적

특정 흡착 물질의 적심, 퍼짐 및 모세관 작용 관련 특성 외에도 흡착율과 흡착 용량 역시 표면적과 직접적인 관련이 있다. 효과적인 흡착 물질은 외부 표면 및 내부 표면(존재하는 경우)의 부피 대비 표면적의 비율이 커야 한다.

흡착 물질로 신속히 유입될 수 없는 고점도 기름의 경우, 유흡착재의 성능은 외부 표면적에 의해 결정된다. 예컨대 섬유 가닥들로 이루어진 흡착재는 붐형 흡착재보다 외부 표면적이 상대적으로 넓기 때문에 흡착률이 상대적으로 더 높을 것이며, 고점도 기름에 효과적일 것이다.

흡수제와 달리 흡착 물질을 휘발성 액체에 사용할 때에는 주의를 요한다. 흡착 물질의 내·외부 표면에 퍼진 휘발성 액체는 증기 방출량을 증가시킴으로써 연소되거나 건강에 해를 입힐 수 있다.

Ⅲ. 흡착재의 소재와 형태

1. 흡착재의 소재

다양한 종류의 소재를 흡착재로 사용할 수 있다. 구체적으로 나무껍질, 이탄(泥炭, peat), 톱밥, 종이펄프, 바가스(bagasse)(사탕수수 찌꺼기), 코르크, 닭털, 짚, 양모, 인모 등의 유기물질과 질석, 부석 등의 무기물질, 그리고 폴리프로필렌 및 그 밖의 폴리머와 같은 합성물질이 포함된다.

합성물질로 만든 유흡착재는 일반적으로 기름을 가장 효과적으로 회수한다. 어떤 경우에는 기름 대 유흡착재 중량비가 40:1에 이르기도 하는 반면, 유기물질 제품은 10:1이고, 무기물질 소재는 2:1에 불과하다.

실제로 유흡착재는 바람, 파도, 조류 등의 영향을 받으며, 이렇듯 자연적이고 예측 불가능한 조건에서 유흡착재의 성능은 각각의 제품을 통해 얻어진 실험 수치와 다를 수 있다.

2. 유흡착재의 형태

유흡착재는 구성 성분 및 용도에 따라 다양한 형태로 시판되고 있지만, 일반적으로 다음과 같은 네 가지 유형으로 분류할 수 있다. i) 벌크식 : 주로 낱낱의 입자 형태로 되어 있는 소재, ii) 폐쇄식 : 망사로 둘러싸인 베게 또는 오일 붐 형태, iii) 연속식 : 매트, 시트, 오일 붐 또는 롤 형태, iv) 스네어 또는 스네어 오일 붐을 만들기 위해 결합되는 섬유 가닥들 정도이다(〈표 3-4〉). 그 밖에 특정 용도로 사용할 수 있는 여타 형태의 유흡착재가 존재할 수 있다.

〈표 3-4〉 유흡착재 소재별 장점 및 단점

구분	소재	장점	단점
벌크식	· 유기물질 : 나무껍질, 이탄 톱밥, 종이펄프, 코르크, 닭털, 짚, 양모, 인모 등 · 무기물질 : 질석 및 부석 · 합성물질 : 폴리프로필렌 등	· 자연에 풍부하게 존재하거나 산업 폐부산물인 경우가 많음 · 가격이 저렴함 · 물개 등의 출몰 지역에서 야생생물들을 보호할 수 있음	· 통제가 어렵고 바람에 흩어질 수 있음 · 회수가 어려움 · 기름/유흡착재 혼합물은 펌핑이 어렵고, 처리는 기름보다 더 제한적임
폐쇄식	· 상기 벌크 소재 모두 망사 또는 그물로 둘러싸고 있음	· 벌크식 유흡착재에 비해 비치 및 회수가 용이함 · 폐쇄형 오일 붐은 연속형 오일 붐보다 표면적이 넓음	· 구조적 강도가 망사 또는 그물의 강도로 제한됨 · 유기물질 오일 붐은 급속히 포화되어 가라앉음 · 기름 보유가 제한적임
연속식	· 합성물질 : 폴리프로필렌 등	· 장기 보관이 가능 · 배치와 회수가 비교적 용이함 · 최대 용량으로 사용한다면 기름 회수율이 높음	· 풍화된 기름 또는 고점도 기름의 경우 효율이 제한적임 · 쉽게 분해되지 않아 처리 방법이 제한적임
섬유	· 합성물질 : 폴리프로필렌 등	· 풍화된 기름 또는 고점도 기름에 효과적임	· 금방 유출된 저점도 및 중점도 기름에는 덜 효과적임

Ⅳ. 유흡착재의 선택 기준

1. 부력

유흡착재가 부유 기름에 효과적으로 사용되려면 부력이 커서 기름과 물로 포화상태가 되더라도 계속해서 떠 있어야 한다. 짚이나 톱밥과 같은 다수의 천연 유기물질은 초기 부력이 좋지만 마지막에는 완전히 젖어서 가라앉는다. 어떤 경우에는 부력이 유흡착재의 사용효과에 악영향을 미칠 수 있다. 예컨대, 가볍고 밀도가 낮은 소재는 무겁고 점성도가 높은 기름 위에 머물 수 있다. 이 경우 유흡착재와 기름을 수작업으로 섞어 포화를 촉진시키고 효과적인 회수가 이루어지도록 해야 한다.

폼 유흡착재의 부력은 개방 셀 대비 폐쇄 셀의 비율과 직접적인 관련이 있다. 개방된 셀의 수가 많을수록 흡착능력은 증가하지만 부력은 감소한다.

2. 포화상태

유흡착재는 기름에 의해 급속히 포화상태가 될 수 있다. 소규모의 유막이라도 오일 붐형 유흡착재를 흠뻑 젖게 함으로써 유흡착재의 표면에 묻은 기름이 흘러나와 원래 보호하고자 했던 자원을 오염시킬 수 있다. 일단 포화상태가 된 유흡착재는 기름을 더 이상 회수할 수 없으므로 기름이 스며나오기 전에 최대한 신속히 제거해야 한다. 포화상태의 정도는 식별하기 어려운 경우가 많다. 이에 따라 붐형 흡착재를 직접 절개해서 확인하는 경우가 있다. 고점도 기름의 경우에는 불완전 포화상태가 자주 생기는데 이러한 사실을 발견하지 못하고 오일 붐의 내부 층이 사용되지 않은 상태에서 회수 및 폐기하는 경우가 있다. 이와 같은 불필요한 자원 낭비는 직경이 작은 붐형 유흡착재를 사용함으로써 방지하거나 감소시킬 수 있다. 오일 붐의 직경이 작아지면 사용효과를 유지하면서도 내부의 사용되지 못한 부분이 줄어든다. 그 밖에도 스네어를 사용하는 방식도 있다.

시트형 유흡착재는 소량의 기름만 접촉해도 신속히 포화상태에 도달하기 때문에, 회수해야 할 기름의 양이 한정적인 소규모 유출 사고에는 사용이 제한된다.

3. 기름 보유력

유흡착재의 전반적인 성능을 좌우하는 핵심 요소 중 하나는 기름을 보유할 수 있는 능력이다. 어떤 소재는 기름을 신속히 흡착시키지만, 제대 회수되지 않으면 흡착된 기름의 상당부분이 바람, 파도 및 조류의 영향으로 방출된다. 마찬가지로 일부 유흡착재는 바다에서 회수될 때 기름을 방출한다. 회수된 액체의 무게로 인해 유흡착재가 늘어지고 변형되면서 내부 구멍 또는 표면에서 기름이 압착되기 때문이다. 기름 보유력은 내부 응력이 낮은 유흡착재, 특히 유기물질로 만든 유흡착재를 사용할 때 문제가 될 수 있다.

질석 및 일부 폼 소재와 같이 미세한 구멍들이 있는 유흡착재 소재는 일반적으로 기름 보유력이 좋다. 그러나 이들 소재의 단점은 고점도 기름의 회수 성능이 열악하다는 점이다. 스네어는 표면적이 크기 때문에 기름이 흡착하면 신속히 포화상태에 도달하며, 수면 위로 인양될 때 기름을 방출할 수 있다. 방출률은 기름의 점성도와 직접적인 관련이 있는데, 가볍고 점성이 낮은 기름이 가장 빠르게 빠져나간다.

4. 강도 및 내구성

유흡착재의 내구성은 회수 전 오랫동안 현장에 그대로 두어야 하는 상황에서 중요한 고려사항이다. 붐형 유흡착재는 파도의 작용이나 바위에 의한 마모와 같은 환경적 영향으로 인해 몇 시간 내에 품질이 저하되거나 분해된다. 일부 붐형 유흡착재, 특히 폐쇄형 제품의 강도는 그물 소재의 내구성이 좌우한다. 이러한 그물 소재는 열악한 환경조건에서 찢어질 가능성이 있다. 일단 손상을 입게 되면 내용물이 쉽게 유실됨으로써 2차 오염의 원인이 될 수 있다.

5. 발효

일부 유기물질 유흡착재는 물과 접촉해 있는 상태가 오랫동안 유지되면 발효되는 경우가 있다. 이렇게 되면 구성성분 및 기름의 선별적 회수 능력이 변화할 뿐만 아니라, 유흡착재/액체 혼합물의 회수, 저장 및 처리와 관련한 문제를 야기할 수 있다.

6. 비용

유흡착재 제품의 비용은 매우 다양하며 일차적으로 사용 소재가 좌우한다. 유기물질 및 무기물질 소재는 합성물질 소재보다 비교적 저렴한 편이다. 그러나 이렇듯 단위 비용이 낮음과 동시에 효율도 비교적 낮기 때문에 추가적인 분량이 필요할 수도 있음을 고려해야 한다. 또한 가장 적절한 제품을 선택할 때에는 대량의 폐기물로 인한 추가적인 처리 비용도 고려해야 한다. 합성물질 소재는 비용이 상대적으로 높으나 훨씬 효과적인 경우가 많으며, 어떤 경우에도 재사용도 가능하다.

7. 가용성, 보관 및 운송

합성물질로 된 유흡착재의 성능은 우수하나, 유출 사고 현장에서 항상 즉각적으로 사용할 수 있는 것은 아니다. 유기물질 및 무기물질 소재는 효율이 덜할 수는 있으나, 훨씬 쉽게 입수할 수 있다는 실용성이 있다. 그러나 유기물질 소재는 효과적으로 사용되기 전에 표면 처리 등의 과정을 거쳐야 한다는 점에서 긴급방제 시에는 가용성이 제한적이다.

유흡착재는 특성상 부피가 크며, 대량으로 사용할 때에는 보관에 필요한 공간 확보가 주요한 고려사항이 된다. 보관 공간이 제한되어 있고 다량의 유흡착재가 요구되는 경우, 보관은 실외에서 이루어질 수밖에 없다. 그러한 경우에는 특히 합성물질 유흡착재가 자외선 등으로 인해 품질이 저하되지 않도록 태양광으로부터 차단해야 한다. 유기물질 유흡착재를 보관할 때에는 습기로 인한 품질 저하 및 곰팡이, 쥐, 해충 등으로 인한 손상 가능성을 고려해야 한다.

보관과 마찬가지로 다량의 유흡착재를 창고에서부터 유출사고 현장 부근의 물류센터까지, 그리고 물류센터에서 유흡착재 살포 현장까지 운송하는 과정은 물류 관련 문제를 야기할 수 있다. 특히 유흡착재를 항공기에 적재하여 유출현장으로 운송하는 방식은 비용면에서 효과적이지 못하다.

V. 해안에서의 유흡착재 사용

유흡착재는 연안 및 해안 방제작업 시 여러 유용한 역할을 수행할 수 있다. 그러나 가능하다면 대량으로 사용하는 것을 피함으로써 유흡착재의 처리와 관련된 2차적 문제를 최소화해야 한다. 따라서 해안가에서 유흡착재를 대규모로 사용하는 방식은 여타의 기법이 효과를 거둘 수 없거나 불가능한 경우로 제한되어야 한다. 예컨대, 단단한 모래사장에 있는 기름은 유흡착재를 광범위하게 사용하지 않고도 작업 인력이 삽으로 작업하거나 도랑을 이용할 수 있다. 반면, 해안가에 기름이 표착되어 있고 걸어서가 아니면 접근할 수 없으며 유회수기와 펌프를 사용할 수 없는 경우, 유흡착재를 사용하지 않고서는 기름을 처리하기가 매우 어렵다. 그럼에도 유흡착재의 가용성, 운송 및 보관 관련 문제는 유흡착재의 사용 전후에 여전히 고려되어야 할 사항이다.

해안 가까이에서 앵커로 고정되어 있는 붐형 유흡착재는 기름이 묻은 바위를 고압호스로 세척하는 등의 해안 세척 작업 중에 유출유를 효과적으로 포집하기 위해, 또는 조간대 지역에서 다시 떠오르거나 이동하는 기름을 포집하기 위해 사용할 수 있다. '수동적 방제' 방식이라고도 일컬어지는 유흡착재 및 스네어붐은, 특히 해수 소택지나 맹그로브 숲과 같은 고도의 민감 지역에서 연이은 조류에 의해 이동하는 기름을 포집하는데 효과적이다. 이는 여타의 방제기법을 사용할 경우 추가적인 손해가 발생하는 경우에 그러하다. 마찬가지로 이 기법은 연이은 조류에 의해 사석 및 쇄석 지대에서 방출되는 기름을 회수하는데 사용할 수 있다. 아울러 크고 작은 자갈과 거친 모래로 구성된 해안가에 방출되는 고점도 기름을 포집하기 위해서는 건축 공사장의 먼지 스크린에 사용되는 촘촘한 그물망 소재도 효과적이다.

그물의 한쪽 끝은 해안에 고정시키고 다른 한쪽은 바다에서 자유로이 움직일 수 있게 되어 있다. 환경조건이 적절하다면, 특히 물의 속도가 너무 빠르지 않은 경우, 강어귀, 산업용 취수구를 가로지르는 방향으로 스네어붐(개방형 구조로 표면적이 넓음)을 설치함으로써 고점도 부유 기름의 유입을 효과적으로 제한할 수 있다([그림 3-31]).

[그림 3-31] 스네어 오일 붐

일반적으로 방제작업의 마지막 단계에서 해안방제기술과 유흡착재의 사용을 병행하는 방식은 바위에서 기름을 제거하려는 과정에서 유흡착재를 직접 사용하는 방식보다 낫다. 후자의 방식은 나중에 처리해야 할 물질을 대량으로 만들어 내기 때문이다. 그럼에도 불구하고 유흡착재는 다른 방식을 통해 합리적인 비용과 노력으로 회수하기 어려운 소량의 잔조유를 제거하는데 유용하다.

특히 오염된 바위 지대와 같은 장소는 점도가 높고 풍화된 기름의 제거에 효과적인 폴리프로필렌 스네어 등의 유흡착재를 사용하여 정화하기에 적합하다. 그리고 엷은 유막은 자연적으로 분해될 가능성이 높기 때문에 이를 회수하기 위해 유흡착재를 사용하는 것은 일반적으로 대부분의 기상 조건에서 불필요하다.

연안 또는 해안가에서 벌크식 유흡착재를 대규모로 사용하는 것은 일반적으로 권장하지 않는다. 1차적으로 흡착 소재의 살포 및 회수를 통제하기가 어렵기 때문이다. 그럼에도 불구하고 유흡착재의 회수를 고려하지 않아도 되는 경우, 그리고 유흡착재의 사용이 이로운 경우가 발생할 수 있다. 예컨대, 기름으로 오염된 해안가에 이탄이나 나무껍질과 같은 유기물질 유흡착재에 대량의 기름이 흡착하도록 함으로써, 특히 물개나 펭귄과 같은 민감 해양 포유류와 조류를 보호하기 위한 조치를 출몰 지역에서 수행할 수 있다.

일부 국가의 경우, 정화 작업의 마지막 단계에서 벌크식 유기물질과 무기물질 유흡착재가 사용된다. 이는 유흡착재가 회수되지 못하더라도 기름/유흡착재 혼합물이 자연적 과정에 의한 시간이 지나면 제거될 것임을 알고 진행하는 것이다. 자연적 과정을 통해 광범위한 지역으로 혼합물이 분산되면서 기름이 점진적으로 분해되기 때문이다.

Ⅵ. 해상에서의 유흡착재 사용

중대한 해상 기름유출 사고의 1차적 방제 수단으로 유흡착재를 사용하는 것은 바람직하지 않다. 수면에 떠 있는 유흡착재를 통제하기가 어렵고 처리해야 할 기름 함유 폐기물의 양이 증가할 뿐만 아니라, 유막에 유흡착재를 살포하는 것은 해상오염 및 회수작업에 있어 내재하는 어려운 점들의 해결에 도움을 주지 못한다([그림 3-32]).

[그림 3-32] 바다에 살포된 패드형 유흡착재

기름/유흡착재 혼합물은 유회수기의 작업을 방해할 가능성이 있고, 바람, 조류 및 파도의 영향을 계속 받아 유막을 부수게 되면 원래 유출 상태보다 통제하기가 더 어려워질 수도 있다.

1. 살포

해상에서 벌크식 유흡착재를 사용하는 것은 효율성 및 안전과 관련된 여러 문제를 야기시킨다. 외해에서 분말형이나 입자형 유흡착재를 살포하는 방식에는 몇 가지 근본적인 단점이 있다. 바람이 불면 유흡착재가 날려 유막에서 떨어짐으로써 유흡착재 사용이 무의미하게 되며, 또한 바람에 날아간 유흡착재는 추가적인 오염을 발생시킨다.

유막을 향해 벌크식 유흡착재를 살포하기 위해 블로어(blowers)를 사용하는 경우도 있는데, 작업자는 먼지로부터 자신의 눈을 보호하고 무의식 중에 흡입하지 않도록 주의해야 한다. 유흡착재가 기름과 적절히 섞이지 않으면 단순히 기름 위에 떠 있기만 하기 때문에 효율성이 저하된다.

이러한 문제를 해결하기 위해 선박의 측면에서 분말형 및 입자형 유흡착재를 통제된 방식으로 살포할 수 있는 여러 종류의 특수 장비들이 제작되었다.

이들 장비가 효과를 발휘하려면 유출 현장과 가까운 곳에서 그러한 장비를 확보해야 하는데, 아직까지 쉽게 사용할 수 있는 정도는 아니다.

붐형 유흡착재는 벌크식 유흡착재보다 배치하기가 수월하다. 그러나 조류, 바람 및 바다 상태에 의해 오일 붐의 포집 능력이 제한된다는 사실은 붐형 유흡착재에 더욱 심각하게 적용된다.

붐형 유흡착재는 상대적으로 가볍고, 특히 배치 직후 바람 때문에 들어 올려질 수 있다. 따라서 밧줄 또는 앵커로 고정시켜야 하며, 일부 붐형 유흡착재는 밧줄을 연결할 수 있는 부분이 마련되어 있다. 붐형 유흡착재는 유흡착재의 장점과 일반적인 포집용 오일붐의 장점을 결합한 제품도 있다.

정박지 또는 어장과 같은 지역에서 기름유출사고가 경미하게 발생한 경우, 이러한 제품은 포집 작업과 회수작업 모두를 보조할 수 있다. 이들 제품은 일회용으로 시판되기 때문에 재사용하기에는 부적합하며, 추가적인 처리 비용이 발생한다.

해수면에서 엷은 유막을 제거하기 위해 붐형 유흡착재를 예인하는 방식은 일반적으로 자원의 비효율적인 사용으로 간주된다. 이는 유막이 자연적으로 증발하거나 분산될 것이기 때문이다. 나아가 파도와 난류의 영향으로 오일 붐이 물로 인해 포화상태에 도달함으로써 기름 회수작업을 심각하게 제약할 수 있다([그림 3-33]).

[그림 3-33] 오일 붐형 유흡착재

포화상태는 균일하게 연속적인 소재를 포함하고 있는 오일 붐보다는 벌크식 유흡착재로 구성된 오일 붐에서 더욱 현저하게 발생한다. 또한 대부분의 오일 붐형 유흡착재는 예인으로 인한 지나친 장력으로 인해 찢어짐으로써 유흡착재 내용물과 기름이 유실될 수 있다.

시트형 및 패드형 유흡착재는 밧줄이나 닻으로 고정하도록 설계되어 있지 않고 설령 고정 가능하더라도 비실용적이기 때문에 오일 붐형보다 바람에 더 쉽게 날린다. 해상에서 시트형 또는 패드형 유흡착재를 대규모로 사용하는 것은 권장할 만한 기법은 아니다. 이는 넓은 지역으로 급속히 퍼질 수 있기 때문이다.

이들 유형은 벌크식보다 회수 가능성이 상대적으로 높지만, 수작업에 의한 느리고 비효율적인 회수 방식에 의존한다. 시트형, 패드형 및 기타 부유식 유흡착재가 해안에 표착(stranding)하면 기층(substrate)에서의 연이은 조석운동(Tidal Movement)으로 인해 땅에 묻히게 되어 발견하기가 어려워진다.

2. 다른 정화기법과의 병행사용

채택된 정화기법들이 상충하지 않도록 하기 위해 방제작업 및 방제 인력을 신중하게 관리해야 한다. 유흡착재를 사용할 때에는 기름과 물의 표면장력이 계면활성제에 의해 현저하게 변할 수 있다는 점을 염두해 두어야 한다. 유처리제 또는 그 밖의 유출 방제용 화학약품은 유흡착재의 친유성 및 소수성을 약화시킴으로써 회수되는 물의 양은 현저히 증가하고 기름이 양은 감소하기 때문에, 유흡착재의 의도된 기능을 방해할 수 있다. 따라서 유흡착재를 효과적으로 사용하려면 방제작업 중에 유처리제와 함께 사용하지 않아야 한다. 마찬가지로 유흡착재의 사용은 유회수기에 의한 기계적 회수 방식과 병행할 수 없다. 벌크식 유흡착재, 패드형 유흡착재, 그 밖에 낱개로 되어 있는 유흡착재는 위어 또는 펌프를 막거나 기능을 심각하게 제한할 수 있으며, 붐형 유흡착재는 기름이 유회수기로 유입되는 것을 방해할 수 있다.

3. 회수

유흡착재를 수면에서 제거하지 못하면 유출유와 마찬가지의 오염물질이 된다. 낱낱의 입자로 되어 있는 벌크식 유흡착재는 아주 멀리까지 날아가기 때문에 동물이 그러한 유흡착재를 먹음으로써 위험해 질 수 있다. 특히 벌크식 유흡착재는 먹이로 오인될 수 있으므로 바다 양식 시설 근처에서는 사용하지 않아야 한다.

지금까지 후릿그물 형태의 어망으로 벌크식 유흡착재/기름 혼합물을 회수하려는 시도가 있어 왔으나, 막힘 및 반사파(反射波, reflective wave)와 같이 기름을 단독으로 회수할 때 직면하게 되는 문제들이 해당 방식에도 동일하게 적용된다. 기름이 묻은 그물 또한 회수, 저장 및 세척 처리가 필요하다. 이러한 상황에서의 회수작업은 비효율적이고 노동 집약적인 뜰채나 기계적 그래브(grabs)로 한정된다.

오일 붐형과 시트형 및 패드형 유흡착재를 수면에서 회수하는 작업 역시 시간이 많이 걸리고 노동 집약적이다. 특히 포화상태에 이른 붐형 유흡착재는 무겁기 때문에 인양하는데 있어 회수의 어려움이 있다.

Ⅶ. 사용이 끝난 유흡착재의 보관, 운송 및 처리

1. 기름 오염물질의 임시 보관 및 운송

해상에서 사용된 유흡착재를 회수하면 회수선 선상에 보관했다가 해안으로 옮긴 뒤 최종적으로 처리해야 한다. 포화상태가 된 유흡착재, 특히 붐형은 위에 쌓인 다른 장비들에 의해 눌리면서 흡착유가 스며 나올 수 있다. 따라서 선상에서 보관할 때에는 스며나온 기름이 갑판 또는 통로를 오염시켜 안전을 위협하거나 선박 밖으로 흘러나가 2차적 오염을 일으키지 않도록 보관 지점 주위를 폐쇄해야 한다. 아울러 기름 함유 흡착재를 적하할 때에는 선창이나 방파제의 오염을 최소화해야 한다([그림 3-34]). 유흡착재를 포함하여 기름을 함유한 오염된 쓰레기와 물질이 해안가에서 적하 및 수거되면 운송 및 처리 등의 물류 지원이 조직되는 동안 임시로 보관되어야 한다. 대형 유출 사고의 경우, 수거된 물질의 양이 현지의 취급 시설이나 처리 시설의 용량을 초과할 수 있다. 유흡착재를 과도하게 사용하면 이러한 문제가 악화되면서 훨씬 큰 규모의 임시 보관소가 필요하게 된다([그림 3-35]).

[그림 3-34] 회수된 붐형 유흡착재

[그림 3-35] 사용 후 임시 저정소에 쌓여 있는 유흡착재

이들 물질을 운송하기 전에 최대한 많은 기름을 제거하며, 이상적인 상황에서는 부피를 줄이고 운송 물류를 최적화하기 위해 유흡착재를 압축한다. 이를 통해 방출되는 기름과 물은 회수해야 하며, 임시 보관소는 스며나온 기름이 노출되지 않도록 방벽을 둘러야 한다([그림 3-36]).

[그림 3-36] 회수된 스네어에 묻은 기름 제거

2. 처리방식

기름 함유 유흡착재의 처리방식은 회수유에 비해 제한적이다. 폐기물 스트림(waste stream)에 소량의 유흡착재만 있더라도 정유소에서 공급 원료로 사용하는 것과 같은 특정 처리방식이 불가능해진다.

3. 재사용

이론적으로 볼 때 어떤 종류의 유흡착재는 기름의 추출이 가능한 경우 재사용도 가능하다. 이는 압착기 또는 탈수기(로프 몹 유회수기 시스템과 동일한 방법)에 의한 압착, 원심분리기 또는 솔벤트에 의한 추출을 통해 가능하다. 일반적으로 압착이 훨씬 실용적인 방식이며, 일부 합성물질 제품에도 사용할 수 있다. 그러나 찢어지거나 구겨지거나 일반적인 품질 저하로 인해 유흡착재가 사용 불가능해지기 전까지 몇 차례의 재사용 사이클이 가능한지를 고려해야 한다.

유흡착재의 재사용과 관련하여 고려해야 할 그 밖의 사항으로는 압착 시 분리된 유흡착재 입자의 폐유 스트림(waste oil stream) 오염, 흡착 능력의 감소율, 합리적인 수준의 인력과 장비로 제거 가능한 기름의 백분율 등이다. 그럼에도 불구하고 일부 유흡착재는 재사용이 반복되면서 특히 고점도 기름의 흡착능력이 향상되기도 한다.

4. 소각 및 매립

오염된 유흡착재의 소각은 해당 유흡착재가 가연성 소재이고 과도한 물을 함유하지 않은 경우에 가능한 방식이다. 그리고 일반적으로 유흡착재의 매립은 국가에 의해 엄격히 통제된다. 일부 국가에서는 기름 묻은 유흡착재를 위험 폐기물로 취급하기 때문에 지정된 위험 물질 매립장을 사용해야 한다.

참고로 ITOPF의 『방제기술정보문서』 TIP 8에 해당하는 '기름오염방제 시 유흡착재 사용지침'에서 중요하게 다루고 있는 내용을 요약하면 다음과 같다.

i) 해상과 해안에서 유흡착재를 대규모로 사용하는 것은 처리해야 할 유성 폐기물을 과도하게 생성시키므로 바람직하지 않다.

ii) 그럼에도 불구하고 유흡착재의 사용은 특정 시나리오에 적절하기 때문에 효과를 거둘 수 있다. 1차적으로 해안 방제작업 또는 여타의 기법이 사용 불가능한 경우 등이 그러한 예이다.

iii) 외해에서 기름을 회수하기 위해 유흡착재를 사용하는 것은 자원의 지극히 비효과적이고 비효율적인 사용으로 간주된다. 기름을 향해 유흡착재를 정확히 살포하기가 어렵고, 더 중요하게는 일단 기름이 흡착되면 후속적인 회수가 어렵기 때문이다.

iv) 유처리제나 유회수기와 같은 정화기법을 활용하는 작업은 유흡착재의 사용과 상충하기 때문에, 상이한 기법 간의 작업 방해를 방지하기 위해서는 신중한 방제 관리가 요구된다.

v) 유흡착재는 부피가 크기 때문에 보관 및 운송이 까다롭다. 쥐, 해충, 곰팡이, 습기, 자외선, 화재 등으로 인한 손상을 방지할 수 있는 보관 방법을 신중히 검토해야 한다.

vi) 비용이 저렴하고 현지에서 입수 가능한 유기물질 또는 무기물질 소재는 비축되어 있는 합성물질 유흡착재에 비해 더욱 큰 비용효과를 거둘 수 있지만, 유흡착재의 무게가 동일한 경우 상대적으로 회수 효율이 낮다.

vii) 유흡착재를 과도하게 그리고 비효율적으로 사용하면 2차적 오염이 발생할 수 있으며, 기름 함유 물질의 임시보관, 운송 및 처리 과정에서 중대한 물류 및 재정 관련 문제를 야기할 수 있다. 따라서 이러한 문제를 예방할 수 있도록 유흡착재의 수량을 통제하고 작업 인원을 면밀히 감독해야 한다.

제4절 유처리제[55]

유처리제(dispersant) 살포의 1차적 목적은 유막을 분해하여 수많은 작은 기름방울을 생선시킨 뒤 수중에서 신속히 희석되고 자연발생 미생물에 의해 분해되도록 하는 것이다. 유처리제를 적절히 사용하면 기름유출을 효과적으로 방제함으로써 중요한 민감 자원의 손상을 최소화 또는 예방할 수 있다. 즉 다시 말해서, 아래의 [그림 3-37]에서와 같이 a) 계면활성제와 용제를 함유한 유처리제가 기름 표면에 분사되면, 용제가 계면활성제를 기름으로 침투시킨다. b) 계면활성제 분자는 기름/물 계면으로 이동하여 표면장력을 감소시킴으로써 유막에서 작은 기름방울이 떨어져 나오게 한다. c) 기름방울들은 난류 혼합에 의해 분산되며, 박테리아나 곰팡이와 같은 자연 발생 미생물에 의해 최종적으로 분해된다. 이 마지막 단계는 며칠 또는 몇 주가 걸릴 수 있다.

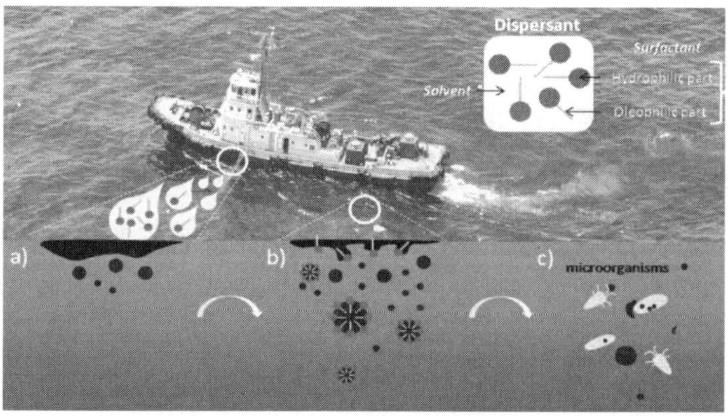

[그림 3-37] 화학적 분산과정

55) 여기에서 언급하고 있는 '유처리제'는 국제유조선선주오염연맹(ITOPF)에서 내놓고 있는 『방제기술정보문서』 TIP 4(기름오염방제 시 유처리제 사용지침)에서 발췌하여 작성하였다.

Ⅰ. 기름 분산 메커니즘 및 유처리제의 구성 성분

해상기름유출사고 후, 유막을 구성하는 일부 기름은 자연적으로 수중 분산된다. 이러한 분산 정도는 유출유의 종류와 바다의 복합 에너지가 좌우한다. 저점도 기름은 고점도 기름보다 자연적으로 잘 분산되는 편이다. 일반적으로 원유의 분산 정도는 연료유보다 높다.

자연적 분산은 파도와 바람이 제공하는 복합에너지가 기름/물 계면장력보다 강하여 다양한 크기의 작은 기름방울과 유막을 분해함으로써 이루어진다. 크기가 상대적으로 큰 기름방울들은 다시 수면으로 급속히 떠올라서 서로 결합하여 유막을 재형성한다. 상대적으로 작은 기름방울들은 파도의 작용과 난류 때문에 수중에 머물다가 수면 밑의 조류에 의해 희석된다.

자연적 분산 과정은 5m/s(10노트, knots) 이상의 파도와 바람이 있는, 적당히 거친 바다에서 이루어진다. 예컨대, 1993년 탱커 선박 브리어호(BRAER)가 셰틀랜드 제도에서 좌초했을 당시, 강한 폭풍이 불고 있었기 때문에 점성도가 매우 낮은 굴팍스(Gulfaks) 원유 85,000톤 화물 중 대부분이 자연적으로 분산되면서 해안가에는 최소한의 영향을 미치는데 그쳤다.

유처리제는 기름/물 계면[56]의 장력을 감소시킴으로써 자연적 분산을 향상시킨다. 파도의 작용에 의해 작은 기름방울들이 더 많이 만들어지는 것이다. 유처리제는 계면활성제와 용제가 섞여 있는 것을 말한다. 용제는 '시너(희석제, thinner)' 역할을 통해 계면활성제의 점성도를 낮춤으로써 살포 가능하도록 하는 기능과 계면활성제가 유막으로 침투할 수 있도록 촉진하는 기능을 수행한다.

각각의 계면활성제 분자에는 친유성 및 친수성 요소들이 있다. 기름에 살포되었을 때 용제는 계면활성제를 기름/물 계면으로 보내는데, 여기서 분자들이 재배치되어 친유성 부분은 기름에, 그리고 친수성 부분은 물에 있게 된다. 이

56) 계면은 기체상, 액체상, 고체상 등의 3상 중 인접한 2개의 상사이의 경계면을 말한다(네이버 검색사이트, https://www.naver.com).

를 통해 기름/물 계면의 장력이 약해지고, 파도 에너지의 힘이 더해져 유막으로부터 작은 기름방울들이 생긴다. 수중에 머무를 정도로 충분히 작은 기름방울들은 특유의 커피색을 띠며 수면 하에서 뿌옇게 흩어진다([그림 3-38]).

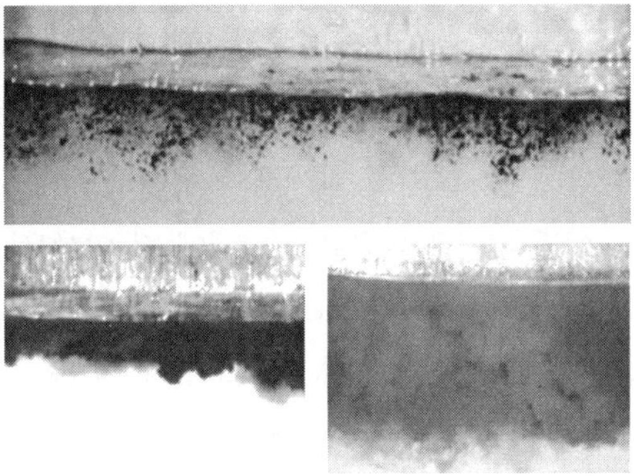

[그림 3-38] 유처리제 살포 후 기름 희석 과정

효과적으로 분산 가능한 기름방울의 크기는 1-70㎛[57])이며, 가장 안정적인 크기는 45㎛ 미만이다. 이러한 크기의 기름방울들이 수면 쪽으로 상승하는 속도는 바다의 난류에 의해 상쇄되어 정지 상태를 유지하게 되며, 기름과 유처리제 혼합물은 수면 아래 2~3m 지점에서 급속히 희석된다. 기름방울의 표면에 계면활성제가 부착되고 희석 및 분산 과정에서 기름방울들이 서로 결합할 가능성이 줄어들면서, 기름방울들이 재결합하여 유막을 다시 형성할 가능성은 최소화된다.

다양한 종류의 해양 미생물에 의한 생분해는 기름방울의 표면에서만 발생한다. 이는 기름이 아닌 물에 미생물들이 있기 때문이다. 비교적 크기가 작은 기름방울들이 무수히 만들어지면 기름의 표면적이 증가하면서 생분해 가능한 부분도 증가한다. 예컨대, 직경이 1mm인 기름방울이 직경 45㎛ 기름방울 10,000

57) 1㎛(마이크로미터)=0.001mm

개로 분산된다면 원래의 기름방울보다 표면적이 20배 증가한다. 실제로 모든 기름방울이 동일한 크기는 아니지만, 비교적 크기가 작은 기름방울들이 훨씬 더 많이 분포하기 때문에 생분해 기회가 대폭 향상되는 것이다.

Ⅱ. 유처리제의 분류

유처리제는 세대 및 유형에 따라 분류된다. 1세대 제품은 1960년대에 도입되었으며, 산업용 클리너 및 그리스 제거제와 유사했으며 수생 독성(aquatic toxicity)이 강했다. 이들 제품은 기름유출 방제에 더 이상 사용되지 않는다. 2세대 유처리제는 1유형 유처리제라고도 불리는데, 해상에서 선박으로부터 살포함으로써 기름유출을 방제하기 위해 설계되었다. 이들 제품은 저방향(low aromatic) 또는 무방향 성분의 탄화수소 용제와 15~25% 정도의 계면활성제를 함유하고 있다.

2세대 유처리제는 해수로 미리 희석하면 효과적이지 않기 때문에 희석하지 않은 상태로 살포된다. 유처리제와 기름의 비율은 1:1과 1:3 사이로, 투입률이 높은 편이다. 1세대보다 독성은 낮지만 상대적으로 효과가 덜하며, 3세대 유처리제보다는 독성이 강하다. 여러 국가에서 1유형 유처리제는 더 이상 사용되지 않는다.

3세대 유처리제는 두 세 종류의 계면활성제와 글리콜 및 경질유 추출 용제를 함유하고 있다. 가장 흔하게 사용되는 계면활성제는 비이온계(지방산 에스테르와 에톡실레이티드 지방산 에스테르) 및 음이온(sodium alkyl sulpho-succinate)이다. 용제 내의 계면활성제 농도는 25~65%로, 1유형 제품들보다 높은 편이다.

3세대 유처리제는 2유형 및 3유형으로 구분할 수 있다. 두 유형 모두 농축형 유처리제이다. 그러나 일반적으로 2유형 유처리제는 사용 전 해수에 희석시켜 보통 10% 정도의 농도를 유지하는데, 효과를 거두기 위해서는 유처리제/물 혼합물 대 기름의 비율이 1:5에서 2:1에 이르는 고농도여야 한다. 이러한 희석 요건은 선박에서 살포하여 사용할 때 제약 조건으로 작용한다. 3유형 유처리제는 희석하지 않고 사용하며, 일차적으로 항공기에서의 효율적인 살포를 위해 개발되었지만 선박에서도 사용 가능하다. 유처리제 대 기름의 비율은 1:5와 1:50 사이이며, 이상적인 비율은 유출 사고 시 직접 시험해 봄으로써 결정된다. 현재 가장 흔하게 사용할 수 있는 유처리제는 3세대 3유형이다.

Ⅲ. 유처리제의 한계

유처리제의 효과는 모종의 물리적, 화학적 변수에 의해 제약을 받는데, 그중 가장 중요한 변수는 바다의 상태와 기름의 특성이다. 유처리제 사용의 적정성을 판단하려면 이러한 제약 조건을 충분히 고려해야 한다.

1. 해상 상태

해상에서 유처리제를 성공적으로 사용하려면 최소한의 파도 에너지가 필요하다. 에너지가 낮은 경우, 분산된 기름방울들은 표면으로 다시 떠올라 유막을 재형성하게 된다. 반대로, 해상 상태가 극심한 경우에는 쇄파에 의해 기름이 가라앉기 때문에 유처리제와 기름의 직접적인 접촉이 방해됨으로써 유처리제의 효과가 감소한다. 현장 시험결과에 따르면 최적의 풍속은 4~12m/s(8~25노트) 정도이다.

일차적으로 유처리제는 30~35 ppt(천분율) 정도의 염분이 있는 해수에서 사용하도록 제조된다. 염분이 5~10 ppt 미만인 바다에서. 특히 사전에 희석된 유처리제를 살포하면 효능이 감소한다. 비슷한 이치로 염분이 35 ppt를 넘는 바다에서도 효율이 떨어진다. 유처리제의 효과는 담수에서 현저하게 감소한다. 계면활성제가 기름/물 계면에서 안정되지 않고 유막을 뚫고 수중으로 들어가는 경향이 있기 때문이다. 그러나 담수에서 사용할 수 있도록 특별히 제조된 유처리제도 있다. 강이나 호수와 같이 한정된 담수 시스템에서는 분산된 기름의 충분한 희석이 가능할 정도의 수심 또는 물 교환이 존재하는지 등의 추가적 사항들을 고려해야 한다.

2. 기름의 특성

기름의 특성, 그리고 해상에서의 풍화에 의해 그러한 특성이 변화하는 정도는 유처리제의 사용이 어느 정도의 효과가 있을 것인가를 판단하는데 있어 중요하다. 기름의 점성도와 유동점은 기름이 얼마나 쉽게 분산될 것인가를 효과적으로 가늠할 수 있는 지표이다.

기름의 점성도가 증가하면 유처리제의 효과가 감소한다. 유출된 지 얼마 되지 않은 저점도 내지 중점도 원유는 일반적으로 대부분의 바다 온도에서 쉽게 분산되는 것으로 알려져 있다. 그러나 점성도가 더 높은 기름은 분산 상한선에 도달할 가능성이 있으며, 일반적으로 대부분의 유처리제는 살포 당시 점성도가 5,000~10,000cSt 이상인 기름에 효과를 발휘하지 못할 수 있다. 유출유의 점성도는 주로 증발 및 에멀젼화로 이루어진 풍화 효과로 인해 증가하게 된다.

이에 따라 갓 유출되었을 때 분산 가능한 기름이 이후에는 불가능해질 수 있다. 풍화 또는 시간의 흐름에 따른 기름 특성의 변화는 유처리제의 성공적인 살포가 제약을 받는다는 사실을 의미한다. 다시 말해서 유처리제의 가용 시간은 해당 기름이 종류 및 환경 조건에 따라 일반적으로 2~3시간에서 2~3일 정도이다.

비슷한 이치로 유동점이 주위 온도보다 높은 기름은 가열된 상태에서 운송되는데, 이러한 기름이 유출되면 식으면서 점성도가 급속히 증가하여 반고체 상태가 되는 경우가 많다. 일반적으로 유동점이 해수면 온도와 비슷하거나 더 높은 기름은 분산이 불가능하다.

유동점이 높은 종류를 포함하여 점성도가 높은 기름은 자연적으로 또는 유처리제 살포에 의해 쉽게 분산되지 않는다. 이는 기름의 기계적 저항성으로 인해 작은 기름방울들이 유막에서 떨어져 나오지 못하기 때문이다. 나아가 이러한 종류의 기름에 살포된 유처리제는 유막을 뚫지 못하고 씻겨 나가 수중에서 사라져 버리는데, 성공적인 분산 상태와 달리 흰색 플룸(plume)이 형성된다. 유처리제의 제조법은 적용 가능한 점성도의 범위를 넓히고 고점도 기름에 대한 효과를 향상시키기 위해 지속적으로 발전하고 있다. 예컨대, 기름과의 접촉시간을 늘려 용제의 침투를 촉진시키기 위한 겔형 유처리제가 개발되고 있다.

일부 기름, 특히 아스팔텐 함유량이 비교적 높고(〉0.5%) 니켈/바나듐 농도가 15 ppm을 넘는 기름은 W/O(Water in Oil) 에멀젼을 형성하기 쉽다. 그러나 에멀젼이 안정적이지 않은 경우, 농축 유처리제는 유막을 파괴하여 액상에 가까운 기름과 물을 분리시킬 수 있으며, 이러한 기름은 유처리제를 재차 살포함으로써 분산된다. 에머젼이 성공적으로 파괴되는 경우, 빛을 반사하는 순수 기름 파편들이 관찰된다.

디젤유, 가솔린 및 등유와 같은 경질유는 에멀젼화가 쉽게 되지 못하고 확산되어 해수면에서 엷은 유막(sheen)을 형성하는데, 유처리제를 사용할 필요 없이 급속히 증발하거나 분해된다. 경질유 또는 엷은 유막에 유처리제를 사용하는 것은 바람직하지 않다. 유처리제 방울들이 유막을 '뚫고' 들어가 기름의 '군집' 현상을 일으키기 때문이다. 수중에 있는 유처리제는 유막이 즉각적으로 재형성되도록 하며, 이때 깨끗한 바닷물로만 이루어져 있는 부분이 생기는데 이를 분산 효과로 오인하지 않아야 한다. 석유에 사용하도록 제조된 유처리제는 팜유나 유채씨유와 같은 비석유계에는 효과가 거의 없거나 전무한 것으로 알려져 있다.

3. 유처리제의 선택

유처리제는 다양한 제조법에 따라 생산되며 기름의 종류에 따라 효과가 다양하다. 특정 기름에 대한 효과의 순위를 매기기 위해 실험실 시험을 시행해 볼 수 있으며, 일부 국가에서는 생산 및 처리되는 기름의 종류를 알 수 있는 석유생산 시설 및 오일 터미널의 담당자들로 하여금 해당 기름에 가장 효과적인 유처리제에 대한 연구를 실시하도록 요구한다. 그러나 연구 결과를 가지고 해상에서 처리해야 할 기름의 양을 추정할 때에는 주의가 요구된다.

실험실 환경에서는 해상에서와 정확히 동일한 조건을 만들어 내기가 어렵기 때문이다. 방제 계획의 일환으로 3유형 농축 유처리제와 기름을 1:20의 비율로 섞은 물질이 통상적으로 사용되며, 분사 장비는 이러한 비율에 맞도록 사전에 설정되어 있는 경우가 많다. 갓 유출된 기름의 경우에는 유처리제의 투입량을 줄일 수 있으며, 반대로 2회 이상의 살포가 필요하고 고점도 기름 또는 에멀젼화 한 기름이 있는 경우에는 증가시킬 수 있다.

4. 다른 방제기법과의 상충여부

대형사고 현장에서는 유처리제의 사용이 기타 방제기법과 중복되거나 상충하지 않도록 하기 위해 모든 방제 조치 간의 조율이 필요하다. 예컨대, 수중으로 분산된 기름은 오일 붐으로 포집하거나 유회수기로 회수할 수 없다. 또한 기름은 상대적 표면장력의 특성상 폴리프로필렌과 같은 여러 종류의 유흡착재에 부착한다. 기름의 표면장력이 유처리제로 인해 변화하면 유흡착재의 효과가 현저하게 감소하게 된다. 마찬가지로 친유성 유회수기는 유처리제와 함께 사용할 경우 악영향을 받게 된다.

Ⅳ. 유처리제의 살포 방식

해상에 유출된 기름을 방제하기 위한 유처리제는 선박 또는 항공기를 통해 살포할 수 있다. 대형 항공기를 통해 주요 외해 유출 현장에서 살포할 수 있는 유처리제는 다량으로 탑재할 수 있는 장점이 있지만, 선박, 헬리콥터, 경비행기 등과 마찬가지로 해안 근처의 비교적 규모가 작은 유출 현장에도 적합하다.

분사 시스템은 적정 크기의 유화제 방울을 분사할 수 있어야 한다. 방울의 크기는 기류의 영향과 증발 손실을 극복할 수 있을 정도여야 하나, 기름/물 계면에 머물지 아니하고, 유막을 뚫을 정도로 커서는 안 된다. 유화제 방울의 최적 크기는 직경 600~800㎛이다.

해수 또는 엷은 유막에 유처리제를 살포하는 것은 비효과적이고 값비싼 자원의 낭비이다. 따라서 기름이 풍화하거나 바다 상태가 바뀌기 전에 유막의 가장 두꺼운 부분을 신속히 조준해야 한다.

1. 선박 살포

선박에서 분사되는 유처리제는 스프레이 암에 설치된 노즐을 통해 살포된다. 디젤 펌프 또는 전기 펌프는 유처리제를 저장탱크로부터 스프레이 암으로 이송하는데, 스프레이 암에 설치된 노즐은 암의 길이를 따라 유처리제 방울들을 단일 패턴으로 살포하도록 조정되어 있다. 스프레이 유닛은 이동식이거나 선박에 영구 설치되는 방식이며, 유처리제를 희석하지 않거나 해수와 희석한 뒤 살포할 수 있는 시스템을 갖추고 있다.

스프레이 암은 선박의 최대한 전방으로 설치되는 경우에 가장 큰 효과를 발휘한다. 이물 쪽의 파도가 살포 패턴의 폭, 다시 말해서 분사 폭을 넘어서는 지역으로 기름을 밀어내는 것을 피할 수 있기 때문이다. 스프레이 암을 선수에 설치한 선박은 항해 속도가 빠르며, 보통 건현이 선수 쪽에서 더 높기 때문에 훨씬 긴 스프레이 암을 설치할 수 있게 된다.

이를 통해 한정된 양의 유처리제를 가지고도 조유율, 다시 말해서 처리 가능한 기름의 양을 최대화할 수 있다([그림 3-39]). 그러나 스프레이 암이 너무 길면 선박이 너울성 파도에 요동을 칠 때, 손상을 받게 된다.

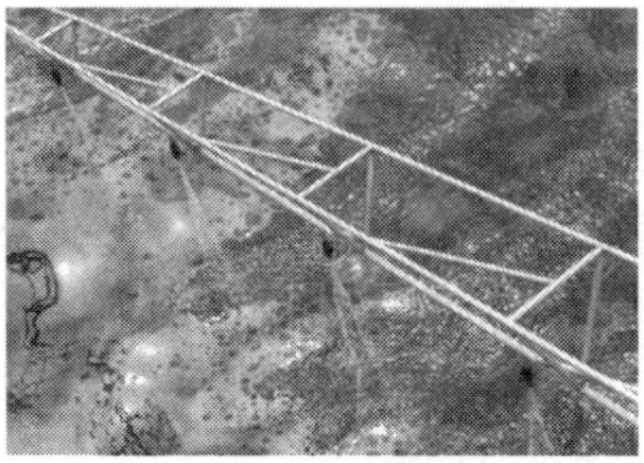

[그림 3-39] 선박에 설치된 스프레이 암

소방호스나 방수포는 해수로 희석된 농축 유처리제를 살포하는데 사용되는 경우가 있다. 그러나 흐름 속도가 너무 빠르고 단일 패턴으로 유처리제를 분사하기가 어렵기 때문에 유처리제를 최적의 방식으로 희석하기가 어렵다. 또한 분사기의 압력이 높기 때문에 유처리제가 유막을 뚫을 위험이 있다. 따라서 방수포는 특정 목적에 부합하도록 조정하지 않는 경우 유처리제를 낭비하게 되고 살포 효과가 없어진다.

선박을 통한 유처리제 살포는 이용과 탑재가 용이하고 특정 유막 부위에 정확하게 살포할 수 있다는 장점이 있다. 또한 항공기에 비해 처리비용이 저렴한 장점이 있고 훨씬 많은 양의 유처리제를 탑재할 수 있다. 그러나 심각한 단점 또한 존재한다. 특히 대규모 유출사고의 경우, 처리율이 낮고 가장 두꺼운 유막의 위치를 선교에서 파악하기가 어렵기 때문이다. 그런 후자의 문제는 정찰기의 정보를 받음으로써 부분적으로 해결 가능하다([그림 3-40]).

[그림 3-40] 선박에 설치된 방수포를 이용한 유처리제 살포

2. 항공 살포

항공기를 통한 유처리제 살포는 신속한 방제, 높은 방제 처리율, 유처리제의 사용 최적화 등의 장점이 있다. 일반적으로 3가지 유형의 고정익 항공기가 사용된다. 첫 번째 유형은 농약 살포용 항공기로서, 유처리제 살포를 위해 약간의 조정이 필요하다. 두 번째 유형은 유처리제 살포를 위해 특별히 개조된 항공기이며, 세 번째 유형은 모듈식 탱크를 갖춘 화물수송기이다. 헬리콥터는 스프레이 암이 고정되도록 개조된 종류가 있는가 하면 현수식 버킷 스프레이 시스템을 갖춘 유형도 있는데 상당한 정도의 조정 작업이 요구되지는 않는 편이다. 헬리콥터는 외해에서의 작업을 위해 선박 또는 외해 오일 플랫폼에서 유처리제를 재차 탑재할 수 있는 능력을 갖추고 있다.

어떤 사고에 있어 가장 이상적인 항공기의 종류는 1차적으로 유출사고의 규모와 위치에 따라 결정되지만, 현지의 가용성이 가장 중요한 요인이 될 수 있다. 항공기는 저고도(대형 항공기의 경우, 일반적으로 15~30m)에서 비교적 느린 속도(25~75m/s)로 안전하게 작업할 수 있어야 하고 기동성이 높아야 한다. 그 밖에도 연료 소모량, 화물 탑재량, 유출 지점과 작업기지 간 거리, 왕복시간, 짧은 활주로 또는 가설 활주로의 이용 능력 등은 적절한 항공기를 선택할 때 중요하게 고려해야 할 사항이다.

3유형 유처리제는 투입량이 적어(일반적으로 유처리제와 기름의 비율이 1:20) 한정된 탑재량으로 최대한 활용할 수 있기 때문에 공중 살포에 가장 적합하다. 항공기 살포 시스템은 저장탱크로부터 스프레이 암으로 유처리제를 제어 비율로 이송하는 펌프로 구성되어 있다. 유처리제는 스프레이 암을 따라 일정한 간격에 위치한 풍력 회전 유닛 또는 압력노즐을 통해 분사되는데, 이들 장치는 유처리제 방울을 최적의 크기로 살포하도록 설계되어 있다. 이들 두 유형의 분사 유닛 모두는 대부분 경비행기와 헬리콥터에서 사용할 수 있는 것과는 달리 대형 항공기는 압력노즐을 사용하다([그림 3-41]).

[그림 3-41] 항공기 살포

3. 해안가 살포

해안가에 대량의 기름이 회수되고 나면 유처리제를 일종의 정화제로 사용하여 바위, 방파제 및 기타 인공 구조물과 같은 단단한 표면에 남아 있는 기름을 제거하며, 분산된 기름은 회수할 수 없다. 일반적으로 유처리제는 손으로 작동시키는 배낭형 시스템으로 살포되며, 이후 유처리제가 묻은 기름을 강하게 쓸어낸 뒤 해수로 씻어낸다.

Ⅴ. 살포량

유처리제의 적정 살포량(application rate)을 계산하려면 효과적인 분산을 위한 유처리제 대 기름의 비율을 결정해야 한다. 이 비율은 1유형 유처리제의 1:1에서 시작하여 3유형 유처리제의 1:50에 이르기까지 다양하며, 살포방식, 유처리제의 종류, 기름의 종류, 환경 조건 등에 따라 결정된다. 살포량은 다음과 같은 두 단계로 계산된다.

i) 유막의 평균적인 두께와 범위에 대한 관찰 및 가정에 근거하여 방제 대상 기름의 양을 추정한다.

ii) 요구되는 투입량(유처리제 : 기름 비율)의 달성에 필요한 유처리제의 양을 계산한다.

유막 내 기름의 두께는 상당히 다양하지만 갓 유출된 원유의 대부분은 2~3시간 내에 확산되어 전반적인 평균 두께가 0.1mm(10^{-4}m)인 것으로 알려져 있다. 이러한 두께는 방제 계획을 수립하기 위한 근거로 사용되는 경우가 많으며, 1헥타르(10,000㎡, 10^4㎡)에 있는 기름의 양을 다음과 같이 계산하는데 사용된다.

$$10^{-4}\text{m} \times 10^{4}\text{m}^2 = 1\text{m}^3(1{,}000\text{리터})$$

1:20 투입 비율의 경우, 요구되는 유처리제의 양은 다음과 같다.

$$\text{유처리제의 양} = \text{기름 } 10{,}000\text{리터} \ / \ 20 = 50\text{리터}$$

그러므로 살포량은 50리터/헥타르(4.5영국갤런/에이커)가 된다. 방출량(discharge rate)은 살포량(리터/㎡)에 항공기나 선박의 속도(m/s)와 분사 폭(m)을 곱하면 계산할 수 있다.

예컨대, 분사 폭이 15m이고 비행속도가 45m/s(90노트)인 항공기에서의 살포량이 50리터/헥타르(0.005리터/㎡)가 되려면 방출량은 다음과 같아야 한다.

$$\text{방출량} = 0.005\text{리터/m}^2 \times 15\text{m} \times 45\text{m/s} = 3.7\text{리터/s(약 } 200\text{리터/분)}$$

따라서 투입 비율 1:20을 달성하고 0.1mm 두께의 유막을 처리하려면 스프레이 시스템 펌프의 방출량이 분당 200리터이어야 한다. 선박 살포의 경우도 마찬가지의 방식으로 방출량을 계산할 수 있다.

실제로는 유막 내 기름의 두께가 부위별로 현저한 차이를 보이기 때문에 최적의 투입량을 정확히 판단하기는 불가능하다. 현실적이고 가장 효율적인 해결책은 유막 중에서 가장 두꺼운 부분을 목표로 삼는 것이다.

위에서 계산한 바와 같이 헥타르당 50리터 정도의 살포량이 여러 경우 적절한 것으로 밝혀졌으나, 유막에 추가적으로 영향을 미칠 수 있는 환경 조건 및 기름의 종류를 고려하기 위한 조정 작업이 필요할 수 있다.

살포량은 펌프의 방출량 또는 선박이나 항공기의 속도에 따라 조정할 수 있다. 또한 유막의 방제 처리를 위해 요구되는 유처리제의 양을 추정할 때에는 가장 두꺼운 유막을 목표로 삼을 때의 정확도를 고려해야 하며, 어느 정도의 과도한 분사는 허용해야 한다.

Ⅵ. 물류 및 통제

유처리제의 살포는 숙련된 작업 인원과 철저한 물류 준비를 요구하는 전문적인 작업이다. 살포작업을 가장 효과적으로 수행하려면 유처리제를 분사하는 선박이나 항공기를 유도하고 조율 작업을 수행할 수 있는 정찰기를 활용하는 것은 바람직하다. 정찰기에 탑승한 작업원은 기름이 가장 많이 집중되어 있는 지점과 가장 위험한 유막을 식별할 수 있어야 한다. 또한 유처리제를 분사하는 항공기나 선박의 작업 인원들과의 효과적인 커뮤니케이션을 통해 이들 인원을 목표지로 인도하고, 공중 살포의 경우 유처리제의 과도 분사 및 낭비를 최소화하기 위해 분사의 시작 및 종료 시점을 식별할 수 있도록 해당 항공기를 유도해야 한다.

또한 분사 작업이 진행되는 과정에서 정찰기는 살포의 정확성 및 방제 처리의 효과를 판단하기 위해 사용할 수도 있다. 이들 기능은 특히 유처리제를 대량으로 급속히 살포할 수 있는 대형 다발항공기(large multi-engine spraying aircraft)를 작업현장으로 보낼 때 중요하다. 효과적인 살포를 위해 필요한 저고도에서, 특히 유막이 파편화되어 있는 경우에는 작업 인원들이 기름, 엷은 유막 및 해수를 구별하기가 어려울 수 있다.

항공 살포작업 시에는 안전을 위해 비행 제한 구역을 설정할 필요가 있다.

또한 해상에서 저고도로 비행하는 것은 지극히 어려운 작업이기 때문에 구조 요원들이 필요할 수 있다. 아울러 항공기를 정기적으로 점검함으로써 유처리제로 인해 특히 헬리콥터의 꼬리 회전 날개에 있는 윤활유가 오염되거나 비행 제어 시스템의 고무 부품이 손상되지는 않았는지 확인해야 한다. 항공기를 담수로 자주 세척하여 유리처리제와 바닷물을 제거하는 것이 바람직하다.

주간에 최대한 오랫동안 분사 작업을 지속하려면 지상에서의 효과적인 준비 작업이 이루어져야 한다. 이를 위해서는 야간에 항공기와 분사 장비를 정기적으로 유지 보수하는 작업이 요구된다. 유막을 방제처리 하기 위해서는, 특히 지속적인 살포가 이루어지는 경우에 1회의 탑재량만으로는 불충분할 수 있으므로 유처리제의 추가 공급 물량을 마련하여 사용하기 편리한 장소에 보관함으로써, 지연 시간을 최소화한 상태에서 선박이나 항공기에 재공급할 수 있어야 한다. 아울러 항공기의 연료 보급, 그리고 대용량 펌프나 탱크로리와 같인 선박 또는 항공기에 탑재해야 할 장비를 고려해야 한다.

유처리제를 장기 보관하려면 플라스틱 드럼, 저장탱크, 1㎥ IBC(Intermediate Bulk Container) 등이 바람직하다. 미개봉 상태로 보관되어 있는 유처리제는 직사광선을 받지 않는 경우 여러 해 동안 사용할 수 있다. 그러나 개봉 후에는 정기적으로 사용효과를 시험해야 하며, 이러한 물질적 특성이 현저하게 변했거나 사용 기한이 지난 경우에는 유처리제의 효과에 대한 실험이 수행되어야 한다. 종류, 제조연도 및 브랜드가 다른 유처리제를 저장탱크나 컨테이너에 한데 섞어서 보관하는 방식은 유처리제의 점성도가 변하거나 일부 성분이 침전 또는 응고될 수 있으므로 피해야 한다. 대부분의 유처리제는 섭씨 -15도와 30도 사이가 최적의 보관 온도이며, 제조업체들은 유처리제 보관 시 온도 변화를 최소화하도록 권고하고 있다. 기온이 매우 낮은 경우, 일부 유처리제는 점성도가 지나치게 높아져서 분사노즐을 통과하지 못할 수 있다([그림 3-42]).

[그림 3-42] IBC 탱크

Ⅶ. 유처리제의 효과에 대한 모니터링

화학적 분산 효과는 지속적으로 모니터링되어야 하며, 유처리제가 효과를 발휘하지 못하게 되면 방제작업을 즉시 종료해야 한다. 분산 효과를 확인하려면 시각적 관찰이 핵심적이지만, 악천후, 침전물이 많은 바다, 옅은 색의 기름을 처리하는 경우, 열악한 조명 등으로 인해 관찰이 어려워질 수 있다. 또한 야간에 유처리제를 분사하고 시각적으로 관찰하는 것은 비실용적이다.

유처리제의 살포가 효과를 거두려면 유출사고 직후 기름이 비교적 신속히 분산됨으로써 해안가 및 민감 자원에 도달할 위험이 감소해야 한다. 외형상의 변화는 분사 직후 공중에서 시각적으로 관찰할 수 있다. 기름의 외형 변화가 없거나 유막이 줄어들지 않는 경우, 또한 유처리제가 기름에서 빠져나와 수중에 유백색 플룸이 형성되는 경우는 유처리제가 효과를 거두지 못하고 있음을 보여 주는 징표이다. 마찬가지로 넓은 지역으로 기름이 확산되거나 광범위하게 분산된 경우, 유처리제를 살포하더라도 해수면으로부터 오염 손상을 현저히 줄일 만큼의 충분한 양의 기름을 제거하지 못할 수 있다.

유처리제의 효과는 자외선 형광법(Ultra-Violet Fluorometry, UVF)을 통해 수중으로 분산 기름의 농도에 대한 '실시간' 데이터를 활용하여 모니터링 할 수 있다. 시료 채취선으로 하나 이상의 형광계를 예인하여 유막 아래 1m 이상의 깊이에서 기름 농도의 변화 정도를 측정한다([그림 3-43]).

[그림 3-43] 예인식 형광계(유처리제의 사용효과 측정)

유처리제 살포 전에 센서에 의해 측정된 농도에 비해 농도가 현저하게 증가한 경우에는 기름이 분산되었음을 가리킨다. 그러나 형광법으로는 수중에 분산되어 있는 기름을 정량적으로 측정할 수 없으므로 시각적 관찰 도구와 함께 사용하여 방제 효과의 달성 가능 여부를 판단해야 한다.

아래의 [그림 3-44]는 유막 표면 아래 수심 0.5~5m 위치에 있는 기름에 대한 형광계 반응을 보이고 있는 것으로 좌측 그래프는 유처리제의 살포 전이고, 우측 그래프는 살포 후의 결과이다. 이를 통해 방제 처리 후 기름이 급속히 분산 및 희석되는 것을 알 수 있다.

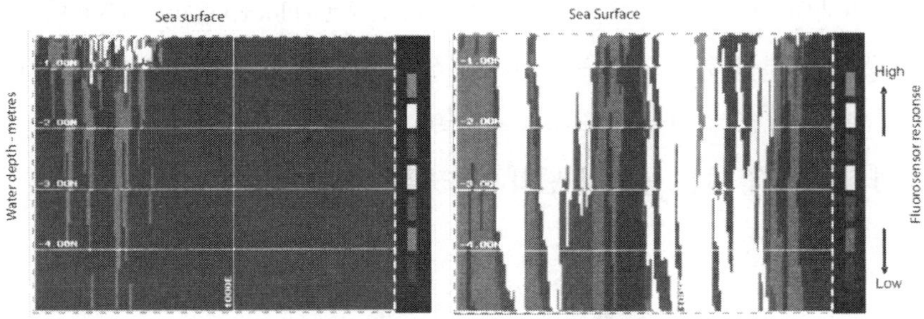

[그림 3-44] 유막 표면 아래 기름에 대한 형광계 반응

Ⅷ. 환경 고려사항

유처리제 사용은 해안가 오염을 방지하거나 감소시킴으로써 민감 자원에 대한 잠재적 영향을 최소화할 수 있는 수단으로 간주할 수 있는 반면, 또 하나의 오염물질을 환경에 추가하는 것으로 여겨지기도 한다. 유처리제의 제조법은 향상되어왔으나 유처리제/기름 혼합물의 유독성이 해양 동식물에 미치는 영향은 중요한 환경 문제로 다뤄지는 경우가 많다.

유처리제 살포 후 기름 농도의 상승은 일반적으로 수심 10m 미만의 상층부에서 관찰되며, 해수의 움직임에 의해 희석되면서 농도가 급속히 감소한다. 원유에 대한 연구 결과에 따르면 유처리제 살포 직후 유막 바로 밑에서는 30~50 ppm 범위의 기름 농도가 예상되지만, 2~3시간 후에는 10m 정도의 수중 상부층에서 1~10ppm 정도로 농도가 감소한다.

따라서 해양생물에 대한 노출은 '만성'이라고 보다는 '급성'의 특징을 보이며, 한정된 노출 시간은 장기적 악영향의 가능성을 감소시킨다. 그러나 수심이 얕은 지역에서 유처리제를 분사하는 것은 분산된 기름 플룸(oil plume)이 해수 교환 작용을 통해 충분히 희석되는 경우가 아니라면 바람직하지 않다.

여타 자원의 과도한 손상 위험 없이 특정 자원을 보호하기 위해 유처리제를 사용해야 하는가를 판단하려는 과정에서 유처리제에 따른 기름의 희석 정도의 추정은 유용한 근거가 될 수 있다. 최대 농도 및 해당 농도의 유지 시간을 추정할 때 고려해야 할 요인으로는 수심, 단위 면적당 기름의 양, 살포 현장과 민감지역 간 거리, 조류의 방향 및 속도 등이 있다.

유처리제는 기름을 수면으로부터 제거함으로써 바닷새들의 오염, 그리고 해수 소택지, 맹그로브, 관광 해변 등 해안가인 민감지역 오염을 최소화 한다. 그러나 수면에서 제거된 기름은 수중으로 이동하므로, 이렇듯 분산된 기름이 야기할 수 있는 위험과 수면에서의 제거가 가져다주는 장점을 잘 비교해 보아야 한다. 자유 유영성 어류는 수중에서 기름을 감지하고 회피할 수 있는 능력이 있기 때문에 잠재적 노출 위험이 감소될 수 있다.

그러나 산호, 해중 식물, 어류 산란 장소 등은 분산된 기름에 대단히 민감할 수 있기 때문에 이들 자원이 영향을 받을 가능성이 있다면 유처리제의 사용을 권장하지 않는다. 마찬가지로 어패류 양식장이나 그 밖에 수심이 낮은 어장 부근에서는 오염의 위험이 있으므로 유처리제의 사용이 권장되지 않는다. 또한 산업용 취수 근처에서는 기름이 취수구로 유입될 위험이 크므로 유처리제의 사용이 바람직하지 않다.

유처리제의 사용 여부는 명확하게 결정할 수 있는 문제가 아니며, 다양한 방제 방법(자연적 과정 포함)의 장단점, 비용효과, 오염손상으로부터 다양한 자원을 보호하기 위한 우선순위 문제 등을 고려하여 균형 잡힌 판단을 내려야 한다. 유처리제의 살포에 앞서 관계 당국과의 협의 하에 환경적, 경제적 순편익의 균형 있는 평가가 필요한 경우가 많다.

기름의 풍화 및 민감 지역으로의 이동으로 인해 유처리제 사용 시간은 제약을 받을 가능성이 있다. 유출 사고 직후, 시간 지연을 방지하기 위해서는 유처리제의 사용 가능성 여부, 그리고 사용 가능한 경우 정확한 사용 상황에 대해 유출 방제 계획의 수립 과정에서 합의되어야 한다.

Ⅸ. 방제 계획

방제 계획의 수립 과정에서 고려해야 할 사항으로는 유출사고와 관련될 가능성이 있는 기름의 종류, 해당 기름에 대한 유처리제의 효과, 해당 지역의 민간 자원, 물류 등이 포함된다. 물류 운용은 주로 유처리제의 확보, 분사 장비, 선박, 항공기, 가설 활주로, 연료 보급 능력, 중대한 사고 발생 시 필요할 수 있는 국제적 지원과 관련된 통관 문제 등이 포함된다.

민감지역에 표시된 지도는 민감성에 영향을 미치는 계절적 요인들을 나타낼 수 있기 때문에 유처리제의 경우 사용 가능성 여부와 사용 시기 및 장소를 파악하는데 도움이 된다. 예컨대, 철새들은 연중 특정 시기에 관찰되는데 철새들이 부유 기름의 피해를 입을 위험을 줄이기 위해 천해(淺海, 얕은 바다)에서의 유처리제 사용 관련 제약을 보류하고 유처리제 살포를 허용할 수 있다. 또한 유처리제의 효과적인 방제 능력을 유지하기 위한 재정적 지원 문제도 고려해야 한다. 이들 사항에 대한 논의의 결과는 방제 계획에 명시되어야 한다.

여러 국가에서는 관계 당국의 승인 하에 유처리제를 사용하도록 규정하고 있다. 방제 담당자들은 유처리제 사용과 관련된 정책을 숙지하는 것이 중요하다. 사전 동의가 없거나 법규에 부합하지 않는 방식으로 유처리제를 사용하는 경우에 분쟁이 발생하거나 벌금이 부과될 수 있기 때문이다. 일부 국가에서는 사용효과 및 유독성 시험 결과에 근거한 사용 승인 유처리제의 목록을 관리하고 있다. 또한 유관 당국은 기름 취급 시설 또는 항구에 대한 사전 승인을 통해 특정 기준을 충족하고 있다는 조건하에 추가적 협의 없이 유처리제를 사용할 수 있도록 허용하고 있다.

교육 훈련 및 실무 연습은 유처리제의 사용을 위한 계획의 핵심적인 부분이며, 이는 기름유출 방제작업의 모든 측면에 적용되기도 한다. 이에 따라, 작업인원은 유처리제의 살포 및 안전성에 관한 포괄적 교육훈련을 받아야 하며, 또한 자원 동원 및 분사 장비 배치에 대한 훈련을 정기적으로 실시해야 한다.

참고로 ITOPF의 『방제기술정보문서』 TIP 4에 해당하는 '기름오염방제 시 유처리제 사용지침'에서 중요하게 다루고 있는 내용을 요약하면 다음과 같다.

i) 유처리제는 기름의 자연적 분해를 촉진시킨다. 이는 유막을 분해하여 수많은 작은 기름방울을 생성시킨 뒤 수중에서 신속히 희석되고 궁극적으로 생분해되도록 함으로써 가능하다.

ii) 대부분의 유처리제는 고점도 및 고착화된 에멀젼 기름은 분산시키지 못한다.

iii) 엷은 유막에 유처리제를 분사하는 것은 비효과적이며 자원의 부적절한 사용이다.

iv) 해상에 유출된 대부분의 원유와 일부 연료유의 경우, 유처리제의 사용이 효과를 발휘할 수 있는 짧은 기회가 존재하므로 신속하고 효과적으로 계획된 방제작업이 필수적이다.

v) 항구 근처에 소규모로 유출된 기름의 방제에는 선박이 적합하지만, 중대한 외해 기름유출 사고의 경우에는 대형 다발항공기가 더욱 효과적일 수 있다.

vi) 관찰 결과에 따르며, 외해이 수중 분산 기름은 시간이 경과하면서 해양생물에 장기적 악영향을 미칠 수 있는 수준 미만으로 농도가 감소한다.

vii) 유처리제는 바닷새와 같이 수면에 접촉하는 동물과 맹그로브와 같은 민감 연안 자원의 오염 손상을 신속하게 그리고 효과적으로 최소화할 수 있다.

viii) 분산된 기름 플룸이 산호, 패류 양식장, 산업용 취수구 등의 민감 자원을 손상시킬 수 있는 지역에서는 유처리제를 살포하지 않아야 한다.

ix) 효과적으로 준비 및 실행되는 방제 계획, 그리고 유처리제의 사용에 대한 명확한 정책은 유처리제 작업이 효과적으로 이루어질 수 있는 가능성을 크게 높인다.

제4장

Measures Guide for Responding to Marine Pollution

기름·폐기물 처리 및 화학오염사고 대응

제1절 기름 및 폐기물의 처리[58)]

Ⅰ. 폐기물 문제

대부분의 방제작업, 특히 해안방제에서는 다량의 폐유와 유성폐기물이 발생한다. 폐기물의 저장과 처리는 방제작업에서 중요하며, 긴급계획에는 폐기물 관리에 관한 충분한 대비가 강조되어야 한다. 사고 초기에 만들어진 준비사항(arrangements)들은 방제노력 절충과 방제작업이 종료된 후에도 지속되는 비용 문제에 대한 폐기물 문제를 예방하는데 중요한 역할을 한다. 폐기물의 양은 유출유의 종류와 양, 유류 확산 및 해안에 영향을 미치는 정도, 수면과 해안에서 유출유와 기름오염 폐기물을 회수하는데 사용된 방법들과 같은 다양한 요인들에 의해 결정된다.

비교적 작은 규모의 유류 유출에도 수거된 폐기물의 양은 기존의 처리 시설들의 용량을 초과할 수 있다. 이 문제를 쉽게 다루기 위해서는 기름오염 긴급계획에서 폐기물 처리 방안들이 중요한 요소가 되어야 한다. 방제기술의 결정은 가능하면 수거된 폐기물의 양을 최소화하는 기술들을 우선적으로 고려하여

58) 여기에서 언급하고 있는 '기름 및 폐기물의 처리'는 국제유조선선주오염연맹(ITOPF)에서 내놓고 있는 『방제기술정보문서』 TIP 9(기름 및 폐기물의 처리 지침)에서 발췌하여 작성하였다.

야 한다. 특히 해안 방제의 경우 확실한 인력 관리가 필수적이다. 적절하고 합리적인 방제 방법까지 사용하였음에도 불구하고 가끔 발생된 폐기물의 양이 기름유출양보다 10배 더 많아 질 수 있다. 그리고 폐기물 처리에 관한 결정은 발생할 수 있는 폐기물의 종류와 양의 현실적인 평가치를 근거로 하여 사고 초기에 수립되어야 한다.

Ⅱ. 폐기물 관리방안

폐기물 체계(Waste Hierarchy)는 모든 종류의 폐기물에 이용 가능한 폐기물 관리 방안들을 분류하고 우선순위를 정하기 위해 만들어진 국제적인 체제이고, 유류 유출에 대한 폐기물 관리 근거로서 사용이 가능하다. 이 체계는 크게 다섯 가지 단계로 구성된다.

i) (감 축) 깨끗한 물질이나 물의 수거를 최소화하는 선별적인 해안 방제기술들을 사용하거나 기름 묻은 물질의 현장 처리를 통해 발생된 기름 오염 폐기물의 양을 감소시킨다. 소모품, 특히 흡착재 사용의 철저한 규제는 폐기물을 감소시키는데 도움이 된다.

ii) (재사용) 가능하면 기름 묻은 장비와 보호복을 세척하여 재사용함으로써 방제작업 시 사용된 자원들을 재사용한다.

iii) (재활용) 기름과 기름 묻은 물질들을 정제나 안정화시키는 결합에 의한 액상 기름을 간척이나 도로 건설용으로 재활용한다.

iv) (회 수) 발전(power generation)이나 열 발생을 위한 연료로 폐기물의 발열량을 회수한다.

v) (처 리) 이상의 방안들 중 하나로 처리될 수 없는 폐기물은 소각, 매립 또는 퇴비화를 통해 처리한다.

실제로 폐기물 관리 방안은 사고 발생한 지역의 폐기물 처리 규제사항들을 준수하면서 이용 가능한 방안들의 비용과 처리능력에 의해 결정된다. 기술적으로 다양한 방안들이 실행 가능한 경우, 비용 효율성이 처리 방안을 선택하는 데 중요한 요인이 된다(〈표 4-1〉). 그러나 유류 유출은 본래 신속한 방제가 요구되는 비상사태이며, 긴급계획 작성 시 폐기물 관리가 적절한 고려사항으로 다루어지지 않는다면, 실행 가능성과 비용 효율이 높은 처리 방안들이 지속 가능한 폐기물 관리 방안들보다 우선된다.

〈표 4-1〉 유류와 폐기물의 분리 방법 및 처리 방안

구분	폐기물 유형	분리 방법	처리 방안
액체류	에멀젼화 되지 않은 기름 및 폐수	· 침전/비중 분리 · 회수된 물은 추가 처리/여과가 필요	· 회수된 기름의 연료유 또는 정제 공급 원료로서 재사용 · 처리된 물은 방류
	에멀젼화 된 기름	· 에멀젼 파괴로 수분 배출 · 열처리 · 에멀젼을 파괴하는 화학물질	· 회수된 기름의 연료유 또는 정제 공급 원료로서 재사용 · 안정화 및 재사용 · 소각
고체류	모래와 혼합된 기름	· 임시 저장기간 동안 모래에서 침출된 액체상태의 기름 수거 · 물 세척 또는 흡착재로 모래에서 기름 추출 · 걸러서 고체 상태의 기름 또는 타르볼 제거	· 회수된 액체 상태의 기름의 연료유 또는 정제 공급 원료로서 재사용 · 처리된 물은 방류 · 안정화 및 재사용 · 토지 경작법 또는 퇴비화 처리를 통한 분해 · 매립 · 소각
	조약돌 또는 자갈과 혼합된 기름	· 임시 저장기간 동안 해변 물질에서 침출된 액체상태의 기름 수거 · 물 세척 또는 흡착재로 해변 물질에서 기름 추출	· 세척된 돌은 원위치 · 안정화 및 재사용 · 매립
	나무, 플리스틱, 해초, 패류, 흡착재와 혼합된 기름	· 임시 저장기간 동안 침출된 기름 수거 · 물로 폐기물의 기름 세척	· 안정화 및 플라스틱과 대형 폐기물을 제거한 후 재사용 · 토지 경작법 또는 퇴비화 처리

	기름 묻은 어구 및 자원/그물, 부유물, 선박	· 탈수 · 압축	를 통해 해초, 패류 또는 자연 흡착재와 혼합된 기름 분해 · 매립 · 소각
	타르볼	· 걸러서 모래로부터 분리	· 안정화 및 재사용 · 매립 · 소각

Ⅲ. 유류와 유성폐기물의 특성

일반적으로 원유, 중질유 연료유, 일부 윤활유와 같은 지속성 유류의 유출은 많은 양의 폐기물을 발생 시킨다. 일단 기름이 유출되면, 물 함량과 점도의 증가로 풍화가 시작된다. 가능하면 신속히 수거된 기름은 유동성을 가지고 있고 상대적으로 오염이 없을 것이다. 시간이 흐르면 기름은 손상된 선박 및 유실된 화물 또는 연안에서 비롯된 잔해(debris)들과 혼합될 것이다. 기름유출로 고체 폐기물이 발생하지 않을지라도, 해상에서의 유류 회수는 사용된 회수 방법들이나 유중수형 에멀젼의 형성 때문에 상당한 양의 물이 포함된다. 해수 온도 이상에서 유동점을 갖는 유류들은 빠르게 반고체 상태로 될 것이고, 이런 유류들은 상당한 양의 물을 회수하는 삽이나 그라브에 의한 회수가 필요하다. 지속성이 없는 유류의 유출은 단기간에 자연적으로 증발되고 분산되는 경향이 있어 폐기물 발생 문제와 관련이 적다.

해안선에서 회수된 기름은 모래, 자갈, 나무, 플라스틱, 해초와 같은 상당한 양의 다른 물질들과 혼합된다. 각각의 물질은 다른 방법의 처리가 요구되며, 그 구분이 어려울 수 있다. 예를 들어, 기름 묻은 나무는 가능하면 현장에서 통제된 상황에서 소각될 수 있으나, 반면에 기름 묻은 해초를 태우는 것은 비현실적이다. 특히 작업자들이 사용한 흡착재(adsorbent materials), 보호복, 오염된 오일펜스, 저장용 비닐봉지들, 그리고 다양한 종류의 폐기물 용기들과 같은 방제작업으로 인해 발생된 오염된 물질들은 폐기물의 양을 증가시킬 수 있다.

방제작업 기간 동안 발생되는 폐기물의 양을 최소화하는 것을 우선으로 한다면 폐기물 처리와 관련된 문제들이 감소할 것이다. 이것은 방제기술들을 고려할 때 중요한 요인이 되며 주요방법은 다음과 같다.

ⅰ) 기름이 부착되기 전에 해안으로부터 폐기물을 미리 제거하여 처리가 필요한 기름 묻은 물질들의 양을 감소, ⅱ) 최종 처리를 위한 폐수의 양을 최소화하기 위해 해상이나 연안에서 회수된 기름과 물의 혼합물로부터 물만 분리, ⅲ) 폐기물을 거르기 위해 회수된 기름을 깔때기에 통과시켜 폐기물을 여과시키는 방법, ⅳ) 산출되는 폐기물의 양을 줄이기 위해 기계로 모래에서 타르볼을 제거하는 작업, ⅴ) 생석회를 사용한 기름 묻은 폐기물의 안정화

Ⅳ. 처리 방안

기름 및 유성폐기물의 최종적인 처리를 위해 많은 방법을 이용할 수 있다. 사고에서 가장 적합한 처리 방법은 법률 규제, 폐기물의 특성, 농도, 적합한 장소와 시설의 이용 가능성, 관련 비용을 포함한 여러 가지 요인에 따라 결정된다. 이와 관련해서 유류와 폐기물의 처리를 위해 일반적으로 이용가능 한 방안들의 장단점에 대해 살펴보면 다음과 같다(〈표 4-2〉).

〈표 4-2〉 유류와 폐기물의 처리방안 장점 및 단점

구분	장점	단점
재생	· 유류의 발열량 특성을 이용한 재활용 · 영구 저장 필요 없음	· 기름 묻은 폐기물은 처리가 필요함 · 시설 및 처리용량이 제한적임 · 처리과정을 기다리는 동안 폐기물의 장기적인 저장이 필요함
안정화	· 국내법이 안정화된 기름 묻은 물질의 용이한 처리를 허용함 · 안정화된 기름 묻은 물질을 이용한 재활용	· 기름 묻은 모래, 조약돌, 자갈 등 제한된 크기의 폐기물에만 적합함 · 기름 묻은 물질의 처리는 숙련된 작업자와 적합한 시설 및 장비가 필요함
소각	· 다양한 유형의 기름 묻은 물질	· 비교적 고가의 처리 과정을 필요로 함

	들을 처리 · 영구 저장 필요 없음	· 적절한 시설 및 처리 용량이 제한적임 · 폐기물의 장기적인 저장이 필요함
토지 경작법 또는 퇴비화 처리	· 생물분해의 자연적 과정을 향상시킴	· 적합한 장소를 찾기 어려움 · 넓은 면적의 토지가 필요하기 때문에 비교적 작은 규모의 유출 시에만 적용됨 · 모든 유류 성분이 분해되지는 않음 · 주기적인 경작 및 모니터링이 필요하며 처리과정이 느림
매립	· 유기폐기물은 매립지에서 자연적으로 생물분해 됨 · 다량의 폐기물을 신속하게 처리	· 관련 규정에 따른 제한적 이용 · 유해 폐기물을 위해 지정된 장소의 부족 및 고가의 처리 비용 · 다양한 유형의 폐기물이 장기간 지속됨

V. 긴급 계획

긴급 계획은 기름 묻은 물질의 다양한 양과 종류를 다루기 위해 이용 가능한 처리 방안들을 검토하여야 한다. 적용된 방제 및 처리 방법들이 크게 원료, 장비, 유출지역 인근의 적합한 처리 장소의 이용 가능성뿐만 아니라 국가와 지역의 폐기물 법률에 따라 결정되므로 긴급 계획의 범위는 지역적이어야 한다. 긴급 계획은 일부 처리 방안의 이용 가능성에 영향을 미칠 수 있는 법률의 변경사항을 포함시키기 위해 정기적으로 갱신되어야 한다. 유류 회수와 처리에 전문화된 계약업자들의 상세 연락처, 정유 공장들의 위치와 수용 능력, 소각로, 폐기물을 허용할 수 있는 다른 시설들은 긴급 계획의 정보목록에 포함되어야 한다.

긴급 계획 과정의 일부로 계획된 위험도 평가는 유류 유출이 더 발생할 것 같은 지역과 유류가 해안으로 올 것 같은 지역을 나타낸다. 위험도가 높은 지역 가까운 곳에 있는 폐기물 임시 저장소는 초기 단계에 발견되어야 한다. 그런 다음 최종적인 처리 문제는 각각의 처리 방안의 수용능력을 초과하는 것을 피하기 위해 단계별로 접근할 수 있다.

참고로 ITOPF의 『방제기술정보문서』 TIP 9에 해당하는 '기름 및 폐기물의 처리 지침'에서 중요하게 다루고 있는 내용을 요약하면 다음과 같다.

i) 유류와 유성폐기물의 처리는 대량의 폐기물들이 있을 때 해안 방제 시 중요한 문제이다. 따라서 긴급계획 작성 시, 폐기물 처리를 고려하는 것이 필수적이다.

ii) 기름과 유성폐기물들을 처리하기 위한 다양한 방제기술들이 개발되긴 했으나, 많은 기술들이 사용과 용량에 있어 제한적이다. 주요유출이 발생할 경우에는 모든 방안들이 고려될 필요가 있다.

iii) 폐기물 처리에 관한 결정은 사고 초기에 만들어지는 것이 가장 좋고, 발생할 수 있는 폐기물의 종류와 양의 현실적인 기대치를 근거로 하여야 한다.

iv) 잠재적인 폐기물 회수나 처리 방법을 결정할 때, 지역 폐기물 관련 법률을 준수하고 관계 당국과 협의되어야 한다.

v) 유출 위험이 높은 지역에서는 해상이나 해안에서 유류의 수거와 최종적인 처리 간의 완충 역할을 위해 임시 저장할 수 있는 곳이 미리 확인되어야 한다.

vi) 각각 다른 폐기물들을 위해 처리 방법이 필요한 경우, 폐기물이 수거 지점으로부터 구분되어야 한다.

vii) 폐유의 재활용 가능성은 처리 전에 검토되어야 하고, 폐기물의 발열량이 발생할 것이라는 것을 고려해야 한다.

viii) 유류를 소멸시키는 기술들은 더 많은 비용이 들긴 하지만 매립보다 더 유용하다.

ix) 취급, 수송을 포함한 처리 비용은 전체 유출 방제 비용에서 상당히 중요한 요소가 될 것이다.

제2절 해상에서의 화학오염사고 대응[59)]

Ⅰ. 위험·유해물질 관리 규정 및 운송

해상에서 선박으로 운반되는 물질(기름을 제외한다) 중 해양에 유출될 경우 인간의 건강과 해양생물자원 또는 생명체에 해로운 결과를 미치거나 미칠 우려가 있는 액체물질과 그 물질이 함유된 혼합 액체물질을 위험·유해물질(Hazardous and Noxious Substances, HNS)로 규정하고 있다.

한편, 이와 같은 물질을 운반하기 위해 사용되어지는 선박은 화물의 특성을 고려하여 잠재 위험을 최소화하기 위해 갖추어야 할 안전 설비 기준뿐만 아니라, 해당 화물의 안전한 운송을 위한 선박의 설계 및 건조 기준을 제공하기 위한 국제협약을 다음과 같이 마련하고 있다(〈표 4-3〉).

〈표 4-3〉 위험·유해물질 형태별 국제협약

구분	국제협약
액체화물	· 위험화학품 산적운송선박의 구조 및 설비에 관한 국제코드(IBC Code)[60)]의 Chapter 17 · 선박으로부터 해양오염방지에 관한 국제협약(MARPOL)[61)] 부속서2의 부록2
가스화물	· 액화가스 산적운반선의 건조 및 설비에 관한 코드(ICG Code)[62)]의 Chapter 19
산적고체화물	· 국제해상고체산적화물규칙(IMSBC Code[63)])의 Section 9(포장양식은 IMDG Code 적용)
포장된 화물	· 국제해상위험물규칙(IMDG Code)[64)]

---

59) 여기에서 언급하고 있는 '해상에서의 화학오염사고 대응'은 국제유조선선주오염연맹(ITOPF)에서 내놓고 있는 『방제기술정보문서』 TIP 17(해상에서의 화학오염사고 대응 지침)에서 발췌하여 작성하였다.

60) IBC Code : International Code for the Construction and Equipment of Ships carrying Dangerous Chemicals in Bulk

광범위한 산업에서 사용되는 화학물질의 국제적 수요 증가는 화학물질의 급격한 해양무역 증가를 초래하였다. 이에 따라 2010년에 국제해사기구 (International Maritime Organization, IMO)에서는 해양에서 발생할 수 있는 위험 · 유해물질 사고와 연관이 높은 상위 20개의 화학물질(원유와 그것의 액체물질, 그리고 식물성 기름 제외)에 대한 특징을 다음과 같이 제시하고 있다(〈표 4-4〉).

〈표 4-4〉 위험·유해물질 사고 관련 주요화학물질의 특성

순서	화학물질	거동	주요위험
1	황산	침전성/용해성	부식/물과 발열반응/연기
2	염산	침전성/용해성	부식/물과 발열반응/연기
3	수산화나트륨/가성소다	침전성/용해성	부식/물과 발열반응
4	인산	침전성/용해성	부식/물과 발열반응/연기
5	질산	침전성/용해성	부식/물과 발열반응/연기
6	LPG/LNG	가스상[65]	가연성/폭발성
7	암모니아	가스상	독성
8	벤젠	부유성/증발성	가연성/폭발성
9	자일렌	부유성/증발성	가연성/폭발성
10	페놀	용해성/증발성	독성/가연성
11	스티렌	부유성/증발성	가연성/독성/중합[66]

61) MARPOL : International Convention for the Prevention of Marine Pollution from Ships
62) IGC Code : International Code for Construction and Equipment of Ships Carrying Liquefied Gases in Bulk
63) IMSBC Code : International Maritime Solid Bulk Cargoes Code
64) IMDG Code : International Maritime Dangerous Goods Code
65) 가스상 오염물(gaseous contaminants) : 공기 중에 함유된 기체상의 오염물질로 입자 상태의 오염물질과 함께 대기오염의 원인이 되는 물질로 연소, 합성, 분해 시에 발생하거나 물리적 성질에 의하여 증기 등의 형태로 발생되는 기체물질이다. 가스 상태 오염물질로는 발생량이 많고 오염이 넓은 지역에 걸쳐 퍼지는 질소산화물, 황산화물, 일산화탄소, 연소되지 않은 탄화수소, 오존 그리고 특정한 발생원에서 배출되어 오염의 범위가 국지적인 염화수소, 염소 등이 있다(네이버검색사이트, https://www.naver.com).
66) 중합(重合, polymerization) : 하나의 화합물이 2개 이상의 분자가 결합해서 다른 화합물이 되는 것을 말한다(네이버검색사이트, https://www.naver.com).

12	메탄올	부유성/용해성	가연성/폭발성
13	에틸렌글리콜	침전성/용해성	독성
14	염소	가스상(액체상으로 운반)	독성
15	아세톤	부유성/증발성/용해성	가연성/폭발성
16	질산암모늄	침전성/용해성	산화/폭발성
17	요소	침전성/용해성	자극성
18	톨루엔	부유성/증발성	가연성/폭발성
19	아크릴로니트릴	부유성/증발성/용해성	가연성/독성/중합
20	아세트산비닐	부유성/증발성/용해성	가연성/독성/중합

위험 · 유해물질 화물들은 산적(액체와 고체) 형태와 포장 형태의 2가지 방법으로 다음과 같은 운송수단을 이용하고 있다(〈표 4-5〉).

〈표 4-5〉 위험·유해물질 종류(형태)별 운송수단

종류	품목	주요 운송수단
가스류	LPG, LNG 등	LPG선, LNG선
액체화학품	벤젠, 자이렌, 톨루엔 등	케미컬선
산적고체위험물	유황, 석회석 등	벌크선
포장위험물	니트로 글리세린, 폭약 등	컨테이너선

Ⅱ. 해양자원에 주는 영향

하나 또는 그 이상의 화학물질이 해양환경에 주는 영향은 수많은 인자들에 따라 좌우된다. 가장 중요한 요소는 유출된 화학물질, 혼합물 또는 그들 반응물질의 유독성이다. 피해 범위는 유출량에 의해 좌우되며 이에 따른 수층에서의 농도뿐만 아니라 해당 농도에 생물군이 노출되는 시간과 특정 화학물질에 대한 유기적의 민감도에 따라 좌우된다.

다양한 수생 종은 물질들에 대한 다양한 허용치를 보여줄 뿐만 아니라 주어진 종의 저항력은 생애 주기와 계절에 따라서도 다른 허용치를 나타낸다. 주된 기상 조건과 지역의 지형 특성도 유출로 인한 해양자원에 영향을 미친다. 고요한 기상조건에서 노출된 지역의 악영향은 상대적으로 작고 서서히 확산되며, 유출원과의 거리가 멀수록 피해강도도 점차 감소한다. 반면에, 강이나 제한된 수로에서는 오염원의 확산이 빠르게 하류지역으로 이동하고 그 결과 빠르게 노출된 지역은 피해가 확산된다.

공해상에서 조석, 해류와 난류 확산은 일반적으로 오염물질을 빠르게 희석시킨다. 그러나 폐사를 야기하는 수준 이하의 농도, 치사 농도 이하의 농도에서도 다른 영향을 미칠 수 있다. 화학적으로 유도된 스트레스는 유기체의 번식, 성장, 먹이와 기타 정상적인 기능의 전체적인 능력을 감소시킬 수 있다. 또한 이러한 화학물질의 잠재적 중요성은 비록 치사량 이하의 농도에서도 해변의 폐쇄와 같이 해양의 합법적인 사용을 저해할 수 있다.

어떤 물질은 일단 바다에 유입되면 오랜 기간 해양환경에 잔존할 수 있다. 수은이나 기타 중금속, 살충제와 같은 유기화합물질들은 쉽게 분해되지 않는 물질이다. 이런 물질들이 살아있는 유기체에 의해 섭취되면, '생물축적'을 야기할 수 있다. 생물축적은 지속성 물질을 생체 내에 축적하는 것으로 특정 조직 내에서 신진대사를 통한 분해 및 배출에 의한 제거율을 초과하는 비율로 축적되는 것을 말한다.

고착성 해양생물과 같이 해수를 여과하여 먹이를 섭취하는 쌍각류 연체동물(굴, 홍합 등)은 특히 이러한 노출에 취약하다. 생물축적은 먹이사슬을 통해 피식자에서 포식자로 갈수록 생물축적 물질의 농도가 연속적으로 증가한다. 결과적으로, 물질의 가장 높은 농도는 일반적으로 상위 포식자의 조직 내에서 발견된다. 예를 들어, 플랑크톤의 소량에서부터 물고기의 더 높은 농도로 그리고 결과적으로 인간의 체내는 상당한 농도가 축적된다.

Ⅲ. 위험·유해물질 사고대응 계획수립

인간 건강에 영향을 미치는 위험 · 유해물질과 관련된 유출의 잠재적인 결과는 효과적인 조직 구성 및 대응 계획수립이 매우 중요하다. 대응팀 각 구성원의 역할이 명확히 정의 되어야 하고 그들의 책임과 대응능력이 확인되어야 한다. 연습과 훈련의 요구사항들을 긴급계획상에 구체화될 수 있도록 하여야 하며, 임무를 안전하게 수행하기 위해 요구되는 기술을 가진 대응요원들에게 제공하기 위해 효과적으로 구성되어야만 한다.

1. 위험평가

위험 · 유해물질이 관련된 사고 대응 시, 최초 단계는 사고 물질, 사고 상황 및 위치에 관계없이 일관되게 수행된다. 완전한 상황평가, 특히 건강과 안전에 대한 측면에 초점을 맞추어 이루어지기전까지 화학사고의 현장 대응이 수행되어서는 안 된다는 것이 필수적이다. 사고에 관련된 모든 화학물질과 수송 방식(산적화물, 컨테이너, 팰렛 화물, 드럼통 등)뿐만 아니라 유출 및 배출(화학물질의 탈락, 포장위험물질의 유실)의 특성을 확인하는 것이 중요하다.

화재와 폭발의 위험성뿐만 아니라 건강상의 위험과 인접지역에 대한 위험들이 관련 정보들을 통해 신속하게 평가되어야만 한다. 관련 정보들은 IMDG 코드의 ERG(긴급반응지침서), 개별적인 MSDS[67](물질안전보건자료), ICSC(국제화학물질안전카드, International Chemical Safety Cards) 등과 같은 화학 정보 데이터베이스로부터 도움을 받을 수 있다. 화학물질의 물리적 특성뿐만 아니라 환경 조건들(대기온도와 수온, 물의 움직임, 우세한 풍향 및 풍속)과 같이 비교적 간단한 특성에 기반하여, 가능한 화학물질의 거동과 운명(주변 환경에

67) MSDS(Material Safety Data Sheet) : 화학물질을 안전하게 사용하고 관리하기 위하여 필요한 정보를 기재한 Sheet. 제조자명, 제품명, 성분과 성질, 취급상의 주의, 적용법규, 사고시의 응급처치방법 등이 기입되어 있다. 화학물질 등 안전 Data Sheet라고도 한다(네이버검색사이트, https://www.naver.com).

근본적으로 미치는 영향력, fate)이 우선적으로 평가될 수 있다. 이러한 위험들이 식별되고 추가적 유출의 위험성이 규명된 후, 초기 위험평가가 완료되고 적절한 대응전략이 고려될 수 있다.

2. 모델링

화학물질의 확산을 예측할 수 있는 수많은 다양한 컴퓨터 모델이 존재한다. 그 중 일부는 수면을 가로지르는 2차원에서 확산예측을 보이는 형태가 있는 반면, 공기와 수층에서의 3차원 확산을 고려하여 나타내는 것도 있다. 그러나 컴퓨터 모델은 많은 한계를 보이고 있는 실정이다. 일반적인 가정을 통해 개발된 모델의 알고리즘과 소스코드는 매우 제한적으로 실제 유출에 대하여 유효하게 적용된다. 게다가, 입력데이터의 신뢰성과 운영자의 훈련수준 및 해석능력과 같은 인자들이 모델의 결과물을 검토할 때 고려되어야 한다. 그럼에도 불구하고 이러한 모델들은 긴급계획 수립과 제한된 범위의 방제작업, 특히 실시간 탐색(특히, 위험 · 유해물질이 투명할 때)과 동반될 때 유용한 도구로 제공될 수 있다.

3. 탐색

탐색은 화학유출 대응의 핵심적인 부분으로 가스 및 빠르게 증발되는 물질의 경우는 유일한 대응방안이 될 수 있다. 대응단계에서 탐색의 2가지 형식이 수행될 수 있으며, 이와 관련해서는 대기 확산 모니터링과 해상에서의 화학물질 확산 모니터링(수면과 수층 및 해저)이 있다. 한편, 탐색은 다양한 목적을 가지고 다음과 같이 내용을 수행한다.

i) 구체적인 유출 화학물질의 확인
ii) 물질의 존재 유무 측정

iii) 물질농도 측정

iv) 안전구역 설정

v) 모델의 유효성 판단

4. 대기 모니터링

실시간 모니터링은 독성, 화재 및 폭발 위험평가에 사용될 수 있고, 안전 작업구역과 잠재적 대피지역을 설정하는데 도움을 주며, 적절한 수준의 개인보호장비(Personal Protective Equipment, PPE) 판단을 지원할 수 있다. 예를 들어, 화학 셀을 이용한 산소측정기는 산소가 부족한 환경을 확인하기 위해 사용될 수 있으며, 대기 중 산소의 농도가 19.5% 이하일 때, 산소호흡기(Self-Contained Breathing Apparatus, SCBA)를 착용하여야 한다.

다양한 범위의 정교함을 가지는 장비들이 위험 · 유해물질 탐지에 이용될 수 있다. 장비를 선택할 때 고려해야 하는 주요요소 중 하나는 얼마나 빠르게 결과를 얻을 수 있는가 이며, 대부분의 경우 정보들은 실시간으로 필요하다. 보다 중요한 고려사항은 탐지 장비가 자동인지와 원거리에서 사용될 수 있는지의 여부이다. 만약 휴대용 장비와 같이 사람의 조작이 필요하다면, 운영자는 적절한 개인의 보호장구로 보호되어야 한다. 또한 모든 장비는 사용함에 있어서 훈련이 필요하고 일부 제품은 보정이 필요하다는 사실을 인지해야 한다.

5. 수중 모니터링

어떤 분석기술은 수층에서 위험 · 유해물질의 농도를 측정하는데 유용할 것이다. 일부 유기물질은 휴대용 가스크로마토그래피(GC), GC와 연계된 질량 분석기(휴대용 GCMS, Gas chromatography-mass spectrometry), 적정법이나 UV(자외선)/IR(적외선) 분광기를 이용하여 검출할 수 있다. 지시약 종이와 같은 간단한 방법은 산과 염기를 구분하는데 사용되는 반면, 센서형 탐침기는 생물학적 산소요구량(BOD, Biochemical Oxygen Demand), 전도도, 탁도, pH, 암모니아 이온, 브롬화물, 염소, 구리와 같은 무기물의 측정에 사용된다. 다른 경우에는, 해양 유기체의 탈색과 사멸 같은 생물학적 영향은 오염물 확산 추적을 가능하게 할 수 있다. 침전된 화학물질의 모니터링은 매우 어려우며 음파측정기의 사용, ROV(Remotely Operated Vehicle)[68]에 장착된 수중비디오카메라 혹은 가중 흡착재의 조합(matrix of weighted sorbents)을 통해 해저의 오염물질 확산도를 확인할 수 있다.

6. 개인용 보호장구

초기 위험평가 후에, 평가팀은 상황을 평가하고 선박으로부터 유출된 위험·유해물질의 위험정도에 대한 완화(저감)조치가 가능한지를 결정하기 위해 사고 주변지역으로 동원된다. 평가팀과 대응자들이 적절한 개인보호장구를 착용하는 것은 반드시 필요하다.

이와 관련해서 미국의 직업안전보건부(Occupational Safety and Health Administration, OSHA)에서는 보호복을 보호수준에 따라 4개의 카테고리로 나누고 있다(레벨 A, B, C, D). 한편, 레벨 A는 가장 높은 보호수준을 제공하는 것에 비해 레벨 D 보호복은 작업용 유니폼 정도로 간주될 수 있다. 이에 대해 좀 더 구체적이 사항은 다음과 같다(〈표 4-6〉).

68) ROV : 원격으로 조정되는 심해자원 탐사 및 개발용 무인잠수정. 모선에 장착된 컨트롤러(Controller)를 통해 원격으로 제어가 가능하여 사람이 작업하기 힘든 해저 환경에서 해저 자원의 탐사, 침몰된 선박의 인양 작업, 바다 밑바닥의 기름 제거 작업, 해저 케이블 설치, 각종 수중 구조물의 설치 및 수리 등에 사용된다(네이버검색사이트, https://www.naver.com).

〈표 4-6〉 각각의 보호 수준에서 요구되는 개인용 보호장구 항목(OSHA)

개인용 보호장구(PPE)	레벨 A	레벨 B	레벨 C	레벨 D
공기호흡기	●	●		
얼굴 전면 혹은 반면 호흡기			●	
완전 캡슐형 화학 보호복	●			
모자가 달린 내화학성 옷		●	●	
내화학성 외부장갑	●	●	●	
내화학성 내부장갑	●	●	●	
내화학성 부츠	●	●		
일회용 보호복	●			
상하가 붙은 작업복				●

Ⅳ. 위험·유해물질 유출의 대응 방안

유출에 대한 대응은 바다에 유출된 특정 화학물질의 양과 위험에 의해 초래되는 위협에 비례해야 한다. 제품의 부피와 포장은 대응과정에 영향을 미친다. 예를 들어, 케미컬선의 전체 탱크에서 유출되는 산은 손상된 컨테이너 혹은 적은 수의 파열된 병으로부터 유출되는 산에 비해 보다 빠르고 광범위한 피해를 줄 가능성이 높다. 또한 알루미늄과 청산가리와 같은 일부 화학물질은 산성 조건(낮은 pH)에서 더욱 유독해질 수 있으며, 접촉하는 다른 물질과의 반응과 그로 인한 2차적 반응의 위험성을 고려하여야 한다. 어떠한 경우에도 대응요원은 적절한 개인용 보호장구를 착용해야 하고 대응장비와 탐지장비는 위험 환경에 대처할 수 있도록 적절히 설계되어야 한다. 예를 들어, 적절한 공기 여과장치나 방폭엔진을 갖추어야 한다. 다음에서는 화학물질에 대한 잠재적인 대응 방법에 대해 간략히 살펴보고자 한다.

1. 가스 & 증발

가스나 증발하는 액상의 위험 · 유해물질 유출은 유독성이 있거나 대기 중에서 폭발혼합물을 형성하는 증기구름을 생성할 가능성이 있다. 결과적으로 사고선의 선원, 대응요원, 인근 인구집중 지역에 잠재적으로 건강과 안전에 영향을 미칠 수 있다. 대응방안을 계획하기 위해, 가스나 수증기가 어떻게 이동하고 위험한 먹구름이 어떻게 이동해 갈 것 인지를 예측하고 대응해야 한다. 오염물 대기확산 컴퓨터 모델링은 대기 오염물이 이동할 때 그 거동과 확산 및 최종 상태를 예측하는데 도움을 줄 수 있다. 안전지대는 필요시 지정할 수 있으며, 대중들에게 적절하게 권고되어야 한다.

독성, 부식성, 가연성이 있는 증기가 인구밀집지역으로부터 멀어질 수 있도록 사고선을 이동시키는 방안이 선택될 수 있다. 만약 이것이 가능하지 않다면, 당국은 대중들에게 실내에 있거나 문과 창문을 열지 말라고 권고해야 한다. 심각한 경우 위험지역에서 대피하는 명령을 하달할 수 도 있다. 대피가 가져올 관련된 위험, 예를 들어, 공황상태, 특히 인구 밀집지역에서 대피하지 않고 남았을 때의 잠재적 위험과 대비해서 균형 있게 고려되어야 한다.

증기구름을 가라앉히기(knocking down) 위해 물분사와 폼을 이용하여 증기구름을 멈추거나 편향시키는 것과 같은 대응기술은 이에 다른 가능한 반응들을 숙지한 대응요원들에 의해 이용되어야 하며, 또한 이와 관련된 위험한 결과들을 균형적으로 비교하여야 한다. 대량의 오염수 발생 결과 및 살수에 의한 범람 시 사고선의 안전성이 고려되어야 한다. 이러한 방법은 암모니아, 아황산 같이 수용성 가스에 사용될 수 있다. 비수용성 가스와 관련된 화재나 폭발의 위험은 물 분사나 폼을 사용하여 뜨거운 표면을 식히고 불꽃과 화염을 억제함으로서 줄일 수 있다.

개방된 환경에서 독성 증기는 자연적인 공기이동과 난기류로 인해 확산될 것이다. 종종 유일한 대응조치가 연기와 그것의 분산을 관찰하는 것이 될 수 있다.

2. 용해

바다로 이동하는 화학물질의 상당부분은 수용성 물질이다. 바다에 유출된 용해 화학물질은 확산층이 사고지점에서 멀어질수록 확대되며 농도가 감소한다. 많은 용해물질은 눈에 보이지 않고 빠르게 확산된다. 이는 수층에서의 농도를 모니터하는 것이 원활하지 않다는 것을 의미한다. 그러나 컴퓨터 모델은 물질의 분산과 유용한 정보를 제공하고 해양환경이나 어장, 취수지역, 휴양지역과 같은 다른 자원에 대한 잠재적 위험을 예측할 수 있다. 농도가 높아질 것으로 예상되는 지역에서 컴퓨터로 예측한 결과를 확인하는 모니터링이 필수적이다.

용해된 화학물질을 봉쇄하여 수거하는 방법은 극도로 제한되어 있다. 이는 확산과 희석이라는 자연적 과정을 촉진하는 방법이 이러한 화학물질에 대응하는 유일한 방법이 될 수 있다는 뜻이다. 이론상으로 용해된 화학물질의 확산층은 다른 화학물질을 투입함으로서 중화되거나, 응집, 산화 및 환원 될 수 있다. 해안이나 한정된 수역에서 관련 당국의 승인을 통해 그 적용이 올바르다면 중화제가 효과적인 방법으로 사용될 수 있다. 해상에서의 화학물질 처리를 위해 응집제, 겔화제, 활성탄, 착화제(오염물질을 자신의 분자구조로 포집하는 화학물질), 이온 교환제와 같은 제품들을 사용할 수 있으며 이 제품들은 다음의 속성들을 가져야만 한다.

i) 독성이 없어야 한다.
ii) 중화 과정이나 부산물은 독성이 없어야 한다.
iii) 낮은 생물학적 산소요구량(BOD)을 가져야 한다.
iv) 훈련된 요원이 안전하게 사용할 수 있어야 한다.
v) 다루거나 보존하기 쉬워야 한다.
vi) 일반적으로 사용한 합리적인 가격이어야 한다.

그럼에도 불구하고 공해상에서 유출과 대응 사이의 시간 지연은 대량의 해수와 반응하는 것을 고려할 때, 화학적 처리가 실용적이지 않거나 어떠한 이득도 기대하기 어려워 일반적으로 추천되지 않을 수 있음을 의미한다.

3. 부유물

부유성 화학물질은 점성이 높거나 낮은 액체이거나 심지어 고체가 될 수도 있다. 만약 화학물질 유출이 높은 증기압을 가진다면 빠르게 증발해서 수면 확산막 위에 증기구름을 만들 것이다. 많은 부유성 물질들은 기름과 유사한 방법으로 수면유막을 형성하면서 해수면으로 확산될 것이다. 하지만 기름과 달리, 부유성 물질은 수면에서 관찰되지 않을 수도 있다.

안전하다는 조건하에서, 수면에서 물질의 움직임을 제어하고 봉쇄하는 붐을 설치하는 것을 고려할 수 있다. 유회수기나 다른 유출유 사고대응 장비는 수면에 있는 물질을 회수 할 때 사용될 수 있다. 그러나 사용하기 전에 유출 화학물질이 장비와 반응하지 않고 불꽃이 나더라도 폭발하지 않는다는 것을 확인하는 것이 중요하다.

독성이 심하거나 가연성 위험·유해물질의 경우 포집과 회수는 화학물질의 농도를 증가시켜 대응요원이나 지역 주민들에게 아주 위험한 환경을 초래할 수 있기 때문에 바람직하지 않을 수 있다. 이런 경우에는 자연적 소멸을 유도하여 위험수준 이하로 농도를 감소시키는 것이 바람직 할 수 있다. 화재나 폭발의 위험이 있는 합법적인 공간에서는 대응 요원이 화재진압 또는 반응억제 폼을 사용할 수 있다.

특정한 환경에서의 흡착재는 유출된 위험·유해물질을 모으고 농축하는데 사용될 수 있다. 흡착재는 유출된 화학물질을 구조 내에 결합시킬 수 있는 재질 특성을 가져야 하며 이로서 흡착재 표면에 화학물질이 덮이게 된다. 흡착재는 화학물질을 캡슐화하여, 유출된 화학물의 확산을 막고 휘발성을 줄인다. 반대로, 흡착재의 사용은 유출 화학물질의 표면적을 증가시켜 필연적으로 증기발생 비율을 증가시키게 된다. 더욱이 흡착재는 물에서 회수되기 때문에 화학물질의 보유 유지력이 낮을 수 있다. 어떤 경우에는 부유하는 화학물질을 연소하는 방법도 가능하나, 대응자들의 건강과 안전을 위협하는 유독가스의 형성과 제어되지 않는 화재나 연기의 확산을 충분히 고려해야 한다.

4. 침강물질

침강하는 화학물질은 해저를 오염시킬 가능성을 가지고 있으며 때때로 침전물 내에 지속적으로 잔류할 수도 있다. 그러므로 물속에 가라앉은 화학물질에 대한 대응은 화학물질과 심하게 오염된 침전물을 회수하는 것이다. 얕은 수심에서는 기계적 준설기와 펌핑/진공장치가 침강 물질을 회수하는데 사용될 수 있다. 회수된 화학물질과 오염된 침전물을 처리하고 처분할 때 세심한 주의가 필요하게 된다.

5. 침몰한 난파선

침몰선 안에 있는 위험 · 유해물질 화물은 그들의 향후 유출과 관련된 잠재적 영향, 갑작스럽고 재앙적 유출 혹은 오랫동안 지속되는 유출에 대한 우려가 생길 수 있다. 이러한 경우 3가지 접근 방법을 결정하기 위해 수행되어야만 한다.

i) 소극적 방출은 배출구나 선체의 부식을 통해 이루어진다. 이러한 접근방법은 위험평가를 통해 유출이 환경에 미치는 심각한 위험이 없거나 가용한 다른 방법이 없을 때 채택된다.

ii) 제어된 방출은 화물이 용해 화학물질처럼 일부 국부적인 영향을 줄 수 있으나 비교적 느린 속도의 유출은 광범위한 수층의 피해를 발생시키지 않을 때 고려될 수 있다. 그러나 갑작스런 유출은 우려대상이 될 수 있다.

iii) 화물 제거는 대상물질이 인간의 건강, 인근 환경과 경제적 활동의 잠재적 위험 측면에서 가장 높은 수준의 우려를 유발할 때 고려된다.

참고로, ITOPF의 『방제기술정보문서』 TIP 17에 해당하는 '해상에서의 화학오염사고 대응 지침'에서 중요하게 다루고 있는 내용을 요약하면 다음과 같다.

i) 화학물질이 가연성, 폭발성, 부식성이 있고 산화 작용제, 자극성 또는 환경위험물이라면 이들은 위험 · 유해물질(HNS)로 고려된다.

ii) 위험 · 유해물질의 물리적 특성은 바다에 유출되었을 때 그들의 거동을 지배하고 물질이 가스가 될 것인지 증발, 용해 혹은 침전될지를 결정한다.

iii) 해양환경에서 위험 · 유해물질의 영향은 그 화학물질에 관한 해양 유기체의 유독성, 노출정도, 민감성에 따라 좌우된다.

iv) 특정 위험 · 유해물질의 물과 공기 중에 노출될 때의 잠재적 반응성, 만약 특정 화학물질이 동시 유출되었을 때 상호반응에 따른 열과 독성부산물의 생성에 대한 예측이 중요하다.

v) 위험 · 유해물질 사고에 대응하기 전에 위험 · 유해물질의 오염수준 모델링과 탐지를 기반으로 한 위험평가 수행이 필수적이다.

vi) 대응방법 선택은 크게 화학물질이 가스, 증기, 용해 혹은 침전물질인지에 따라 좌우된다. 가스상 및 빠르게 증발 또는 용해되는 물질들은 모니터링만이 유일한 대응이 될 수 있으며 반면, 부유 및 침전물질은 회수가 가능할 수 있다.

vii) 개인보호장구(PPE)의 4단계 보호수준은 A, B, C, D로 널리 용인되고 있으며, A는 가장 높은 수준의 보호를 제공한다. 위험에 따라 적절한 개인보호장구가 선택되어야 하며 높은 수준의 보호가 요구될 때 작업시간의 결정은 환경조건을 고려하는 것이 필수적이다.

제5장

Measures Guide for Responding to Marine Pollution

자재 및 약제의 성능시험 및 검정기준

제1절 자재 및 약제의 형식승인 등에 관한 절차

「해양환경관리법」 제110조제4항에서는 이 법 제66조제1항에 따라 오염물질의 방제·방지에 사용하는 자재·약제를 제작·제조하거나 수입하려는 자는 제110조제4항 단서에 따른 경우(시험·연구 또는 개발을 목적으로 제작·제조하거나 수입하는 오염물질의 방제·방지에 사용하는 자재·약제에 대하여 해양수산부령으로 정하는 바에 따라 해양경찰청장의 확인을 받은 경우)를 제외하고는 같은 법 시행규칙 제66조[69]로 정하는 바에 따라 해양경찰청장의 형식

69) 「해양환경관리법 시행규칙」 제66조(자재·약제의 형식승인 신청 등) ① 법 제110조제4항에 따라 형식승인을 받아야 하는 자재·약제의 종류는 다음 각 호와 같다. 〈개정 2021.6.30.〉
1. 해양유류오염확산차단장치(오일펜스, Oil Fence)
2. 유처리제
3. 유흡착재
4. 유겔화제
5. 생물정화제제(生物淨化製劑)

② 법 제110조제4항 본문에 따라 자재·약제의 형식승인을 받으려는 자 또는 형식승인을 받은 이후에 그 자재·약제의 규격 등을 변경(해당 자재·약제의 성능에 직접적인 영향을 미치지 아니하는 사항을 변경하려는 경우에 한정한다)하려는 자는 별지 제58호서식의 해양오염방제 자재·약제 형식승인(변경·면제) 신청서에 다음 각 호의 구분에 따른 첨부 서류를 해양경찰청장에게 제출하여야 한다.
1. 형식승인의 신청
   가. 삭제 〈2011.9.29.〉

승인을 받도록 하고 있다.

한편, 「해양환경관리법 시행규칙」 제69조[70]에서 정하는 바에 따라 자재 · 약제를 제작 · 제조하거나 수입하려는 자가 형식승인을 받고자 하는 경우에는 이 법 제110조제5항에 따라 해양경찰청장의 성능시험을 받아야 하며, 또한 형식승인을 얻은 자가 자재 · 약제를 제작 · 제조하거나 수입한 때에는 이 법 제110조제6항 및 같은 법 시행규칙 제70조[71]에 따른 검정을 받아야 한다.

이와 관련해서 자재 · 약제에 대한 성능시험과 검정은 「해양오염방제 자재 ·

나. 사용재료 및 사용방법에 관한 설명서
2. 형식승인 변경의 신청
가. 형식승인증서 원본
나. 변경내용을 증명할 수 있는 서류
③ 법 제110조제4항 단서에 따라 자재 · 약제의 형식승인을 면제 받으려는 자는 별지 제58호서식의 해양오염방제 자재 · 약제 형식승인(변경 · 면제) 신청서에 다음 각 호의 서류를 첨부하여 해양경찰청장에게 제출하여야 한다.
1. 사용재료 및 사용방법에 관한 설명서
2. 시험 · 연구 또는 개발 계획서

70) 「해양환경관리법 시행규칙」 제69조(성능시험) ① 법 제110조제5항에 따라 해양환경측정기기 또는 자재 · 약제의 성능시험을 받으려는 자는 해양환경측정기기의 경우에는 별지 제61호서식의 해양환경측정기기 성능시험신청서에 사양서, 구조도면 및 작동설명서를 첨부하여 성능시험용 해양환경측정기기와 함께 해양수산부장관에게, 자재 · 약제의 경우에는 별지 제62호서식의 자재 · 약제 성능시험신청서에 사양서, 재질 및 성능에 관한 설명서를 첨부하여 성능시험용 자재 · 약제와 함께 해양경찰청장에게 각각 제출하여야 한다.
② 해양수산부장관 또는 해양경찰청장은 제1항에 따른 신청이 있으면 해당 해양환경측정기기 또는 자재 · 약제가 해양수산부장관 또는 해양경찰청장이 정하여 고시하는 성능시험기준에 적합한 경우에는 별지 제63호서식의 해양환경측정기기 성능시험성적서 또는 별지 제64호서식의 자재 · 약제 성능시험성적서를 신청인에게 발급하여야 한다.

71) 「해양환경관리법 시행규칙」 제70조(검정) ① 법 제110조제6항에 따라 해양환경측정기기 또는 자재 · 약제의 검정을 받으려는 자는 별지 제65호서식의 검정신청서를 해양수산부장관 또는 해양경찰청장에게 제출하여야 한다.
② 제1항에 따른 검정의 기준은 해양수산부장관 또는 해양경찰청장이 정하여 고시한다.
③ 해양수산부장관 또는 해양경찰청장은 해양환경측정기기 및 자재 · 약제를 검정한 결과가 제2항에 따른 검정기준에 적합하다고 인정하면 별지 제66호서식의 검정합격증명서를 신청인에게 발급하고 해당 해양환경측정기기 또는 자재 · 약제에 「국가표준기본법」 제22조의4제1항 본문에 따른 별표 25의 국가통합인증마크를 표시하여야 한다.

약제의 성능시험기준 및 검정기준에 관한 규칙」을 따르도록 하고 있다.

이에 추가해서 「해양환경관리법」 제110조의2제1항에서는 이 법 제110조제4항에 따라 형식승인을 받아야 하는 자재 · 약제를 제외한 오염물질의 방제 · 방지에 사용하는 자재 · 약제(이하 "형식승인대상 외 자재 · 약제"라 한다)를 제작 · 제조하거나 수입하려는 자는 같은 법 시행규칙 제72조의2[72]에서 정하는 절차와 방법에 따라 형식승인에 대신해서 해양경찰청장으로부터 성능인증을 받을 수 있도록 하고 있다.

이 경우 이 법 제110조의2제2항에서는 이에 따라 성능인증을 받으려는 자는

72) 「해양환경관리법 시행규칙」 제72조의2(형식승인대상 외 자재 · 약제의 성능인증) ① 해양경찰청장은 법 제110조의2제1항에 따라 형식승인대상 자재 · 약제를 제외한 자재 · 약제(이하 "형식승인대상 외 자재 · 약제"라 한다)에 대하여 제72조의3에 따른 기술전문위원회가 심의한 성능시험기준을 적용하여 성능인증을 할 수 있다.

② 법 제110조의2제1항에 따라 형식승인대상 외 자재 · 약제에 대하여 성능인증을 받으려는 자는 별지 제58호의2서식의 형식승인대상 외 자재 · 약제 성능인증신청서에 다음 각 호의 서류를 첨부하여 해양경찰청장에게 제출하여야 한다.

1. 사양서
2. 사용재료 및 사용방법에 관한 설명서
3. 수입신고서 사본(수입하는 경우로 한정한다)

③ 해양경찰청장은 제2항에 따른 신청을 받으면 신청일부터 15일 이내에 기술전문위원회에 성능인증을 위한 성능시험기준을 마련하여 심의의뢰 여부를 결정하고, 그 결과를 신청인에게 통지하여야 한다. 이 경우 해양경찰청장은 신청인에게 기술전문위원회의 심의여부의 결정에 필요한 자료를 요구할 수 있다.

④ 해양경찰청장은 제3항에 따라 결정된 성능인증을 위한 성능시험기준(제72조의6에 따른 검정을 위한 검정기준을 포함한다)을 신청인에게 통보하고 지체 없이 이를 고시하여야 한다.

⑤ 제4항에 따라 성능시험기준을 통보받은 신청인은 제72조의5에 따라 성능시험을 하고, 같은 조 제2항에 따른 형식승인대상 외 자재 · 약제 성능시험성적서를 해양경찰청장에게 제출하여야 한다.

⑥ 해양경찰청장은 형식승인대상 외 자재 · 약제 성능시험성적서를 확인하고 그 성능이 인증되면 별지 제60호의2서식의 형식승인대상 외 자재 · 약제 성능인증서를 신청인에게 발급하고, 인증되지 아니한 경우에는 그 사유를 밝혀 신청인에게 통지하여야 한다.

⑦ 해양경찰청장은 제6항에 따라 성능인증서를 발급한 때에는 그 형식승인대상 외 자재 · 약제의 종류, 제작사, 형식 및 성능인증번호 등을 관보에 게재하여야 한다. 인증한 내용을 변경하거나 취소한 때에도 또한 같다.

미리 해양경찰청장으로부터 형식승인대상 외 자재 · 약제에 대하여 같은 법 시행규칙 제72조의5[73]로 정하는 바에 따라 성능시험을 받아야 하며, 또한 이 법 제110조의2제3항에서는 같은 조 제1항에 따라 성능인증을 받은 자가 인증 받은 형식승인대상 외 자재 · 약제를 제작 · 제조 및 수입하는 때에는 같은 법 시행규칙 제72조의6[74]으로 정하는 바에 따라 해양경찰청장의 검정을 받아야 한다. 이와 관련해서 형식승인대상 외 자재 · 약제의 성능인증을 위한 성능시험과 검정에 따른 기준은 「형식승인 대상 외 방제자재 · 약제의 성능인증 심의 규정」을 따르도록 하고 있다.

이상의 내용에 따라 최종 검정이 완료된 자재 및 약제는 「해양환경관리법 시행규칙」 제70조제3항에 따른 '검정합격증명'서와 다음의 국가통합인증마크를 통해 그 적정여부를 확인하고 있다(〈표 5-1〉).

73) 「해양환경관리법 시행규칙」 제72조의5(형식승인대상 외 자재 · 약제의 성능시험) ① 법 제110조의2제2항에 따라 형식승인대상 외 자재 · 약제의 성능인증을 위한 성능시험을 받으려는 자는 별지 제62호의2서식의 형식승인대상 외 자재 · 약제 성능시험신청서에 사양서, 구조도면 및 사용설명서를 첨부하여 성능시험용 자재 · 약제와 함께 대행기관의 장에게 제출하여야 한다.
② 대행기관의 장은 제72조의2제4항의 성능시험기준에 따른 성능시험을 하고 별지 제64호의2서식의 형식승인대상 외 자재 · 약제 성능시험성적서를 신청인에게 발급하여야 한다.

74) 「해양환경관리법 시행규칙」 제72조의6(형식승인대상 외 자재 · 약제의 검정) ① 법 제110조의2의제1항에 따라 성능인증을 받은 자가 법 제110조의2제3항에 따라 검정을 받으려면 별지 제65호의2서식의 형식승인대상 외 자재 · 약제 검정신청서를 해양경찰청장에게 제출하여야 한다.
② 해양경찰청장은 형식승인대상 외 자재 · 약제를 검정한 결과가 제72조의2제4항에 따른 검정기준에 적합하다고 인정하면 별지 제66호의2서식의 형식승인대상 외 자재 · 약제 검정합격증명서를 신청인에게 발급하고 해당 자재 · 약제에 별표 25의2에 따른 성능인증 표시를 하여야 한다.

〈표 5-1〉 자재·약제의 국가통합인증마크 표시

■ 해양환경관리법 시행규칙 [별표 25] 〈개정 2011.9.29〉
해양환경측정기기(자재 · 약제)의 국가통합인증마크 표시(제70조제3항 관련)

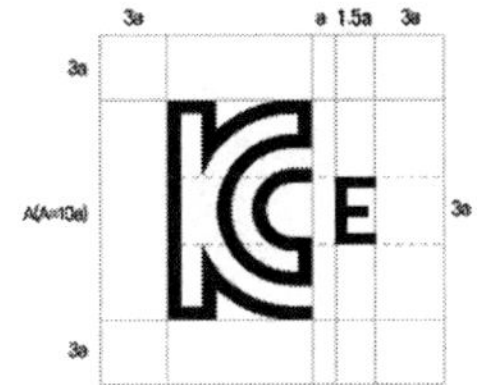

〈비고〉
위의 국가통합인증마크 외에 검정일자와 검정기관의 약호를 추가하여 표시할 수 있다.

또한 이는 「해양오염방제 자재 · 약제의 성능시험기준 및 검정기준에 관한 규칙」 제5조제3항과 관련한 별표 4에 따라 좀더 구체적으로 표시되고 있다(〈표 5-2〉).

〈표 5-2〉 해양오염방제 자재·약제 검정 합격 국가통합인증마크 표시

[별표 4]
해양오염방제 자재 · 약제의 검정 합격 국가통합인증마크 표시(제5조 관련)

구 분	국가통합인증마크 표시
유처리제 유흡착재 유겔화제 생물정화제제	 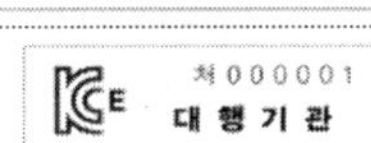
오일펜스	 

〈비고〉
1. 유처리제, 유흡착재, 유겔화제, 생물정화제제에 사용되는 검정합격 인증마크는 가로

6cm, 세로 2m 크기의 금색(KS A 0062에 따른 10YR 6/4 색채) 바탕의 스티커로 재질로 한다. 2. 일련번호는 1자리 한글과 6자리 숫자를 혼합하여 사용한다. 이때 사용하는 한글은 다음과 같다. 가. 유처리제 - 처 나. 유흡착재 - 흡 다. 유겔화제 - 겔 라. 생물정화제제 - 생 3. 오일펜스에 사용되는 검정합격 인증마크는 가로 10cm, 세로 5cm 크기의 검정색 도장을 사용한다. 4. 국가통합인증마크의 도안은 「해양환경관리법 시행규칙」 별표 25에 따른다. 5. 업무대행자의 경우 대행기관명을 표시한다.

또한 최종 검정이 완료된 형식승인대상 외 자재 및 약제는 「해양환경관리법 시행규칙」 제72조의6제2항에 따른 '형식승인대상 외 자재 및 약제 검정합격증명서'와 다음의 성능인정 표시를 통해 그 적정여부를 확인하고 있다(〈표 5-3〉).

〈표 5-3〉 형식승인대상 외 자재약제 성능인증 표시

■ 해양환경관리법 시행규칙 [별표 25의2] 〈신설 2011.9.29〉

형식승인대상 외 자재 · 약제의 성능인증 표시(제72조의6제2항 관련)

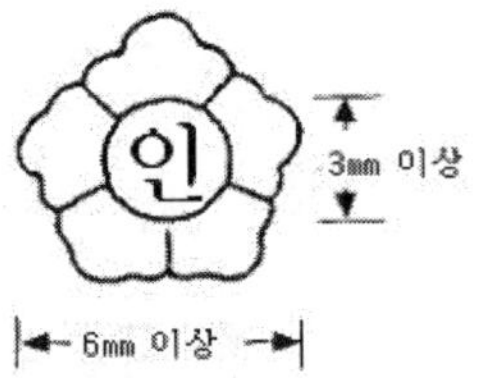

〈비고〉

위의 인증표시 외에 성능시험일자와 성능시험기관의 약호를 추가하여 표시할 수 있다.

제2절 자재 및 약제의 종류

「해양환경관리법」 제110조제4항 및 같은 법 시행규칙 제66조제1항에 따라 형식승인을 받아야 하는 자재 및 약제의 종류에 대해 다음과 같이 규정하고 있다.

i) 해양유류오염확산차단장치(오일펜스, Oil Fence)(시행규칙 제66조제1항제1호)
ii) 유처리제(시행규칙 제66조제1항제2호)
iii) 유흡착재(시행규칙 제66조제1항제3호)
iv) 유겔화제(시행규칙 제66조제1항제4호)
v) 생물정화제제(生物淨化製劑)(시행규칙 제66조제1항제5호)

한편, 여기에서 언급하고 있는 해양오염방제 자재 및 약제에 대한 용어의 뜻은「해양오염방제 자재·약제의 성능시험기준 및 검정기준에 관한 규칙」 제2조제1호부터 제5호까지에서 다음의 내용으로 정의하고 있다.

i) 해양유류오염확산차단장치(오일펜스, Oil Fence) : 유출된 기름을 포위, 포집, 차단 및 유도하기 위해 사용되는 방제자재를 말한다(제1호).
ii) 유처리제 : 유출된 기름을 미세한 기름방울로 분산시켜 물속에서 신속하게 묽게 한 다음 자연 발생 미생물에 의해 분해되도록 하는 방제약제를 말한다(제2호).
iii) 유흡착재 : 유출된 기름을 흡착하여 처리하는 방제자재를 말한다(제3호).
iv) 유겔화제 : 유출된 기름을 응고시켜 처리하는 방제약제를 말한다(제4호).

v) 생물정화제제 : 유출된 기름의 생물분해를 촉진시켜 제거하는 방제약제를 말한다(제5호).

제3절 자재 및 약제의 성능시험 및 검정기준

Ⅰ. 성능시험 방법 및 판정기준

「해양환경관리법 시행규칙」 제69조에 따른 해양오염방제 자재·약제의 종류별 성능시험 방법 및 판정기준은 「해양오염방제 자재·약제의 성능시험기준 및 검정기준에 관한 규칙」 제4조와 관련한 별표 1과 같다. 다만, 인용된 시험방법이 폐지 또는 변경된 경우에는 다음의 어느 하나의 기준을 적용할 수 있도록 하는 예외규정을 두고 있다.

i) 한국산업표준(KS)에서 정한 기준(규칙 제4조제1호)
ii) 국제표준화기구(ISO)에서 정한 기준(규칙 제4조제2호)
iii) 미국재료시험협회(ASTM)에서 정한 기준(규칙 제4조제3호)
iv) 해양환경공정시험기준에서 정한 기준(규칙 제4조제4호)

1. 유처리제

가. 유처리제의 종류는 다음과 같이 구분한다.

종 류	구 분
1종	일반형으로서 유처리제로 유출된 기름을 처리할 때 원액으로 사용하는 것
2종	농축형으로서 유처리제로 유출된 기름을 처리할 때 물로 10배 이상 희석 사용할 수 있는 것

나. 성능시험 방법 및 판정기준

시험항목	시 험 방 법	판 정 기 준
1) 인화점	KS M 2800(유처리제)의 5.2(인화점) 또는 KS M ISO 2719(인화점 시험방법- 펜스키 마텐스식 밀폐컵 시험방법)에 따른다.	인화점은 61℃를 초과하는 것일 것. 다만, 물을 주원료로 한 제품은 인화점이 61℃를 초과하는 것으로 보아 시험을 생략할 수 있다.
2) 동점도	KS M 2800(유처리제)의 5.3(동점도)에 따른다.	40℃에서 30mm^2/s(cSt) 이하일 것
3) 유화율	KS M 2800(유처리제)의 5.4(유화율)에 따른다.	정치하기 시작한 후 30초 시점에서 60% 이상, 10분 시점에서 20% 이상이며, 유처리제에 의해 처리된 기름이 해수 중에 미립자로 잘 분산되고, 가라앉지 않을 것
4) 생물에 대한 영향 시험	가) 스켈레토네마 코스타튬에 의한 시험방법 KS M 2800(유처리제)의 5.6.1(스켈레토네마 코스타튬에 의한 시험방법)에 따른다.	100mg/L 이상의 시험구를 유처리제를 넣지 않은 대조구와 비교하여 같은 색조 또는 약간 엷은 색조일 것
	나) 송사리에 의한 시험방법 KS M 2800(유처리제)의 5.6.2(송사리에 의한 시험방법)에 따른다.	24시간 TLm(또는 LC_{50})의 값이 4,000mg/L 이상일 것
	다) 아르테미아 새우에 의한 시험방법 KS M 2800(유처리제)의 5.6.3(아르테미아 새우에 의한 시험방법)에 따른다.	24시간 TLm(또는 LC_{50})의 값이 4,000mg/L 이상일 것
5) 밀도	KS M ISO 12185(원유 및 석유제품-밀도의 측정-진동 U-자관법) 또는 KS M ISO 3675(원유 및 액체 석유제품 - 밀도 시험방법-하이드로미터법)에 따른다. *단위는 g/㎤으로 환산하여 적용한다.	밀도(15℃, g/cm^3)가 신청인이 제출한 사양서 값의 ±0.01 이내일 것
6) 유동점	KS M 2800(유처리제)의 5.7(유동점 시험방법)에 따른다.	신청인이 시험 결과값을 제출할 것
7) 색	KS M ISO 2049(석유 제품-색 시험 방법(ASTM색도법))에 따른다.	신청인이 시험 결과값을 제출할 것

〈비고〉
2종의 성능시험 항목, 시험방법, 판정기준은 1종과 동일하게 적용한다. 다만, 시험 시 신청인이 제시한 희석배율로 제조하여 시험하되, 생물에 대한 영향시험은 희석배율을 10배로 하여 시험한다. 이때, 희석수는 pH 7.0 ± 0.5의 증류수를 사용한다.

2. 유흡착재

가. 유흡착재의 종류는 다음과 같이 분류한다.

종 류	구 분
1종	매트(Mat) 모양, 롤(Roll) 모양, 쿠션(Cushion) 모양, 로프(Rope)에 달린 매트 모양
2종	펜스(Fence) 모양
3종	스네어(Snare) 모양(중질유부착재)

나. 성능시험 방법 및 판정기준

시험항목	시 험 방 법	판 정 기 준
1) 온도시험	KS K 1600(유류 흡착포)의 4.1(온도시험)에 따른다.	연화 및 경화 등의 현저한 변화가 없을 것
2) 흡유량시험	KS K 1600(유류 흡착포)의 4.2(흡유량 시험)에 따른다. 다만 3종의 경우, 길이 15㎝로 잘라 총 무게 약 10g으로 맞춘 시험편을 사용한다.	가) 1종 : 유흡착재 1g당 10.0g 이상이고, 1cm^3당 1.0g 이상 나) 2종 : 유흡착재 1g당 6.0g 이상이고, 1cm^3당 0.8g 이상 다) 3종 : 유흡착재 1g당 2.0g 이상
3) 흡수량시험	KS K 1600(유류 흡착포)의 4.3(흡수량 시험)에 따른다. 다만 3종의 경우, 길이 15㎝로 잘라 총 무게 약 10g으로 맞춘 시험편을 사용한다.	가) 1종, 2종 : 유흡착재 1g당 1.0g 이하이고, 1 cm^3당 0.1g 이하 나) 3종 : 유흡착재 1g당 1.0g 이하
4) 진탕시험	가) 파손 KS K 1600(유류 흡착포)의 4.4.1(파손)에 따른다. 다만 3종의 경우, 길이 15㎝로 잘라 총 무게 약 10g으로 맞춘 시험편을 사용한다.	조각으로 떨어지거나 또는 시험편을 건져냈을 때 조각이 떨어져 남아 있는 등의 결손이 없을 것
	나) 침강	시험편의 일부분이 수면 위에 떠 있

	KS K 1600(유류 흡착포)의 4.4.2(침강)에 따른다. 다만 3종의 경우, 길이 15㎝로 잘라 총 무게 약 10g으로 맞춘 시험편을 사용한다.	을 것
5) 강도시험	1종에 한하여, KS K 1,600(유류 흡착포)의 4.7(강도시험)에 따른다.	파단이 없을 것
6) 인장시험	1종 중 로프(Rope)에 달린 매트모양, 2종 및 3종에 한하여, KS K 1,600(유류 흡착포)의 4.8(인장시험)에 따른다. 다만, 3종의 예인로프는 직경 8mm 이상으로 한다.	파단이 없을 것

〈비고〉

1. 3종 스네어(Snare) 모양의 유흡착재(중질유부착재)는 중질유 부착을 위해 여러 개의 총채 모양 인공합성물질을 줄에 묶은 형태의 방제자재로, 줄에서 총채가 쉽게 분리되지 않아야 한다.
2. 3종 스네어(Snare) 모양의 유흡착재(중질유부착재)는 아래의 [그림 5-1]과 비슷한 형태이다.

[그림 5-1] 스네어(Snare) 모양의 유흡착재

3. 유겔화제

가. 유겔화제의 종류는 다음과 같이 분류한다.

종 류	구 분
1종	액상형
2종	분말형

나. 성능시험 방법 및 판정기준

시험항목	시험방법	판정기준
1) 인화점	1종에 한하여, KS M 1720(유겔화제)의 5.2(인화점) 또는 KS M ISO 2719(인화점 시험방법-펜스키 마텐스식 밀폐컵 시험방법)에 따른다.	인화점은 61℃를 초과하는 것일 것. 다만, 물을 주원료로 한 제품은 인화점이 61℃를 초과하는 것으로 보아 시험을 생략할 수 있다.
2) 동점도	1종에 한하여, KS M 1720(유겔화제)의 5.3(동점도)에 따른다.	40℃에서 $30mm^2/s$(cSt) 이하일 것
3) 겔화율	KS M 1720(유겔화제)의 5.4(겔화율)에 따른다. 단, 용매로 사용되는 시약은 사염화탄소(특급)를 대체하여 디클로로메탄(특급)을 사용한다.	60% 이상일 것
4) 포집률	KS M 1720(유겔화제)의 5.5(포집률)에 따른다.	90% 이상일 것
5) 유겔화제의 회수성	KS M 1720(유겔화제)의 5.7(유 겔화제의 회수성)에 따른다.	응고한 유겔화제가 수면에 부상하고 포집망에 의하여 유효하게 포집될 것
6) 생물에 대한 영향시험	가) 스켈레토네마 코스타튬에 의한 시험방법 KS M 1720(유겔화제)의 5.8.1(스켈레토네마 코스타튬에 의한 시험방법)에 따른다.	100mg/L 이상의 시험구를 유처리제를 넣지 않은 대조구와 비교하여 같은 색조 또는 약간 엷은 색조일 것
	나) 송사리에 의한 시험방법 KS M 1720(유겔화제)의 5.8.2(송사리에 의한 시험방법)에 따른다.	24시간 TLm(또는 LC_{50})의 값이 4,000mg/L 이상일 것
	다) 아르테미아 새우에 의한 시험방법 KS M 1720(유겔화제)의 5.8.3(아르테미아 새우에 의한 시험방법)에 따른다.	24시간 TLm(또는 LC_{50})의 값이 4,000mg/L 이상일 것
7) 겔화유의 함수율	KS M 1720(유겔화제)의 5.6(겔화율의 함수율)에 따른다.	신청인이 시험 결과값을 제출할 것

〈비고〉
1종은 신청인이 입증하는 조성성분에 발암성 물질인 폴리아크릴아마이드계 성분이 없는 제품에 대해 시험한다.

4. 오일펜스

가. 오일펜스는 모양에 따라 다음과 같이 구분하고, 치수에 따라 A, B, C형으로 분류하며 그 기준은 다. 성능시험 방법 및 판정기준 중 5) 부유시험 판정기준 다)를 따른다.

종 류	구 분
고형식	부체를 해수보다 비중이 가벼운 발포성 고체를 사용한 형식
팽창식	부체를 보관 시에는 접었다가 사용할 때에는 팽창시키는 구조로 부체를 팽창시키는 방법에 따라 기체주입식과 용수철 팽창식으로 구분한다. 기체주입식은 사용할 때 부체에 공기나 탄산가스를 펌프로 주입하는 형식이며, 반면에 용수철 팽창식은 오일펜스가 릴에서 풀릴 때 자동적으로 용수철이 벌어지면서 부체내로 공기가 주입되는 형식 부침식은 기체주입식의 일종으로 해저에 가라앉혔다가 기체를 주입하여 사용하는 형식
형립식	부체와 방유벽이 구분되지 않고 일체형으로 되어 있으며 방유벽 양측에 소형 부체를 부착한 형식

나. 성능시험의 일반사항

1) 본체부를 구성하는 주재료의 기준

(가) 면, 합성섬유, 합성수지, 고무, 금속 또는 이것들을 조합한 것

(나) 내유성(耐油性) 및 내수성(耐水性)을 가질 것

(다) 일반적인 보관 상태에서 오랫동안 보존해도 재질에 현저한 변화가 생기지 않을 것

2) 구조에 대한 요구사항

(가) 해수면의 상하에 걸친 방유벽으로 부유체, 중량추 등에 의하여 안정되게 뜰 수 있을 것

(나) 예인, 전개, 회수 등의 작업을 포함한 일반적인 사용에 대하여 충분히 견디는 구조일 것

(다) 유조선에 싣는 오일펜스로서 부품이 구리 또는 철이나 이와 비슷

한 금속 재질일 경우에는 선체 또는 그 밖의 금속과 접촉하여 불꽃을 발생하는 일이 없도록 보호될 것

(라) 체인은 완제품으로 임의로 용접하여 연결한 부위가 없을 것

(마) 오일펜스는 격납이 쉽고 또한 투하, 전개, 회수 시 작업자에게 손상을 줄 우려가 없을 것

3) 접속부는 오일펜스의 안정성에 영향을 주지 않으며 사용하는데 안전하며 다음 기준에 적합하여야 한다.

(가) Z형 접속부의 규격은 [그림 5-2]와 같으며, 해수에 부식되지 않는 재질을 사용할 것

(나) 지퍼형 접속부의 슬라이더(Slider) 위치 및 장력체의 구성은 [그림 5-3]과 같다.

(다) 접속부의 인장강도 시험편 및 인장시험기 부착 요령은 [그림 5-4], [그림 5-5]와 같다.

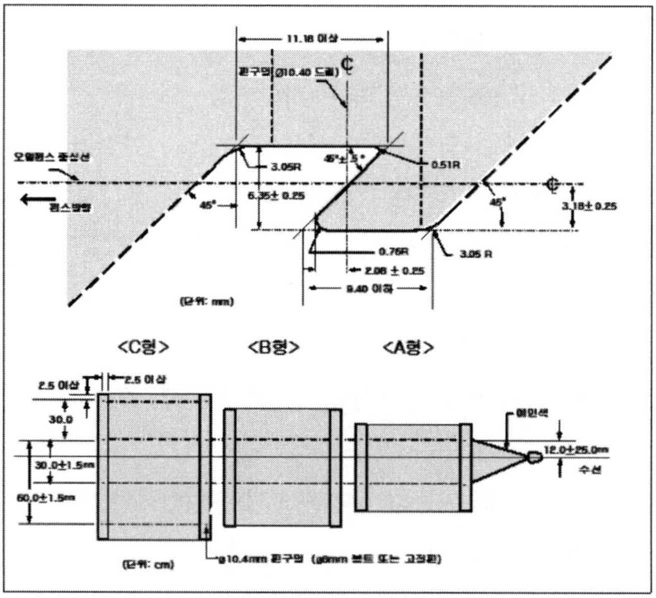

[그림 5-2] Z형 접속부 규격 및 핀 구멍 위치

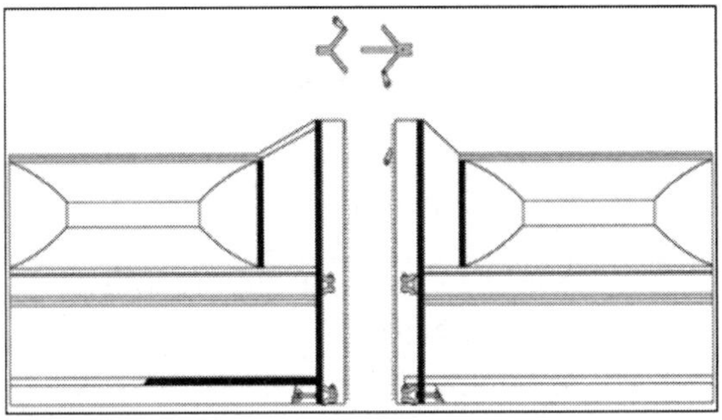

[그림 5-3] 지퍼형 접속부 슬라이더 위치 및 장력체 구성

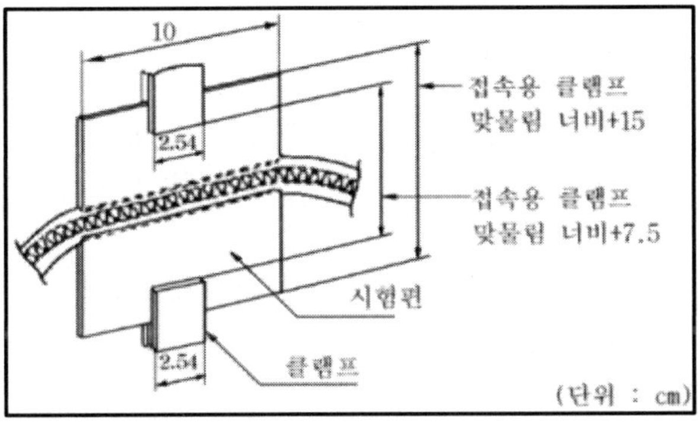

[그림 5-4] 접속부 인장강도 시험편 및 부착 요령

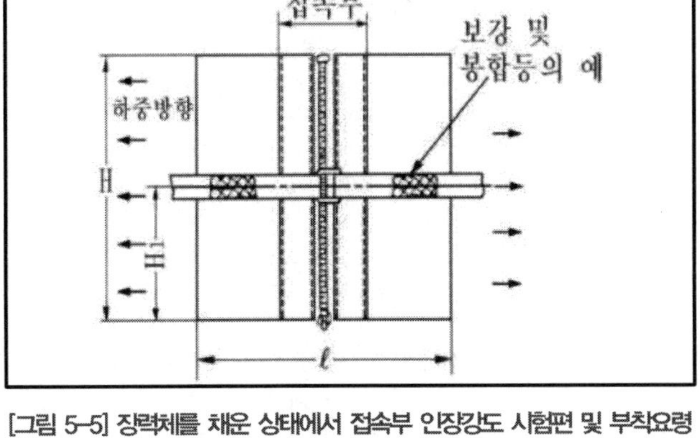

[그림 5-5] 장력체를 채운 상태에서 접속부 인장강도 시험편 및 부착요령

다. 성능시험 방법 및 판정기준

<table>
<tr><th>시험항목</th><th colspan="2">시험방법</th><th>판정기준</th></tr>
<tr><td>1) 겉모양검사</td><td colspan="2">오일펜스의 본체부 및 접속부에 대하여 육안으로 확인한다.</td><td>사용상 해로운 흠, 봉합 등의 불량한 부분이 없을 것</td></tr>
<tr><td>2) 치수검사</td><td colspan="2">오일펜스의 본체부 및 접속부에 대하여 치수를 계측한다.</td><td>사양서와 같을 것</td></tr>
<tr><td>3) 재질검사</td><td colspan="2">오일펜스의 본체부를 구성하는 주재료에 대하여 육안으로 확인한다.</td><td>사양서와 같을 것</td></tr>
<tr><td rowspan="3">4) 접속부 검사</td><td rowspan="2">가) 접속부 규격</td><td>(1) Z형 접속부
표준규격(그림 2 참조)의 기준시험편과의 호환성 및 치수를 계측한다.</td><td>(가) 기준시험편과 호환성을 가질 것
(나) 직경 10.4mm ± 0.1mm 드릴로 핀 구멍을 뚫어 직경 8.0mm 볼트 또는 고정 핀으로 고정한 것일 것
(다) 핀 구멍 간격은 기준 핀 구멍으로부터 30.0cm ±1.5mm일 것</td></tr>
<tr><td>(2) 지퍼형 접속부
지퍼10호의 기준시험편에 채워 확인 한다.</td><td>(가) 기준시험편과 호환성을 가지며 작동에 무리가 없을 것
(나) 슬라이더(Slider) 위치는 정면에서 보았을 때 오른쪽이며 채움 방향은 위에서 아래일 것(그림 3 참조)</td></tr>
<tr><td>나) 접속부 재질검사</td><td>(1) Z형 접속부
신청인이 접속부 사용 재질에 대한 자료를 제출 한다.</td><td>접속부의 재료는 알루미늄 606계열, 고정 볼트 및 핀의 재료는 STS304과 같거나 그</td></tr>
</table>

<table>
<tr><td rowspan="2" colspan="2"></td><td rowspan="2"></td><td></td><td>이상의 내식성을 가진 재질일 것</td></tr>
<tr><td>(2) 지퍼형 접속부
육안으로 확인한다.</td><td>플라스틱 재질일 것</td></tr>
<tr><td colspan="2">5) 부유시험</td><td>KS M 3737(오일펜스)의 5.4(부유시험)에 따른다.</td><td colspan="2">가) 오일펜스를 기울여도 즉시 복원될 것
나) 접속부는 수면 상 부분이 중앙부분 수면 상 측정값 중 최솟값의 60% 이상일 것
다) 각 치수는 다음 표를 만족할 것
(단위 : cm)
<table>
<tr><th rowspan="2">종류</th><th colspan="2">본체부</th><th rowspan="2">접속부</th></tr>
<tr><th>수면상 높이</th><th>수면하 깊이</th></tr>
<tr><td>오일 펜스 A형</td><td>20이상~30미만</td><td>30이상~40미만</td><td>60이상~80미만</td></tr>
<tr><td>오일 펜스 B형</td><td>30이상~60미만</td><td>40이상~90미만</td><td>80이상~150미만</td></tr>
<tr><td>오일 펜스 C형</td><td>60이상</td><td>90이상</td><td>150이상</td></tr>
</table></td></tr>
<tr><td rowspan="3">6) 인장 강도 시험</td><td>가) 본체부 주재료</td><td>KS M 3737(오일펜스)의 5.5.1(방유벽 주재료의 인장 강도 시험)에 따른다.</td><td colspan="2">(1) 길이방향의 인장력을 장력체로 유지하는 형 : 294N/cm(30kg/cm) 이상일 것
(2) 길이방향의 인장력을 본체로 유지하는 형 : 588N/cm(60kg/cm) 이상일 것</td></tr>
<tr><td rowspan="2">나) 장력체</td><td>(1) 벨트, 로프
KS M 3737(오일펜스)의 5.5.2(벨트 또는 로프의 인장 강도 시험)에 따른다.</td><td colspan="2">(가) 장력체가 1개인 경우 : 29,400N(3,000kg) 이상일 것
(나) 장력체가 2개 이상인 경우 : 장력체 1개당 19,600N(2,000kg) 이상일 것</td></tr>
<tr><td>(2) 체인
채취한 시험편을 클램프간 거리가 50cm가 되</td><td colspan="2">29,400N(3,000kg) 이상일 것</td></tr>
</table>

<table>
<tr><td></td><td></td><td colspan="2">도록 인장 시험기에 고정하고, 10cm/분의 인장 속도로 인장 시험을 한다.</td><td></td></tr>
<tr><td rowspan="3">6) 인장 강도 시험 (계속)</td><td rowspan="3">다) 접속부</td><td rowspan="2">(1) 장력체로 보강되는 경우</td><td>(가) 접속부만 채운 상태 부분시험편(너비 100mm)을 그림 4와 같이 접속부만 채운 상태에서 길이방향으로 인장 시험기에 고정하고 15~30㎝/분의 인장 속도로 시험을 한다.</td><td>접속부 및 각 이음부분의 인장강도는 294N/cm(30kg/cm) 이상일 것</td></tr>
<tr><td>(나) 접속부 및 장력체를 채운 상태
부분시험편(너비 100mm)을 그림 5와 같이 접속부 및 장력체를 채운 상태에서 길이 방향으로 장력체에 인장 시험기를 고정하고 3,000kg의 하중을 가한다.</td><td>29,400N(3,000kg)의 하중을 가하여 시험체에 찢어짐, 파손 등의 결함이 없으며, 장력체를 제외한 접속부에 직접 하중이 걸리지 않을 것</td></tr>
<tr><td>(2) 장력체로 보강되지 않은 경우</td><td>부분시험편(너비 100mm)을 그림 3과 같이 접속만 채운 상태에서 길이방향으로 인장 시험기에 고정하고 15~30㎝/분의 인장 속도로 시험을 한다.</td><td>접속부를 채운 상태에서 각 이음 부분의 인장강도는 588N/cm(60kg/cm) 이상일 것</td></tr>
<tr><td colspan="2">7) 기실의 누설시험</td><td colspan="2">팽창식에 한하여, KS M 3737(오일펜스)의 5.6(기실의 누설시험)에 따른다.</td><td>내압의 저하가 없을 것</td></tr>
<tr><td colspan="2">8) 내유시험</td><td colspan="2">KS M 3737(오일펜스)의 5.7(내유시험)에 따른다.</td><td>균열의 발생이 없을 것</td></tr>
<tr><td colspan="2">9) 내후시험</td><td colspan="2">KS M 3737(오일펜스)의 5.8(내후시험)에 따른다.</td><td>신청인이 시험 결과값을 제출할 것</td></tr>
</table>

5. 생물정화제제

가. 생물정화제제의 종류는 다음과 같이 분류한다.

종 류	구 분
1종	미생물을 포함한 생물정화제제(미생물제제)
2종	미생물을 포함하지 않는 생물정화제제(영양염제제 또는 효소제제 등)

나. 성능시험의 일반사항

1) 생물정화제제에는 병원성 미생물 및 유전공학적 조작된 미생물(GEM)을 포함해서는 안 된다

2) 외래미생물 종을 포함한 제품은 사용을 금지한다.

3) 시험은 1단계와 2단계로 구분하여 실시한다. 1단계는 제품에 대한 사전정보를 받아 적합 여부를 판단하고 2단계는 성능시험방법 및 판정기준에 따라 실시한다.

4) 생물에 대한 영향시험 및 유류분해성능시험은 최대적정사용농도에서 실시한다.

다. 1단계 - 제품의 사정정보에 의한 평가

제품의 제조 또는 판매자가 제출한 제품설명서(별지 제1호서식) 정보를 통하여 해양 유류오염물질을 정화하는 생물정화제제인지를 확인하고, 제품의 구성성분, 성분의 안전성 및 위해성, 적용방법, 생분해능 등에 대한 자료에 의거하여 제품의 효율성을 평가한다.

1) 각 항목에 대한 평가기준

가) 제품의 물리 · 화학 · 생물학적 구성

(1) 제품의 화학적 성분의 특성, 물리 · 화학적 성분, 제품의 작용 속도와 잔류성, 그리고 인간과 포유류, 새, 다른 야생동물과 해양자원, 생태학적 영향에 대한 제품성분의 독성, 축적에 관한 신뢰성 있는 문헌으로부터의 화학적 자료의 존재 여부 등이 제공되었는가를 평가한다.

(2) 생물학적인 구성성분 중 병원성 미생물, 유전공학적으로 조작된 미생물(GEM) 또는 외래종을 사용하였는가를 검토한다.

(3) 신뢰할 수 있는 자료를 근거로 해양환경에 적합하지 않은 폐해를 일으키지 않는다는 증명이 타당한지를 평가한다.

나) 제품의 적용 시 생분해율 예상도 및 분해방법

(1) 유류화합물의 생분해가 제품을 구성하고 있는 화학물질 또는 생물에 의해 진행되었음을 과학적으로 증명한 실험, 증명서 또는 논문 등이 제시되었는가를 평가한다.

(2) 생분해율을 증명하는 정량적인 분석 자료가 제시되었는가를 판단한다. 실험실, 현장 실험을 통하여 무기영양염구나 대조구와 비교하여 제품이 생분해율을 증가시켰는가에 대한 자세한 내용 즉, 유류분해속도, 지방족 및 방향족탄화수소에 대한 GC분석, 산소 소비율, 이산화탄소(CO_2) 발생, 유류분해 미생물 성장 등의 결과를 기술하였는가를 평가한다.

(3) 제품의 생분해 능력과 적용 가능성을 판단한다.

다) 제품의 적용기준

(1) 제품의 성능시험을 수행하기 위해, 최대적정 사용농도 및 적용비율과 적용용액 준비과정에 대한 상세한 정보가 기술되었는가를 확인해야 한다. 이러한 정보는 성능시험을 위한 기초

자료로 이용되기 때문에 기술된 내용의 변경을 통하여 시험 결과에 대한 이의를 신청할 수 없음을 확인한다.

(2) 제품의 적용 방법에 따를 때 적용된 제품의 양이 알맞은 반응속도인지 또는 최대속도인지를 평가한다.

(3) 오염현장 해수에서 적용에 적합한 방법을 사용하였는가를 판단한다.

2) 1단계의 최종 결정

가) 제품의 구성성분이 생물정화제제로 적합함을 증명하였다.

나) 신뢰할 수 있는 자료를 사용하여 환경에 적합하지 않은 폐해를 일으키지 않음을 증명하였다.

다) 제품이 어떻게 생분해를 향상시키는지에 대하여 적절히 증명하였다.

다. 성능시험 방법 및 판정기준 : 2단계

시험항목	시험방법	판정기준
1) 생물에 대한 영향 시험	가) 스켈레토네마 코스타튬에 의한 시험방법 KS M 2800(유처리제)의 5.6.1(스켈레토네마 코스타튬에 의한 시험방법)에 따른다.	육안에 의하여 최대적정 사용농도 이상의 시험구에서 생물정화제제를 넣지 않은 시험관과 같은 색조나 또는 약간 엷은 색조의 것을 합격으로 한다.
	나) 송사리에 의한 시험방법 KS M 2800(유처리제)의 5.6.2(송사리에 의한 시험방법)에 따른다.	24시간 TLm(또는 LC_{50})의 값이 최대적정 사용농도 이상일 것
	다) 아르테미아 새우에 의한 시험방법 KS M 2800(유처리제)의 5.6.3(아르테미아 새우에 의한 시험방법)에 따른다.	24시간 TLm(또는 LC_{50})의 값이 최대적정사용농도 이상일 것
	라) 우럭에 의한 시험 KS M 2800(유처리제)의 5.8.4(우럭에 의한 시험방법)에 따른다.	24시간 TLm(또는 LC_{50})의 값이 최대적정 사용농도 이상일 것
	마) 마이크로톡스(Microtox)	15분, 30분, 60분 EC_{50} 값이 최대적

<table>
<tr><td></td><td>급성독성 시험
해양환경공정시험기준 제6조(해양생물공정시험기준)제4장(항목별 시험방법)의 제4항(Microtox bioassay 기법)에 따른다.</td><td>정 사용농도 이상일 것</td></tr>
<tr><td>2) 유류 분해 성능 시험</td><td colspan="2">가) 성능시험을 위한 시험도안 및 설치
(1) 시약 및 기구
(가) 표준 시험유 : 국내 수입되는 원유로 중동산 원유를 이용한다. 실험 시작 전에 휘발성이 높은 석유화합물을 제거하기 위하여 인공적으로 풍화시켜 사용한다. 원유를 대기 기압 하에서 374°F(190℃)의 열을 가해 주고, 열을 식힌 뒤 20mmHg 압력 하에서 마지막으로 대기 끓는점인 521°F(272℃)로 증류시킨다. 풍화유는 증발에 의한 소실량(%)을 기록하고 갈색의 유리용기에 담아 밀봉하여 4℃의 냉암소에서 보관한다.
(나) 해수 : 해수는 오염되지 않은 자연해수를 사용하는 것을 원칙으로 한다. 채수된 해수는 7일 이내에 사용한다.
(다) 표준영양물질 : 생물정화제제 내에 영양물질을 포함하고 있는 제품을 제외한 생물정화제제들은 다음과 같은 표준영양원을 따로 첨가해 주어야 한다.
① 질소/인 용액 : 증류수 1L에 인산수소이나트륨·이수화물($Na_2HPO_4 \cdot 2H_2O$) 18.4g, 질산칼륨(KNO_3) 76.3g을 녹인 후 pH 7.8로 맞춘다. 121℃, 1.5기압에서 20분간 멸균하거나 멸균된 0.2㎛ 구경의 막여과지로 여과한다.
② 황산마그네슘 용액 : 증류수 1L에 황산마그네슘·칠수화물($MgSO_4 \cdot 7H_2O$) 22.5g을 녹인 후 멸균한다.
③ 염화칼슘 용액 : 증류수 1L에 염화칼슘($CaCl_2$) 27.5g을 녹인 후 멸균한다.
④ 염화 제3철 용액 : 증류수 1L에 염화철(Ⅲ)·육수화물 (F) 0.25g을 녹이고 위와 동일하게 멸균한다.
⑤ 미량원소 용액 : 증류수 1L에 황산마그네슘·일수화물($MnSO_4 \cdot H_2O$) 30.2mg, 붕산(H_3BO_3) 57.2mg, 황산아연·칠수화물($ZnSO_4 \cdot 7H_2O$) 42.8mg, 몰리브덴산암모늄($(NH_4)Mo_7O_4$) 34.7mg을 녹인다.
(라) 생물정화제제 : 생물정화제제의 첨가량 등 적용방법은 공급자에 의해 제공된 정보에 따른다. 생물정화제제는 사용만료기간을 넘어서는 안 되며 사용자가 제출한 적용지침서에 의거하여 적용된다.
(마) 진탕 배양기 : 진탕 배양기는 250mL 용량의 삼각 플라스크를 장착</td></tr>
</table>

	할 수 있고 매분 0~300회의 회전식으로 온도조절은 20 ±0.5℃를 유지할 수 있어야 한다. (바) 유리용기 및 기구 ① 삼각 플라스크 : 용량 250mL의 것으로 입구에 종이마개(또는 실리콘 마개)를 장착한 것 ② 매스실린더 : 용량 100mL의 것 ③ 마이크로 피펫 : 용량 100~1,000µL, 1~10mL 것 ④ 마이크로 피펫용 팁 : 용량 100~1,000µL, 1~10mL의 것 ⑤ 유리피펫 (사) 시약 : 1N 수산화칼륨(KOH) 용액준비 : 2L 유리용기에 1L의 1N 수산화칼륨 용액을 준비하고 용기 내에 용액의 수위를 표시한다. 그리고 추가적으로 100mL의 증류수와 비등석을 첨가한다. 가열판(hot plate) 위에 유리용기를 올려놓고 수위가 1L가 될 때까지 가열하여 증발시킨다. 실온으로 돌아올 때까지 냉각한 후 아스카라이트 칼럼이 장착된 실리콘 마개로 막는다. (2) 실험방법 (가) 멸균된 250mL 삼각 플라스크를 저울에 올려놓고 유리 피펫을 이용하여 풍화유 0.5g을 첨가한다. 풍화유를 첨가한 삼각 플라스크에 해수 100mL를 첨가하고 영양원 대조구와 생물정화제제가 첨가된 실험구에 표준무기영양염 용액(질소/인 용액, 1mL; 황산 마그네슘용액, 염화칼슘, 염화 철 용액, 미량원소용액, 각 0.2mL)을 첨가한다. 단, 생물정화제제 자체에 무기영양염을 포함하고 있거나 추가적으로 권유된 무기영양염의 첨가를 요구한다면 표준무기영양염을 첨가하지 않는다. 대조구는 표준무기영양염 용액을 첨가하지 않는다. 자세한 도안의 내용은 아래 표에 기술하였다. (나) 생물정화제제 실험구의 삼각 플라스크에 지침서에서 권유하는 농도의 생물정화제제를 첨가한다. (다) 잔류유류량 및 유류분해 미생물의 수 측정을 위한 플라스크는 20 ±0.5℃로 조절된 진탕 배양기에 용기를 장착하고 200rpm으로 진탕 배양한다. 시료의 분석은 분석방법에 의거하여 0, 7, 28일째에 시료를 회수하여 잔류유류량, 유류분해 미생물의 수를 측정한다. (라) 이산화탄소(CO2) 생성률을 측정하기 위한 플라스크는 (가)와 (나)의 방법에 따라 준비한다. 그리고 아래 그림과 같이 실리콘 마개에 이산화탄소 포집장치를 부착한 후 수산화칼륨 용액 7mL를 첨가한 후 마개를 밀봉하고 20 ±0.5℃로 조절된 진탕 배양기에 삼각 플라스크를 장착하여 200rpm으로 진탕 배양한다. 수산화칼륨

용액에 포집된 이산화탄소는 분석 방법에 따라 0~3일까지 1일 간격으로 측정한다. 측정 후 신선한 수산화칼륨 7mL을 다시 포집 용기에 첨가하고 진탕 배양기를 이용하여 배양한다.

	대조구	표준영양물질 첨가 대조구	생물정화제제 첨가 실험구
총 플라스크의 수	12	12	12
표준 풍화유	√	√	√
해수	√	√	√
표준영양물질	×	√	a
생물정화제제	×	×	√
분석에 필요한 플라스크의 수			
잔류유류량 및 유류분해 미생물의 수	9	9	9
이산화탄소 생성률	3	3	3

[주] 표준영양용액은 제품 내에 무기영양염이 이미 첨가되어 있거나 무기영양염의 첨가를 권유하지 않는 경우 첨가하지 않는다. 제품 내에 무기영양염이 포함되지 않았거나 제조자가 무기영양염의 첨가를 권유하는 경우 표준무기영양염 용액을 첨가한다.

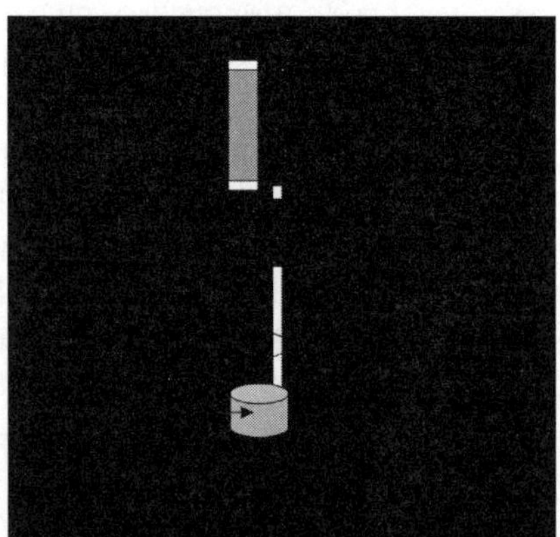

[그림 5-6] 이산화탄소(CO_2) 포집장치의 기본 도안

	나) 유류분해 미생물 수 측정 (1) 시약 및 기구 (가) 20 ±0.5℃로 조절된 저온 배양기 (나) 멸균된 0.1M 인산염 완충용액(pH 7.0) (다) 멸균된 일회용 웰 플레이트(24 well plate) (라) 부시넬-하스 액체배지(Bushnell-Haas, Difco) : 부시넬-하스 3.27g, 여과해수 1L를 첨가하여 용해한 후 1N 수산화나트륨이나 염산을 이용하여 pH 7.2로 조절한 후 15psi, 120℃, 20분 동안 멸균한다. (마) 등유 : 멸균된 1회용 여과지 (유기용매용)를 이용하여 여과 멸균한다. (바) ρ-iodotetrazolium violet염색 용액 : ρ-iodotetrazolium violet 50mg을 10mL의 증류수에 녹인 후 여과 멸균하여 냉장 보관한다. (사) 마이크로 피펫 : 용량 100～1,000㎕, 1～10mL의 것 (아) 마이크로 피펫용 팁 : 용량 100～1,000㎕, 1～10mL의 것 (자) 클린벤치 (2) 실험방법 배양시료는 삼각 플라스크로부터 0.5mL을 취하여, 멸균된 인산완충용액 4.5mL이 들어있는 멸균 시험관에 가한다. 멸균조작 하에 10 - 9까지 연속희석 한다. 멸균된 일회	1종에 한하여, ① 사양서 상의 값보다 2% 이상 높을 것 ② 제품에 기록된 유류 분해 미생물 수와 비교하여 0일째에 90% 이상 유지 ③ 제품에 기록된 유류 분해 미생물 수와 비교하여 7일째에 10배 이상 증가 ④ 제품에 기록된 유류 분해 미생물 수와 비교하여 28일째에 100배 이상 증가

<table>
<tr><td></td><td>용 24-웰 세포배양 용기의 각 열에 시료의 정확한 특성과 희석배수를 기록한다. 그리고 멸균조작 하에서 각 웰에 부쉬넬-하스 액체배지 1.75mL 가하고, 해당되는 희석배수에 따라 각 웰에 시료 0.1mL 가한다.
그리고 웰의 표면에 여과 멸균된 등유 20μL 첨가한다. 각 플레이트는 20 ±0.5℃에서 14일 동안 배양한다. 배양한 후 미생물의 성장을 측정하기 위해 ρ-iodo-tetrazolium violet 용액을 첨가한 후 24시간 정치시키고 나서 웰의 색깔이 보라색이나 진분홍색으로 발색되면 양성으로 간주한다.
발색을 나타낸 양성의 웰과 희석배수를 기록한다. 세균의 수는 아래 등식에 의해 계산한다.

등식
$$MPN/100\ mL = \frac{A \times 100}{\sqrt{B \times C}}$$
A : 양성 시험관의 수
B : 음성 시험관 내 시료의 양(mL)
C : 모든 시험관 내 시료의 양(mL)</td><td></td></tr>
<tr><td></td><td>다) 호흡률(이산화탄소 생성률) 시험
(1) 시약 및 기구
(가) 전기전도도 측정기
(나) 주사기
(다) 15mL 코니칼 시험관
(라) 1N 수산화칼륨(KOH) 용액 : 2L 유리용기에 1L의 1N 수산화칼륨 용액을 준비하고 용기 내에 용액의 수위를 표시한다. 그리고 추가적으로 100mL의 증류수와 비등석을 첨가한다. 가열판(hot plate) 위에 유리용기를 올려놓</td><td>0~3일간의 이산화탄소 생성률의 기울기값이 대조구보다 높을 것</td></tr>
</table>

	고 수위가 1L가 될 때까지 가열하여 증발시킨다. 실온으로 돌아올 때까지 냉각한 후 아스카라이트 칼럼이 장착된 실리콘 마개로 막는다. 단, 수산화칼륨 용액은 측정당일 제조한다. (마) 0.1N 탄산수소칼륨용액($KHCO_3$) (2) 실험방법 배양기로부터 플라스크를 회수한 후 이산화탄소 포집용기의 0.1N 수산화칼륨 용액을 주사기로 회수하여 15mL 용량의 코니칼 시험관에 첨가한다. 즉시 전기전도도 측정기를 이용하여 회수된 0.1N 수산화칼륨 용액의 전기전도도를 측정한다. 빈 포집용기에 새로 준비된 0.1N 수산화칼륨 용액 7mL을 첨가한 후 배양기에 옮겨 배양한다. 단, 0.1N 수산화칼륨 용액은 측정당일 준비한다. 수산화칼륨 용액의 전기전도도가 1mS 변할 때 수산화칼륨 용액으로 포집된 이산화탄소의 양은 112.74 (±28.125)μmol로 계산한다. 또는 직접 검정선을 만들어 계산한다. 방법은 다음과 같다. 수산화칼륨에 포화된 이산화탄소의 농도의 결정은 0.1N 수산화칼륨과 0.1N 탄산수소칼륨을 혼합하여 최종부피가 7mL이 되도록 한다. 이후 전기전도계를 이용하여 측정한다. 측정된 값을 이용하여 검정선을 만들어 수산화칼륨의 전기전도에 따른 이산화탄소의 농도를 결정한다.	
	라) 유류분해능력 시험 (1) 시약 및 기구 (가) 회전증발농축기 (나) 기체크로마토그래프/불꽃이온화검출기(GC/FID) (다) 기체크로마토그래프 질량분석기	생물정화제제는 대조구와 비교하여 상대적으로 총석유탄화수소(GCD-TPH), 지방족 및 방향족 탄화수소가 각각 20, 20 및 15% 이상 감소될 것

	(GC/MS) (라) 건조기 (마) 내부검정용액 : 500mL의 용량플라스크에 스쿠알렌(squalene) 1,000mg, d10-페난트렌(d10-phenanthrene) 1,000mg을 첨가하고 염화메틸렌에 녹여 2,000mg/L로 조제하여 사용한다. (바) 유리용기 ① 바이알 ② 250mL 분액깔대기 ③ 깔때기 ④ 100mL 둥근바닥 플라스크 ⑤ 20, 500mL 용량 플라스크 ⑥ 2, 20mL 갈색 셉텀 바이알 (Septum vial) (사) 유리 컬럼 : 하부에 테프론 스톱콕이 부착된 길이가 40cm이고 내경이 12mm 인 경질 유리 컬럼 (아) 시약 : 노말헥산(크로마토그래피용), 염화메틸렌(크로마토그래피용), 무수황산나트륨, 실리카겔(230-400mesh), 알루미나겔(100-125mesh), 고순도 헬륨가스(99.99%), 고순도 공기(99.99%), 고순도 수소가스(99.99%) (2) 시료추출(EPA 방법 3510C) (가) 각각의 플라스크에 검정용액 100 µL를 첨가한다. (나) 250mL 분액깔대기에 플라스크 내용물을 옮기고 10mL의 염화메틸렌으로 플라스크를 세척하여 분액깔대기에 첨가한다. 이러한 과정을 2회 반복한다. 그리고 20mL의 염화메틸렌을 분액깔대기에 첨가한 후 마개를 닫	

	고 약 50회 흔들어 혼합한다. (다) 분액깔대기는 염화메틸렌과 수층으로 뚜렷이 분리될 때까지 정치한다. 층분리는 짧게 5~10분 길게는 3시간 이상 걸릴 수도 있다. (라) 유류화합물을 포함한 염화메틸렌층은 수분을 제거하기 위하여 무수황산나트륨 약 10g으로 충진된 깔때기를 통과시켜 100mL 둥근바닥 플라스크에 모은다. 그 다음 30mL의 염화메틸렌을 수층이 남아 있는 분액깔대기에 첨가하고 반복 추출한다. (마) 추출된 유기용매를 제거하기 위하여 둥근바닥 플라스크를 회전증발농축기에 결합시킨 후 40℃ 이하의 수욕상에서 용매를 증발시킨다. 유기용매가 10mL정도 남았을 때 헥산 50mL을 첨가하여 최종 부피가 10mL가 되도록 농축하고 위의 과정을 한 번 더 반복한다. 최종적으로 10mL의 시료를 갖는 둥근바닥 플라스크를 제거한다. (바) 농축된 시료는 20mL의 용량플라스크에 시료를 첨가한 후 헥산을 이용하여 농축관에 잔존하는 시료를 세척하여 합친다. 이후 최종농도를 20mL로 조절한다. (사) 기기 분석을 위하여 약 1mL의 시료는 분석용 바이알에 첨가하고 나머지는 갈색병에 넣어 알루미늄 마개로 밀봉하여 냉동보관 한다. 기기분석 시 시료가 칼럼을 오염시키거나 분리성질을 악화시킬 수 있으므로 실리카/알루미나 칼럼을 이용하여 클린업(clean-	

	up)과 동시에 지방족 및 방향족 탄화수소로 분획한다. (아) 2g 실리카겔과 2g의 알루미나겔을 각각의 유리용기에 첨가하여 130℃에서 24시간 동안 건조한 후 노말헥산을 첨가한다. 유리칼럼(Φ12 × 400mm)에 노말헥산을 채우고 실리카겔과 알루미나겔을 차례로 충진한다. 이후 충진 부피의 5배에 해당하는 노말헥산(약 16mL)을 용출시킨다. (자) 농축시료 중 약 1mL를 칼럼에 첨가하고 15mL의 노말헥산으로 용출시켜 둥근바닥 플라스크에 받은 후 분획(fraction) I(지방족 탄화수소)으로 기록한다. 그리고 15mL의 헥산: 염화메틸렌 혼합액(2:3)으로 용출시켜 농축 플라스크에 받은 후 분획(fraction) II(방향족 탄화수소)로 기록한다. (차) 분획(Fraction) I은 감압농축기를 이용하여 1mL로 농축하여 50%는 지방족 탄화수소의 분석에 이용하기 위해 기기분석용 바이알에 첨가하고 나머지 50%는 총 석유탄화수소 분석을 위하여 다른 기기분석용 바이알에 첨가한 후 분획(fraction) III으로 기록한다. (카) 분획(Fraction) II는 회전증발농축기를 이용하여 1mL로 농축한다. 노말헥산 10mL을 첨가하여 다시 1mL로 농축한 후 동일과정을 한 번 더 반복하여 노말헥산, 염화메틸렌 혼합액을 노말헥산으로 치환한다. 이후 50%는 방향족 탄화수소의 검출을 위해 GC분석용 바이알에 첨가하고 분획 II라 기	

	록한다. 나머지는 분획 III으로 기록된 GC분석용 바이알에 첨가한다. (타) 추출물의 회수율을 계산하기 위하여 분석 전에 시료의 무게를 잰다. (3) GC/FID 및 GC/MS분석 (가) GC/FID 및 GC/MS로 분획 I, II, III을 분석한다. 분석조건은 아래의 표와 같다. 지방족탄화수소와 방향족탄화수소의 분해율은 아래의 식에 의해 환산한다. 총 석유탄화수소의 분해율은 지방족 탄화수소의 분해율과 방향족 탄화수소의 분해율을 합하여 환산한다.	

GC/FID의 분석조건	
칼럼	모세관 칼럼(30m×0.25mm×0.25μm)
충진제	Silica
시료 주입량	3μL
검출기 온도	320℃
시료주입구 온도	320℃
오븐 승온 조건	초기온도, 80℃에서 2분
	승온속도 5℃/분
	최종온도 315℃
	최종시간 15분
운반기체	고순도 헬륨(99.99%)
칼럼 압력	4kgf/cm

<table>
<tr><td></td><td colspan="2">
<table>
<tr><td colspan="2">GC/MS의 분석조건</td></tr>
<tr><td>칼럼</td><td>모세관 칼럼 (30m×0.25mm×0.25μm)</td></tr>
<tr><td>충진제</td><td>Silica</td></tr>
<tr><td>시료 주입량</td><td>1～2μL</td></tr>
<tr><td>시료주입구 온도</td><td>290℃</td></tr>
<tr><td rowspan="5">오븐 승온 조건</td><td>초기온도 55℃에서 3분</td></tr>
<tr><td>55℃～280℃(3℃/분)</td></tr>
<tr><td>280℃에서 5분</td></tr>
<tr><td>280℃～310℃(3℃/분)</td></tr>
<tr><td>310℃에서 10분</td></tr>
<tr><td>운반기체</td><td>고순도 헬륨(99.99%)</td></tr>
<tr><td>흐름속도</td><td>1.0mL/분</td></tr>
</table>
(나) 지방족 탄화수소의 잔류량
= (총 노말 알칸(n-alkane) 피크영역/ 노-호판(nor-hopane) 피크영역)
(다) 방향족 탄화수소의 잔류량(내부 표준물질에 대한 비율)
= (총방향족 화합물의 피크영역 - d10-페난트렌의 피크영역) / d10-페난트렌의 피크영역
(라) 자세한 분석방법 및 농도환산은 “미국 NETAC의 생물정화제제 성능시험 평가 지침자료”를 이용한다.
</td></tr>
<tr><td></td><td>
마) 총미생물수 측정시험
(1) 시약 및 기구
(가) 인산염 완충용액(Na_2HPO_4- KH_2PO_4, pH 7.0)
(나) 카보네이트 여과지(Φ25mm, sudan black으로 염색된 것)
(다) 0.1% 아크리딘 오렌지(증류수 100mL에 0.1g을 용해한다. 이후 0.2μm 여과지로 여과하여 냉장 보관한다.)
(라) 진탕배양기
(마) 삼각플라스크 250mL
(바) 마이크로 피펫(0.1～1mL 용량의 것)
(아) 마이크로 피펫용 팁(0.1～1mL
</td><td>1종에 한하여,
사양서 상의값보다 2% 이상 높을 것</td></tr>
</table>

	용량의 것) (자) 슬라이드 글라스(slide glass) (차) 커버 글라스(cover glass) (카) 이머젼 오일(immersion oil) (타) 진공펌프(hand vacuum pump) (파) 여과장치(Φ25mm) (하) 형광현미경 (2) 실험방법 제품 1g을 여과 멸균된 100mL 인산염 완충용액에 첨가한 후 200 rpm의 진탕 배양기에서 1시간 동안 진탕한다. 인산염완충용액을 이용하여 연속 희석한다. 여과장치에 염색된 카보네이트 여과지를 놓고 1mL의 시료와 1mL의 아크리딘 오렌지용액(0.1%)을 첨가한 후 3분간 염색한다. 감압을 주어 시료를 여과하고 건조한다. 슬라이드 글라스에 시료표본을 만든 후 형광현미경 하에서 미생물을 계수한다. 미생물의 계수는 한 필드 당 30~300세포를 갖는 희석액을 이용하여 20필드 이상을 계수한 후 아래의 등식에 의해 환산한다.	
	등식 $Cells/g =$ $A \times \frac{\text{여과지의 면적}}{\text{화면의 면적}} \times \frac{1}{\text{여과된 시료의 양},ml} \times \text{총 희석배수}$ A : 현미경관찰배수(×1000)	
3) 기타 시험	가) 영양염 농도(영양염제제에 한정) 해양환경공정시험기준(해양수산부)에 의거하여 총질소와 총인을 분석한다.	2종의 영양염제제에 한하여, 사양서 상의 값 98% 이상일 것
	나) 단백질 농도(효소제제에 한정) (1) 시약 및 기기 (가) 브라포드 시약 : 브릴란트 블루 G-250 200mg, 에탄올 100mL, 85%	2종의 효소제제에 한하여, 사양서 상의 값 98% 이상일 것

	인산 200mL, 증류수로 최종 양을 2L로 만든다. (나) 분광광도계 (다) 표준물질(1mg/mL, 보바인 시럼 알부민) (라) 유리 시험관 (마) 마이크로 피펫 및 팁(10~1,000μL) (2) 방법 (가) 시료준비 : 시료 1g을 10mL의 증류수에 넣고 혼합한다. 이후 제품 사양서에 의거하여 측정 가능한 농도까지 증류수로 희석한다. (나) 단백질 측정방법 : 표준물질(2~10μg)과 희석시료를 100μL씩 유리시험관에 넣고 브라포드 시약 1mL를 가한다. 5~30분 이내에 595nm에서 흡광도를 측정한다. 표준물질에 의거하여 검량선을 만든 후 단백질농도를 환산한다.	

Ⅱ. 검정방법 및 판정기준

「해양환경관리법 시행규칙」 제70조에 따른 해양오염방제 자재·약제의 품목별 검정방법 및 판정기준은 「해양오염방제 자재·약제의 성능시험기준 및 검정기준에 관한 규칙」 제5조제1항과 관련한 별표 2와 같다. 다만, 인용된 검정방법이 폐지 또는 변경된 경우에는 여기에서도 마찬가지로 「해양오염방제 자재·약제의 성능시험기준 및 검정기준에 관한 규칙」 제4조제1호부터 제4호까지의 어느 하나의 기준을 적용할 수 있도록 하는 예외규정을 두고 있다.

i) 한국산업표준(KS)에서 정한 기준(규칙 제4조제1호)
ii) 국제표준화기구(ISO)에서 정한 기준(규칙 제4조제2호)

iii) 미국재료시험협회(ASTM)에서 정한 기준(규칙 제4조제3호)

iv) 해양환경공정시험기준에서 정한 기준(규칙 제4조제4호)

1. 유처리제(일반형 유처리제)

검정항목	검정방법	판정기준
가. 표시	포장별로 표시사항을 확인한다.	품명, 종류, 실부피, 용도, 제조연월 및 로트 번호, 제조자명을 표시할 것
나. 중량	표장별로 중량을 계측한다.	사양서 상의 값 98% 이상일 것
다. 밀도	KS M ISO 12185(원유 및 석유제품-밀도의 측정-진동 U-자관법) 또는 KS M ISO 3675(원유 및 액체 석유제품 -밀도 시험방법-하이드로미터법)에 따른다. *단위는 g/㎤으로 환산하여 적용한다.	밀도(15℃, g/cm^3)가 신청인이 제출한 사양서 값의 ±0.01 이내일 것
라. 유화율	KS M 2800(유처리제)의 5.4(유화율)에 따른다.	정치하기 시작한 후 30초 시점에서 60% 이상, 10분 시점에서 20% 이상이며, 유처리제에 의해 처리된 기름이 해수 중에 미립자로 잘 분산되고, 가라앉지 않을 것
마. 유동점	KS M 2800(유처리제)의 5.7(유동점 시험방법)에 따른다.	사양서 상의 값 이하
바. 송사리에 의한 시험	KS M 2800(유처리제)의 5.6.2(송사리에 의한 시험방법)에 따른다.	24시간 TLm(또는 LC_{50})의 값이 4,000mg/L 이상일 것

비고

1. 검사로트의 크기에 따른 시료발췌 개수는 별표 3을 따르며 다. 밀도, 라. 유화율, 마. 유동점은 동일로트 10kL마다 1개의 시료를 발췌하여 검사한다.
2. 바. 송사리에 의한 시험은 검정신청 10회를 1주기로 하여 3회 이상 실시한다.
3. 2의 검정항목, 검정방법 및 판정기준은 1종과 동일하게 적용한다. 다만, 다. 밀도, 라. 유화율 및 마. 유동점 시험 시 신청인이 제시한 희석배율로 제조하여 시험하며, 바. 송사리에 의한 시험은 희석배율을 10배로 하여 시험한다. 이때, 희석수는 pH 7.0 ± 0.5의 증류수를 사용한다.

2. 유흡착재

시험항목	검정방법	판정기준
가. 표시	포장별로 표시사항을 확인한다.	품명, 종류, 실중량, 용도, 제조연월 및 로트 번호, 제조자명을 표시할 것
나. 중량	포장별로 중량을 계측한다.	사양서 상의 값 ±10% 이내일 것
다. 유흡작재의 제품중량	제품의 중량을 계측한다.	사양서 상의 값 ±15% 이내일 것
라. 흡유량 시험	KS K 1600(유류 흡착포)의 4.2(흡유량 시험)에 따른다. 다만 3종의 경우, 길이 15㎝로 잘라 총무게 약 10g으로 맞춘 시험편을 사용한다.	가) 1종 : 유흡착재 1g당 10.0g 이상이고, 1cm3당 1.0g 이상 나) 2종 : 유흡착재 1g당 6.0g 이상이고, 1cm3당 0.8g 이상 다) 3종 : 유흡착재 1g당 2.0g 이상
마. 흡수량 시험	KS K 1600(유류 흡착포)의 4.3(흡수량 시험)에 따른다. 다만 3종의 경우, 길이 15㎝로 잘라 총무게 약 10g으로 맞춘 시험편을 사용한다.	가) 1종, 2종 : 유흡착재 1g당 1.0g 이하이고, 1cm3당 0.1g 이하 나) 3종 : 유흡착재 1g당 1.0g 이하
바. 강도 시험	1종에 한하여, KS K 1600(유류 흡착포)의 4.7(강도시험)를 따른다.	파단이 없을 것
비고 1. 검사로트의 크기에 따른 시료발췌 개수는 별표 3을 따르며 라. 흡유량 시험, 마. 흡수량 시험, 바. 강도시험은 동일로트 1,000㎏마다 1개의 시료를 발췌하여 검사한다.		

3. 유겔화제

시험항목	검정방법	판정기준
가. 표시	포장별로 표시사항을 확인한다.	품명, 종류, 실부피 또는 중량, 용도, 제조연월 및 로트번호, 제조자명을 표시할 것
나. 중량	포장별로 중량 또는 부피를 계측한다.	사양서 상의 값 98% 이상일 것
다. 겔화율	KS M 1720(유겔화제)의 5.4(겔화율)를 따른다. 단, 용매로 사용되는 시약은 사염화탄소(특급)를 대체하여 디클로로메탄(특급)을 사용한다.	60% 이상일 것
라. 송사리에 의한 시험	KS M 1720(유겔화제)의 5.8.2(송사리에 의한 시험방법)에 따른다.	24시간 TLm(또는 LC_{50})의 값이 4,000mg/L 이상일 것
비고 1. 검사로트의 크기에 따른 시료발췌 개수는 별표 3을 따르며 다. 겔화율은 1종의 경우 동일로트 10kL마다, 2종의 경우 동일로트 1,000kg마다 1개의 시료를 발췌하여 검사한다. 2. 라. 송사리에 의한 시험은 검정신청 10회를 1주기로 하여 3회 이상 실시한다.		

4. 오일펜스

시험항목	검정방법	판정기준
가. 겉모양 검사	본체부 및 접속부에 대하여 육안으로 확인한다.	본체부 및 접속부의 흠, 봉합 등 불량이 없을 것
나. 치수 검사	오일펜스의 본체부 및 접속부에 대하여 치수를 계측한다.	사양서와 같을 것
다. 재질 검사	오일펜스의 본체부를 구성하는 주 재료에 대하여 육안으로 확인한다.	사양서와 같을 것
라. 부유 시험	KS M 3737(오일펜스) 5.4(부유시험)에 따른다.	(1) 오일펜스를 기울여도 즉시 복원할 것 (2) 접속부는 수면 상 부분이 중앙부분 수면 상 측정값 중 최소값의 60% 이상일 것 (3) 각 치수는 다음 표를 만족할 것

<table>
<tr>
<td></td>
<td></td>
<td>(단위 : cm)
<table>
<tr><th rowspan="2">종류</th><th colspan="2">본체부</th><th rowspan="2">접속부</th></tr>
<tr><th>수면 상 높이</th><th>수면 하 깊이</th></tr>
<tr><td>오일 펜스 A형</td><td>20 이상~ 30 미만</td><td>30 이상~ 40 미만</td><td>60 이상~ 80 미만</td></tr>
<tr><td>오일 펜스 B형</td><td>30 이상~ 60 미만</td><td>40 이상~ 90 미만</td><td>80 이상~ 150 미만</td></tr>
<tr><td>오일 펜스 C형</td><td>60 이상</td><td>90 이상</td><td>150 이상</td></tr>
</table>
</td>
</tr>
<tr>
<td>마. 기실의 누설 시험</td>
<td>팽창식에 한하여, KS M 3737(오일 펜스), 5.6(기실의 누설시험)을 따른다.</td>
<td>내압의 저하가 없을 것</td>
</tr>
<tr>
<td colspan="3">비고
1. 동일 로트 10개마다 1개를 발췌하여 검사한다.
2. 동일 로트에 대한 구별은 다음과 같다
가. 제조소가 다른 제품은 별개의 로트로 한다.
나. 매입시기나 제조시기가 크게 다른 제품은 별개의 로트로 한다.
다. 시료는 임의 발췌한다.</td>
</tr>
</table>

5. 생물정화제제

시험항목	검정방법	판정기준
가. 포장	포장별로 파손 또는 기타의 결함 유무를 확인한다.	파손 또는 결함이 없을 것
나. 표시	포장별로 표시사항을 확인한다.	품명, 종류, 실부피 또는 중량, 용도, 제조연월 및 로트번호, 제조자명을 표시할 것
다. 중량	포장별로 중량을 계측한다.	사양서 상의 값 98% 이상일 것
라. 총 미생물 수	생물정화제제 성능시험의 (2) 유류분해 성능시험 중 (나) 유류분해 미생물 수 측정 시험에 따른다.	1종에 한하여, 사양서 상의 값보다 2% 이상 높을 것
마. 호흡률 시험	생물정화제제 성능시험의 (2) 유류분해 성능시험 중 (다) 호흡률(이산화탄소 생성률) 시험에 따른다.	성능시험 결과에서 초기 0~3일간의 이산화탄소 생성율의 기울기 값이 대조구보다 높으며, 성능시험 시 측정된 값보다 낮지 않을 것
바. 영양염 농도	해양환경공정시험기준(해양수산부)에 의거하여 총질소와 총인을 분석한다.	2종의 영양염제제에 한하여, 사양서 상의 값 98% 이상일 것
사. 단백질 농도	생물정화제제 성능시험의 (3) 기타 시험 중 (나) 단백질 농도 시험에 따른다.	2종의 효소제제에 한하여, 사양서 상의 값 98% 이상일 것
아. 마이크로톡스에 의한 시험	해양환경공정시험기준 제6조(해양생물공정시험기준)제4장(항목별 시험방법)의 제4항(Microtox bioassay 기법)에 따른다.	15분, 30분, 60분 EC_{50} 값이 최대적정 사용농도 이상일 것

비고

1. 검사로트의 크기에 따른 시료발췌 개수는 별표 3을 따르며 라. 총미생물 수 측정시험은 1종에 대하여, 마. 호흡률 시험은 1종 및 2종에 대하여, 바. 영양염 농도, 사. 단백질 농도는 2종에 대하여 동일로트 10kL마다 1개의 시료를 발췌하여 검사한다.
2. 아. 마이크로톡스에 의한 시험은 검정신청 10회를 1주기로 하여 3회 이상 실시한다.

Ⅲ. 검정표본의 발췌 방법

이상의 내용에 따라 해양오염방제 자재 및 약제를 검정하기 위하여 발췌하는 검정표본의 수량에 대해 별도로 규정하고 있으며, 이는 「해양오염방제 자재 · 약제의 성능시험기준 및 검정기준에 관한 규칙」 제5조제2항과 관련한 별표 3에서 다음과 같이 규정하고 있다.

포장용기수	발췌수	포장용기수	발췌수
1~3	전수	1,332~1,728	12
4~64	4	1,729~2,197	13
65~125	5	2,198~2,744	14
126~216	6	2,745~3,375	15
217~343	7	3,376~4,096	16
344~512	8	4,097~4,913	17
513~729	9	4,914~5,832	18
730~1,000	10	5,833~6,859	19
1,001~1,331	11	6,860 이상	20

비 고

1. 로트 크기는 다음 기준에 따라 구별한다.
   가. 구입시기가 다르거나 제조소가 다른 원료로 재료 및 부품을 제조한 경우에는 다른 로트로 한다.
   나. 제조(또는 수입)시기가 크게 다른 제품은 다른 로트로 한다.
   다. 다른 공정으로 제조한 제품은 다른 로트로 한다.
2. 시료는 임의 발췌한다.

Ⅳ. 형식승인 대상 외 자재 및 약제 성능인증 기준

앞서 언급한 바와 같이 「해양환경관리법」 제110조의2제1항에서는 이 법 제110조제4항에 따라 형식승인대상 외 자재 · 약제를 제작 · 제조하거나 수입하려는 자는 같은 법 시행규칙 제72조의2에서 정하는 절차와 방법에 따라 형식승인이 아닌 해양경찰청장으로부터 성능인증을 받을 수 있도록 하고 있으며, 이는

「형식승인 대상 외 방제자재 · 약제의 성능인증 심의 규정」을 따르도록 하고 있다. 이와 관련해서 자재 · 약제의 종류별 성능인증을 받기 위해 필요한 심사기준 및 시험항목 선정기준(자재 · 약제의 종류별 선택 시험군)은 이 규정 별표에서 다음과 같이 정하고 있다.

1. 물리적 자재

유사 시험군	심사기준	시험항목 선정 기준	비고
유흡 착재	효율성	흡유량, 흡수량, 강도시험 등을 포함하여 제품의 성능에 대한 효율성을 객관적으로 평가할 수 있는 항목 선정	
	안전성	온도시험, 진동(파손), 진동(침강), 내유성, 소각시험 등을 포함하여 제품의 성능에 대한 안전성을 객관적으로 평가할 수 있는 항목 선정	
오일 펜스	효율성	치수검사, 접속부 규격검사, 부유시험, 인장강도, 기실의 누설 등을 포함하여 제품의 성능에 대한 효율성을 객관적으로 평가할 수 있는 항목 선정	
	안전성	내유성, 내후성 등을 포함하여 제품의 성능에 대한 안정성을 객관적으로 평가할 수 있는 항목 선정	

2. 화학적 자제

유사 시험군	심사기준	시험항목 선정 기준	비고
유처 리제	효율성	동점도, 유화율, 밀도(15℃), 유동점 등을 포함하여 제품의 성능에 대한 효율성을 객관적으로 평가할 수 있는 항목 선정	
	안전성	인화점, 생분해도, 생물독성시험 등을 포함하여 제품의 성능에 대한 안전성을 객관적으로 평가할 수 있는 항목 선정	
유겔 화제	효율성	동점도, 겔화율, 포집률, 겔화유 함수율, 유겔화제의 회수성 등을 포함하여 제품의 성능에 대한 효율성을 객관적으로 평가할 수 있는 항목 선정	
	안전성	인화점, 생물독성시험, 생분해성, 소각시험 등을 포함하여 제품의 성능에 대한 안전성을 객관적으로 평가할 수 있는 항목 선정	

3. 생물학적 자제

유사 시험군	심사기준	시험항목 선정 기준	비고
생물 정화 제제	효율성	유류분해성능시험(유류분해 미생물 수 측정, 호흡률(CO_2 생성률), 유류분해능 등을 포함하여 제품의 성능에 대한 효율성을 객관적으로 평가할 수 있는 항목 선정	
	안전성	생물독성시험 등을 포함하여 제품의 성능에 대한 안전성을 객관적으로 평가할 수 있는 항목 선정	

참고문헌

정재헌, "해양경찰청 해양오염방제인력의 영향요인에 관한 연구" 한국해양대학교 대학원 박사학위논문, 2018.

해양경찰청, 『해양경찰백서』, 2021.

해양경찰청, 『해양오염 예방 GUIDE』, 2013.

http://www.google.co.kr(구글검색사이트)

http://www.naver.com(네이버검색사이트)

http://www.law.go.kr(법제처)

http://www.archives.go.kr(행정안전부 국가기록원)

【ITOPF 방제기술정보집】

제 목	
1. 기름오염 항공탐색 지침	7. 해안 방제지침
2. 해상유출기름의 특성변화	8. 기름오염방제시 유흡착재 사용지침
3. 기름오염방제시 오일펜스 사용지침	9. 기름 및 폐기물의 처리지침
4. 기름오염방제시 유처리제 사용지침	10. 기름오염에 대한 긴급방제 계획 수립지침
5. 기름오염방제시 유회수기 사용지침	11. 해상에서의 화학오염사고 대응지침
6. 해안오염 식별지침	

【참고 법규】

구 분		집필일자 당시(현행, 예정) 참고 법규('23년 4월 기준)
해양환경관리법 관련 법규	법	[시행 2023.4.19.] [법률 제19013호, 2022.10.18.]
	시행령(예정)	[시행 2023.5.16.] [대통령령 제32997호, 2022.11.15.]
	시행령(현행)	[시행 2023.3.7.] [대통령령 제33321호, 2023.3.7.]
	시행규칙	[시행 2023.3.10.] [해양수산부령 제592호, 2023.3.10.]
	선박오염방지규칙	[시행 2021.12.23.] [해양수산부령 제519호, 2021.12.23.]